"十二五"职业教育国家规划教材

经全国职业教育教材审定委员会审定

江苏高校品牌专业建设工程资助项目

化学物料识用与分析（下）

第二版

李淑丽　王元有　主编
秦建华　沈发治　主审

化学工业出版社

·北京·

《化学物料识用与分析》分为上、下两册，其中上册包含 3 个学习情境、16 个学习任务和 18 个实验项目；下册包含 5 个学习情境、24 个学习任务和 20 个实验项目。共计课时 224。内容呈现理实一体化。每个学习任务都配有思考与习题。全书选材典型、内容设置合理、重点突出，强调物料的识用。

　　本书可作为应用化工技术、石油化工技术、有机化工生产技术、高分子材料应用技术、化学制药技术、精细化学品生产技术、生物化工工艺、工业分析技术、环境监测与治理技术专业的必修基础课程教材，也可供相关专业技术人员参考。

图书在版编目（CIP）数据

化学物料识用与分析（下）/李淑丽，王元有主编.
2 版 . —北京：化学工业出版社，2015.5（2021.9重印）
"十二五"职业教育国家规划教材
ISBN 978-7-122-22537-5

Ⅰ.①化…　Ⅱ.①李…②王…　Ⅲ.①化学工业-
物料-高等职业教育-教材　Ⅳ.①TQ04

中国版本图书馆 CIP 数据核字（2014）第 293396 号

责任编辑：陈有华　高　钰　　　　　　　　文字编辑：向　东
责任校对：边　涛　　　　　　　　　　　　装帧设计：刘丽华

出版发行　化学工业出版社（北京市东城区青年湖南街 13 号　邮政编码 100011）
印　　装　北京科印技术咨询服务有限公司数码印刷分部
787mm×1092mm　1/16　印张 16¾　字数 413 千字　2021 年 9 月北京第 2 版第 2 次印刷

购书咨询：010-64518888　　　　　　　售后服务：010-64518899
网　　址：http://www.cip.com.cn
凡购买本书，如有缺损质量问题，本社销售中心负责调换。

定　　价：38.00 元

前言

  《化学物料识用与分析》以工作过程系统化导向的专业建设和课程体系改革理念为引领，以奠定岗位职业基本能力为任务，以项目导向和任务驱动为实施过程进行编写。本书涵盖无机化学物料、有机化学物料、分析化学物料、生物化学物料和化学反应热量、化学平衡计算等内容，以理实一体化方式呈现，为工作过程系统化的专业改革发挥了积极的作用。

  随着工作过程系统化的专业改革和课程建设日益深化，对教材的建设有了更高的要求。本次修订是在总结教学实践经验的基础上，认真汲取企业用人需求，突出行业特色，根据《教育部关于"十二五"职业教育教材建设的若干意见》教材建设精神，邀请企业专家参与，主要从工业分析和化工单元合成的工作要求出发修订而成。在保持原有内容框架基本不变的基础上，进行了以下几个方面的修改。

  1. 补充企业案例介绍，体现行业特色。

  2. 增加部分实验内容，对接行业需求。

  3. 增加"互动坊"板块，做到图文并茂，增强生动直观性，并加强学生即时性的联系和了解。

  4. 更新部分内容，突出新知识、拓展知识的发展应用。

  5. 补充数字化教学资源，配有相关教学 PPT 课件（曾获"第十届全国多媒体课件大赛"三等奖），方便教与学。

  本次修订由扬州工业职业技术学院与江苏扬农化工集团有限公司、扬州市环境监测中心站合作完成。全书共分 8 个学习情境，学习情境一、二由李淑丽、王元有、王吉忠（江苏扬农化工集团有限公司，高级工程师）修订，学习情境三、四由束影、周培、王霄（扬州市环境监测中心站，高级工程师）修订，学习情境五由徐斌、赵敏、张杰修订，学习情境六、七由陈丽萍、李淑丽修订，学习情境八由张杰、朱权、徐斌修订。其中的实验项目由罗斌、周慧、王吉忠和王霄共同修订。本书由李淑丽和王元有担任主编，扬州工业职业技术学院秦建华和沈发治担任主审。

  限于编者的水平，疏漏和不妥之处，恳请各位师生、读者以及同仁多提宝贵意见，以求不断完善教材内容。

编者

2015 年 2 月

第一版
前言

《化学物料识用与分析》以"工作过程系统化导向"的专业建设和课程改革为导向，以典型无机化学物料、有机化学物料和生物化学物料为研究对象，通过物料的名称、结构、性质、用途等基本知识的学习，渗透溶液性质、气体的状态方程、化学反应速率、化学四大平衡及平衡移动、热力学第一、二定律等基本原理和基本规律，为专业课程的学习奠定理论基础；通过物质的性质验证、含量测定、成分分析、熔沸点与旋光度、折射率等特征常数测定、固液体混合物的分离与提纯、简单有机化合物的合成、无机化合物的制备等基本实验操作，为专业课程的学习奠定基本操作技能，按照"必需"、"够用"、"实用"的原则来组织内容，共形成了 8 个学习情境、40 个学习任务和 35 个实验项目的理实一体化教材。具有以下三个主要特点。

1. 内容呈现方式理实一体化

每个学习情境都是按照"情境-任务-项目"的形式呈现内容，将相关理论知识和实验操作相融合。

2. 内容选择突出典型性和实用性

学习情境设计依据专业课程的知识和技能需要，注重典型性，体现基础性。以水、s 区、卤族元素及其重要化合物、甲烷、乙烯、乙炔、乙醇、葡萄糖、脂肪、氨基酸和蛋白质等常用、基本、典型的物料为载体，以物理性质、化学性质和基本用途为内容，在对典型物料认识和应用的学习过程中，渗透理论性较强的基本原理和基本规律。例如，在铜、铁等性质学习时渗透了氧化还原反应、配位反应等。

3. 内容编排突出学生主体性

遵循由无机—有机—生物物料，由简单到复杂的递进次序进行学习情境排列。在任务内容编排中，适当的穿插有"相关链接"，为学生的学习起到铺垫、搭桥和拓展之用，更好地体现了"必需"、"够用"、"实用"的原则。除了"思考与习题"以外，还设计了"练一练"、"查一查"等内容，既能使学生即时性地巩固相关的学习内容，又能使学生参与到教学过程中，有利于发挥学生的主体作用。在每个任务开始之前，都有"实例分析"引入，诱发学生的好奇心，增强知识的实用性。例如，以消除汽车尾气污染的化学反应为实例，引出化学反应速率及其影响因素的任务探究。

本书由扬州工业职业技术学院化学工程系基础化学教研室教师共同编写。《化学物料识用与分析》分为上下两册，共有 8 个学习情境，学习情境一、二由李淑丽、王元有编写，学习情境三、四由束影、周培编写，学习情境五由徐斌、赵敏编写，学习情境六、七由陈丽萍、李淑丽编写，学习情境八由张杰、朱权编写，其中的实验项目由罗斌和周慧编写。本书由李淑丽、王元有担任主编，扬州工业职业技术学院教学院长秦建华、化学工程系主任沈发治担任主审。本书在编写过程中参考了有关的资料，在此向相关作者表示衷心感谢。

限于编者的水平，书中难免有不足之处，恳请读者批评匡正。

编者

2012 年 6 月

目录

学习情境四　烃　　　　　　　　　　　　　　　　　　　　　　　　　　　1

任务一　甲烷及烷烃的识用 …………………………………………………… 2
一、有机化合物概念与分类 ………………………………………………… 2
二、甲烷 …………………………………………………………………… 4
三、烷烃 …………………………………………………………………… 6
四、烷烃的性质 …………………………………………………………… 10
任务二　乙烯及烯烃的识用 …………………………………………………… 13
一、乙烯 …………………………………………………………………… 14
二、烯烃 …………………………………………………………………… 20
三、二烯烃 ………………………………………………………………… 23
任务三　乙炔及炔烃的识用 …………………………………………………… 26
一、乙炔 …………………………………………………………………… 26
二、炔烃 …………………………………………………………………… 30
任务四　环己烷及脂环烃的识用 ……………………………………………… 32
一、环己烷 ………………………………………………………………… 32
二、脂环烃 ………………………………………………………………… 33
任务五　苯及芳香烃的识用 …………………………………………………… 36
一、苯 ……………………………………………………………………… 36
二、苯环上亲电取代反应的定位规律（定位效应） …………………… 40
三、芳香烃 ………………………………………………………………… 42
任务六　有机化合物熔沸点的测定 …………………………………………… 45
一、熔点及测定 …………………………………………………………… 46
二、沸点及其测定 ………………………………………………………… 47
【项目19】 尿素、肉桂酸及其混合物熔点的测定 ………………………… 47
【项目20】 丙酮、无水乙醇沸点的测定 …………………………………… 49
思考与习题 ……………………………………………………………… 51

学习情境五　烃的衍生物　　　　　　　　　　　　　　　　　　　　　57

任务一　氯乙烷及卤代烃的识用 ……………………………………………… 58

　　一、氯乙烷 ·· 58

　　二、卤代烃的分类与命名 ················· 58

　　三、卤代烃的性质 ······························ 60

任务二　乙醇、苯酚、乙醚及醇酚醚的识用 ·········· 64

　　一、乙醇与醇 ···································· 64

　　二、苯酚 ·· 69

　　三、乙醚 ·· 73

　　【项目 21】　醇、酚、醚的性质与鉴定 ········ 76

任务三　乙醛、丙酮及醛酮的识用 ················· 78

　　一、乙醛的性质和用途 ················· 78

　　二、丙酮的性质和用途 ················· 79

　　三、醛、酮的分类和命名 ············· 79

　　四、醛、酮结构及化学性质 ········· 80

　　【项目 22】　醛、酮的性质与鉴定 ············· 90

任务四　乙酸及羧酸衍生物的识用 ················· 92

　　一、乙酸 ·· 92

　　二、羧酸 ·· 93

　　三、羧酸衍生物 ······························ 99

　　【项目 23】　羧酸及其衍生物的性质与鉴定 ··· 103

任务五　苯胺及胺、硝基苯及硝基化合物的识用 ·· 105

　　一、苯胺 ·· 106

　　二、胺的分类、命名和性质 ········· 110

　　三、硝基苯 ······································ 111

　　四、硝基化合物分类、命名和性质 ··· 113

任务六　有机化合物的分离与提纯 ················· 114

　　一、萃取 ·· 115

　　二、蒸馏与分馏 ······························ 116

　　三、水蒸气蒸馏 ······························ 117

　　四、重结晶 ······································ 118

　　五、升华 ·· 119

　　【项目 24】　重结晶法提纯苯甲酸 ············· 120

　　【项目 25】　粗萘的升华操作 ···················· 122

　　【项目 26】　碘液的萃取操作 ···················· 123

　　【项目 27】　工业乙醇的蒸馏 ···················· 124

　　【项目 28】　丙酮-水混合物的分馏 ············· 127

　　思考与习题 ·· 128

学习情境六　糖类和脂类　　　　　　　　　　　136

任务一　葡萄糖及糖类的识用 ······················ 137

一、葡萄糖的物理性质 ·· 137

二、葡萄糖的结构和变旋现象 ······························· 137

三、葡萄糖的化学性质 ·· 140

四、葡萄糖的用途 ·· 142

五、其它糖类 ·· 143

【项目 29】 尿糖定性及半定量测定 ····················· 146

任务二 油脂及脂类的识用 ··· 147

一、油脂 ·· 147

二、脂类 ·· 150

【项目 30】 脂肪转化为糖的检验 ························· 152

任务三 有机化合物旋光度和折射率的测定 ·················· 153

一、手性分子 ·· 153

二、平面偏振光和旋光性 ······································· 154

三、旋光度和比旋光度 ·· 154

四、折射率的测定 ·· 156

【项目 31】 果糖、葡萄糖旋光度的测定 ··············· 156

【项目 32】 乙醇-丙酮溶液折射率的测定 ·············· 158

思考与习题 ·· 161

学习情境七　蛋白质和酶　　　　　　　　　162

任务一 氨基酸的识用 ·· 163

一、氨基酸结构与分类 ·· 163

二、氨基酸的性质 ·· 165

【项目 33】 纸色谱法分离氨基酸 ························· 168

任务二 蛋白质的识用 ·· 170

一、蛋白质的结构 ·· 170

二、蛋白质的分类 ·· 172

三、蛋白质的性质 ·· 173

【项目 34】 蛋白质的沉淀与凝固 ························· 175

【项目 35】 蛋白质两性性质验证及等电点的测定 ··· 177

任务三 酶功能及应用 ·· 179

一、酶的概念 ·· 180

二、酶的命名与分类 ··· 180

三、酶的催化特性 ·· 183

四、酶的化学本质及组成 ······································· 184

五、酶分子结构特征和酶原激活 ····························· 184

任务四 酶促反应速率及变化 ·· 186

一、酶浓度的影响 ·· 186

二、底物浓度的影响 ··· 186

三、pH 的影响 ………………………………………………………………………… 187

四、温度的影响 ……………………………………………………………………… 188

五、激活剂的影响 …………………………………………………………………… 188

六、抑制剂的影响 …………………………………………………………………… 189

【项目 36】 温度、pH、激活剂与抑制剂对酶促反应的影响 …………………… 190

任务五 酶活力及其测定 ……………………………………………………………… 192

一、酶活力与酶活力单位 …………………………………………………………… 192

二、酶活力测定 ……………………………………………………………………… 192

【项目 37】 碘-淀粉比色法测定淀粉酶活力 ……………………………………… 194

思考与习题 …………………………………………………………………………… 195

学习情境八 物质及其变化   197

任务一 气体 p、V、T 计算 …………………………………………………………… 198

一、理想气体的状态方程 …………………………………………………………… 198

二、理想气体的基本定律 …………………………………………………………… 199

三、混合理想气体的基本定律 ……………………………………………………… 200

四、实际气体的计算 ………………………………………………………………… 202

任务二 化学反应速率及测定 ………………………………………………………… 206

一、化学反应速率的表示与测定 …………………………………………………… 206

二、活化能 …………………………………………………………………………… 208

三、影响化学反应速率的外界因素 ………………………………………………… 209

任务三 化学反应热效应计算 ………………………………………………………… 214

一、热力学基本概念 ………………………………………………………………… 214

二、热力学第一定律及应用 ………………………………………………………… 218

三、等容热、等压热及焓 …………………………………………………………… 219

四、相变热的计算 …………………………………………………………………… 221

五、化学反应热效应计算 …………………………………………………………… 225

任务四 化学反应方向及变化 ………………………………………………………… 233

一、热力学第二定律 ………………………………………………………………… 234

二、吉布斯自由能与化学反应方向 ………………………………………………… 235

三、化学反应的限度和平衡常数 …………………………………………………… 237

【项目 38】 化学反应速率测定和化学平衡移动 ………………………………… 244

思考与习题 …………………………………………………………………………… 247

附录   252

附录 9 一些气体的范德华常数 ……………………………………………………… 252

附录 10 一些气体的临界参数 ……………………………………………………… 252

附录 11　一些有机化合物的标准摩尔燃烧焓（298K）　·········· 252

附录 12　标准热力学数据（298K）　·········· 253

参考文献　　　　　　　　　　　　　　　　　　　　　　　　　**258**

学习情境四

烃

● 任务一　甲烷及烷烃的识用
● 任务二　乙烯及烯烃的识用
● 任务三　乙炔及炔烃的识用
● 任务四　环己烷及脂环烃的识用
● 任务五　苯及芳香烃的识用
● 任务六　有机化合物熔沸点的测定

● 知识目标

1. 了解甲烷、乙烯、乙炔、环己烷与苯的物理性质和用途。
2. 理解甲烷、乙烯、乙炔、环己烷分子结构，掌握其化学反应与应用。
3. 掌握取代反应、加成反应、聚合反应和 Diels-Alder 反应。
4. 掌握烷烃、烯烃、炔烃及芳香烃的命名与化学反应。
5. 掌握苯环上取代基的定位规律，并会实际运用。
6. 了解有机化合物熔沸点测定意义，掌握测定方法。

● 技能目标

1. 熟悉各类烃的命名。
2. 能够正确书写卤代反应、加成反应、聚合反应和 Diels-Alder 反应。
3. 能正确运用苯环上取代基的定位规律预测产物类型。
4. 会测定有机化合物的熔沸点。

有机化合物数目巨大、结构复杂，目前人类已知的有机物达 1400 多万种。有机物对人类的生命、生活、生产具有极其重要的意义，是人类赖以生存的重要物质基础。人类衣食住行等生活必需品中，糖类、油脂、蛋白质、石油、天然气、天然橡胶等来源于天然有机物，塑料、合成纤维、合成橡胶、合成药物等人工合成的有机物也广泛运用于生活的方方面面，大量具有特殊功能的有机化合物的合成，大大改善了人类的生活质量。

任务一
甲烷及烷烃的识用

 实例分析

沼气的主要成分甲烷是一种理想的气体燃料，它无色无味，与适量空气混合后就能燃烧。每立方米沼气完全燃烧后，能产生相当于 0.7kg 无烟煤提供的热量。沼气除直接燃烧用于炊事、烘干农副产品、供暖、照明和气焊等外，还可作内燃机的燃料以及生产甲醇、福尔马林、四氯化碳等化工原料。

一、有机化合物概念与分类

1. 有机化合物及其特点

有机化合物是碳氢化合物及其衍生物的统称。只含有碳和氢两种元素的有机化合物叫碳氢化合物，简称烃。烃分子中的氢原子被其它原子或原子团取代后得到烃的衍生物。烃是有机化合物的母体。

与无机化合物相比较，有机化合物的数量庞大，有机化合物的特点见表 4-1。

表 4-1 有机化合物和无机化合物性质的比较

性质	有机化合物	无机化合物
可燃性	多数能燃烧	多数不能燃烧
耐热性	多数不耐热,固体的熔点常在 400℃ 以下	多数耐热,难熔化,熔点一般很高
溶解性	多数不溶于水,溶于有机溶剂,溶于水的有机物多数不电离	多数溶于水,不溶于有机溶剂,溶于水的无机物多数电离
化学反应性	一般反应速率较慢,副反应多,产率较低	一般反应速率较快,副反应少,产率较高

但也有例外，如四氯化碳不仅不燃烧，而且可用来灭火；乙酸不仅可溶于水，而且能电离；石油裂解反应不仅不慢，而且瞬时完成等。

2. 分类

有机物的分类一般有两种方法。

（1）按碳骨架分类

按碳骨架不同可以将有机物分成以下三类。

① 脂肪族化合物（开链化合物）。分子中碳原子间相互连接成链状，也称链烃。碳原子

间以 C—C 键相连者为烷烃，以 C=C 键相连者为烯烃，以 C≡C 键相连者为炔烃。

$$CH_3-CH_2-CH_2-CH_2-CH_3 \qquad CH_3-\underset{\underset{CH_3}{|}}{C}=CH-CH_3$$

$$CH_2=CH-CH=CH_2 \qquad CH_3-C\equiv CH$$

② 碳环化合物。分子中含有完全由碳原子组成的环。根据碳环结构和性质的不同又可分为脂环族化合物和芳香族化合物。脂肪族化合物在结构上也可看作是由开链化合物关环而成的，其性质与脂肪族化合物相似。例如：

芳香族化合物是含有苯环的碳环化合物，具有特殊的性质。例如：

由于这类有机物最初是从具有芳香味的香树脂中发现的，所以叫做芳香烃。

③ 杂环化合物。在其分子的环中除碳原子外还含有被称为杂原子的其它原子（如 O、N、S）。例如：

按碳骨架不同进行的分类方法在一定程度上反映了各类有机物的结构特征，但还不能体现有机物的主要性质。

（2）按官能团分类

官能团是有机物分子中比较活泼而易发生反应的原子或原子团，常决定有机物的主要化学性质，因此含有相同官能团的有机物具有相似的化学性质。有机物中常见的官能团及其分类见表 4-2。

表 4-2　有机物中常见的官能团及其分类

有机物类别	官能团结构	官能团名称	化合物实例
烯烃	C=C	碳碳双键	$H_2C=CH_2$　乙烯
炔烃	—C≡C—	碳碳三键	H—C≡C—H　乙炔
卤代烃	—X	卤素	CH_3CH_2—Cl　氯乙烷
醇	—OH	醇羟基	CH_3CH_2—OH　乙醇
酚	—OH	酚羟基	⬡—OH　苯酚
醚	—C—O—C—	醚键	CH_3CH_2—O—CH_2CH_3　乙醚
醛	—C(=O)—H	醛基	CH_3—C(=O)—H　乙醛
酮	C=O	酮基(羰基)	CH_3—C(=O)—CH_3　丙酮

续表

有机物类别	官能团结构	官能团名称	化合物实例
羧酸	$-\overset{\displaystyle O}{\overset{\|}{C}}-OH$	羧基	$CH_3-\overset{\displaystyle O}{\overset{\|}{C}}-OH$　乙酸
硝基化合物	$-NO_2$	硝基	$-NO_2$　硝基苯
胺	$-NH_2$	氨基	CH_3-NH_2　甲胺
腈	$-C≡N$	氰基	CH_3-CN　乙腈
偶氮化合物	$-C-N=N-C-$	偶氮基	$-N=N-$　偶氮苯
磺酸	$-SO_3H$	磺酸基	$-SO_3H$　苯磺酸

3. 分子构造式

分子构造指分子中原子间的连接方式和顺序，表示分子构造的式子叫做构造式。构造式可用短线式、缩简式（构造简式）和键线式来表示，举例说明如下：

短线式　　缩简式（可省略代表单键的短线）　　键线式（不写碳和氢，短线的连接点和端点代表碳原子）

二、甲烷

有机化合物的链烃分子中，只含有碳碳单键和碳氢键的化合物称为烷烃。甲烷是最简单的烷烃。

1. 物理性质

甲烷是无色、无味、可燃和微毒的气体。在标准状况下密度为 $0.717g \cdot L^{-1}$，大约是空气的一半。甲烷极难溶于水，在 20℃、0.1kPa 时，100 个体积的水只能溶解 3 个体积的甲烷。在自然界分布很广，是天然气、沼气、油田气及煤矿坑道气的主要成分。

2. 分子结构

实验证明甲烷的分子不是平面构型，而是正四面体构型，即四个氢原子位于正四面体的四个顶点，碳原子位于正四面体的中心，四个 C—H 键长都为 0.109nm，所有键角∠HCH 都是 109.5°，见图 4-1。

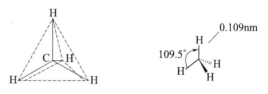

图 4-1 甲烷的正四面体构型

甲烷的正四面体构型可用杂化轨道理论加以解释。碳原子的基态电子排布是（$1s^2 2s^2 2p_x^1 2p_y^1 2p_z^0$），碳原子在与其它四个氢原子结合时，一个 s 轨道与三个 p 轨道经过杂化后，形成四个等同的 sp^3 杂化轨道，彼此间夹角为 109.5°。当它们分别与四个氢原子的 s 轨道重叠时，就形成了四个完全等同的 C—Hσ 键。

3. 化学性质和用途

甲烷的化学性质稳定，在一般条件下（常温、常压），与大多数试剂如强酸（浓 H_2SO_4、浓 HNO_3 等）、强碱（NaOH、KOH 等）、强氧化剂（$K_2Cr_2O_7$、$KMnO_4$ 等）、强还原剂（$Zn+HCl$、$Na+C_2H_5OH$ 等）及活泼金属钠等都不起反应。但在高温、光照或加催化剂的条件下，也能发生氧化反应、取代反应等。

（1）氧化反应

有机化学反应中，把分子中增加氧原子或减少氢原子的反应称为氧化反应，把减少氧原子或增加氢原子的反应称为还原反应。

甲烷虽不能被高锰酸钾氧化，但可以燃烧。在氧气充足的条件下，纯净的甲烷在空气中可以安静地燃烧，产生淡蓝色的火焰，同时放出大量的热。

$$CH_4 + 2O_2 \xrightarrow{\text{点燃}} CO_2 + 2H_2O + Q$$

利用这一反应可以测定烷烃的 C、H 含量。

如果甲烷在空气不足时燃烧，会产生大量黑烟（C）。

$$CH_4 + O_2 \longrightarrow C + 2H_2O$$

烷烃的不完全燃烧会产生有毒的 CO 和黑烟 C，是汽车尾气所造成的空气污染之一。

甲烷是一种很好的气体燃料，燃烧值很高。但是必须注意，含甲烷 5%～15% 的甲烷-空气混合物，遇到火花会立即发生爆炸（又称瓦斯爆炸）。因此在使用甲烷时应注意安全。在点燃甲烷前必须检查甲烷的纯度。在煤矿井里，必须采取措施如通风、严禁烟火等，以防爆炸事故发生。

控制适当的反应条件，甲烷可发生部分氧化。工业上以天然气中的甲烷为原料，在一氧化氮的催化作用下，用空气控制氧化来生产甲醛。

$$CH_4 + O_2 \xrightarrow[600℃]{\text{NO}} HCHO + H_2O$$

甲醛是常用的消毒剂和防腐剂，也是重要的化工原料。

（2）加热分解

在隔绝空气的条件下，把甲烷加热到 $1000\sim1200℃$ 能分解成炭黑和氢气。

$$CH_4 \xrightarrow{1000\sim1200℃} C+2H_2\uparrow$$

这是工业上制备炭黑的方法之一。炭黑是橡胶工业中的重要填充剂，能增强橡胶的耐磨性。炭黑也是制造黑色颜料、油墨、涂料和墨汁的原材料。氢气可以作为合成氨的原料。

如果在短时间内加热到 $1500℃$ 并迅速冷却，甲烷就会分解成乙炔和氢气。

$$2CH_4 \xrightarrow{1500℃} C_2H_2+3H_2\uparrow$$

（3）取代反应

有机物分子中的某些原子或原子团被其它原子或原子团代替的反应，称为取代反应。被卤素原子取代的反应称为卤代反应。

$$R—H+X_2 \xrightarrow[\text{或}400\sim450℃]{h\nu} R—X+HX$$

在室温下，甲烷与氯气的混合物在黑暗中可长期保存而不起任何作用。但在漫射光照射（以 $h\nu$ 表示光照）或适当加热时，甲烷分子中的氢原子能逐个被氯原子代替，得到多种氯代甲烷和氯化氢的混合物。

$$CH_4+Cl_2 \xrightarrow{h\nu} CH_3Cl+HCl$$
$$\text{一氯甲烷}$$

$$CH_3Cl+Cl_2 \xrightarrow{h\nu} CH_2Cl_2+HCl$$
$$\text{二氯甲烷}$$

$$CH_2Cl_2+Cl_2 \xrightarrow{h\nu} CHCl_3+HCl$$
$$\text{三氯甲烷（氯仿）}$$

$$CHCl_3+Cl_2 \xrightarrow{h\nu} CCl_4+HCl$$
$$\text{四氯甲烷（四氯化碳）}$$

一般情况下，得到四种氯代产物的混合物，根据其沸点不同可以进行分离。如果控制反应条件，特别是调节甲烷与氯气的配比，就可使某种氯代烷成为主要产物。

上述四种氯代产物都不溶于水，在常温下一氯甲烷是气体，其它三种都是油状液体。它们都是重要的有机合成原料。氯仿和四氯化碳是常用的有机溶剂，四氯化碳还可作为灭火剂。

烷烃的卤代反应一般指氯代反应和溴代反应，氟代反应在低温、暗处也会发生猛烈的爆炸，碘代反应则难以进行。

三、烷烃

1. 同系列

烷烃的通式为 C_nH_{2n+2}。最简单的烷烃是甲烷，依次为乙烷、丙烷、丁烷、戊烷等。

名称	分子式	构造式	构造简式
甲烷	CH_4		CH_4
乙烷	C_2H_6		CH_3CH_3
丙烷	C_3H_8		$CH_3CH_2CH_3$
丁烷	C_4H_{10}		$CH_3CH_2CH_2CH_3$

从上述结构式可以看出，链烷烃的组成都是相差一个或几个 CH_2（亚甲基）而连成碳链，碳链的两端各连一个氢原子。具有同一通式，结构和化学性质相似，组成上相差一个或多个 CH_2 的一系列化合物称为同系列。CH_2 称为烷烃的系差。

同系列中的化合物互称为同系物。同系物具有相似的化学性质。

2. 同分异构现象

分子式相同而构造式不同的化合物称为同分异构体，这种现象称为同分异构现象。烷烃的同分异构现象是由分子中碳原子的排列方式不同而引起的，这种同分异构又称为构造异构。甲烷、乙烷、丙烷分子中的碳原子只有一种排列方式，所以无构造异构体。丁烷的分子中有 4 个碳原子，可以有两种排列方式，所以有两种异构体。

$$CH_3-CH_2-CH_2-CH_3 \qquad CH_3-\underset{\underset{CH_3}{|}}{CH}-CH_3$$

戊烷分子中有 5 个碳原子，可以有 3 种异构体。

$$CH_3-CH_2-CH_2-CH_2-CH_3 \qquad CH_3-\underset{\underset{CH_3}{|}}{CH}-CH_2-CH_3 \qquad CH_3-\overset{\overset{CH_3}{|}}{\underset{\underset{CH_3}{|}}{C}}-CH_3$$

烷烃分子中，随碳原子数目的增加，构造异构体的数目迅速增加。例如，己烷（C_6H_{14}）有 5 种，庚烷（C_7H_{16}）有 9 种，辛烷（C_8H_{18}）有 18 种。

在有机化合物中，同分异构现象普遍存在，并随着碳原子数目的增多，同分异构体的数目也增多。同分异构现象是造成有机物数量繁多的原因之一。

☞ **知识链接**

同分异构体

同分异构体又称同分异构物，简称异构体。在化学中，是指有着相同分子式的分子；各原子间的化学键也常常是相同的；但是原子的排列却是不同的。也就是说，它们有着不同的"结构式"。许多同分异构体有着相同或相似的化学性质。同分异构现象是有机化合物种类繁多、数量巨大的原因之一。

同分异构体的组成和分子量完全相同而分子的结构不同、物理性质和化学性质也不相同，如乙醇和甲醚（C_2H_6O）。

有机物中的同分异构分为构造异构和立体异构两大类。具有相同分子式，而分子中原子或基团连接的顺序不同，称为构造异构。在分子中原子的结合顺序相同，而原子在空间的相对位置不同的，称为立体异构。

构造异构又分为碳链异构、官能团异构、位置异构和互变异构。立体异构又分为构象异构和构型异构，而构型异构还分为顺反异构和旋光异构（又称对映异构）。构象异构是指具有一定构型的有机物分子由于碳碳单键的旋转或扭曲（不是把键断开）而导致原子或原子团的空间相对位置改变而产生的一种立体异构现象。构型异构是原子或原子团在大分子中不同空间排列所产生的异构现象，包括顺反异构、对映异构（也成为旋光异构）等。也就是说构型异构是由于原子或原子团连接的位置不同而产生的异构现象，而不是由于碳碳单键旋转造成的。

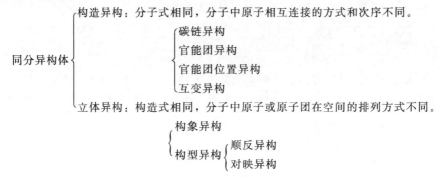

3. 烷烃的命名

烷烃的命名法是有机化合物命名的基础。烷烃常用的命名法有普通命名法和系统命名法。

（1）普通命名法

根据分子中所含碳原子数称某烷。碳原子数在 1～10 时依次用天干（甲、乙、丙、丁、戊、己、庚、辛、壬、癸）表示；碳原子数在十以上的用十一、十二、十三等数字表示。对含有支链的烷烃，则必须在某烷前面加上一个汉字来区别，在链端第 2 个碳原子上连有 1 个甲基时，称为异某烷；在链端第 2 个碳原子上连有 2 个甲基时，称为新某烷；相对无支链的同分异构体称为正某烷。例如：

$$CH_3{-}CH_2{-}CH_2{-}CH_2{-}CH_3 \qquad CH_3{-}\underset{\underset{CH_3}{|}}{CH}{-}CH_2{-}CH_3 \qquad CH_3{-}\underset{\underset{CH_3}{|}}{\overset{\overset{CH_3}{|}}{C}}{-}CH_3$$

正戊烷   异戊烷   新戊烷

普通命名法简单方便，但只能适用于构造比较简单的烷烃。对于比较复杂的烷烃必须使用系统命名法。

（2）系统命名法（IUPAC 命名法）

系统命名法是中国化学学会根据国际纯粹与应用化学联合会（IUPAC）制定的有机化合物命名原则，再结合我国汉字的特点而制定的。

烷烃分之中去掉一个氢原子而剩余的原子团称为烷基，其通式为 C_nH_{2n+1}，常用 R— 表示。常见烷基如表 4-3 所示。

表 4-3　常见烷基

烷基	名称	常用符号
CH_3—	甲基	Me
CH_3CH_2—	乙基	Et
$CH_3CH_2CH_2$—	正丙基	n-Pr
$\begin{array}{c} CH_3 \\ | \\ CH_3CH— \end{array}$ 或$(CH_3)_2CH$—	异丙基	i-Pr
$CH_3CH_2CH_2CH_2$—	正丁基	n-Bu
$(CH_3)_2CHCH_2$—	异丁基	i-Bu
$\begin{array}{c} | \\ CH_3CH_2CHCH_3 \end{array}$	仲丁基	s-Bu
$(CH_3)_3C$—	叔丁基	t-Bu

系统命名法中，对无支链的烷烃省去"正"字；对于结构复杂的烷烃，则按以下原则命名。

① 选主链，定母体。选择含碳原子数目最多的碳链作为主链，根据主链所含碳原子数目定名为"某烷"。若分子中有两条以上等长碳链时，则选择支链多的一条为主链。支链作为取代基。例如：

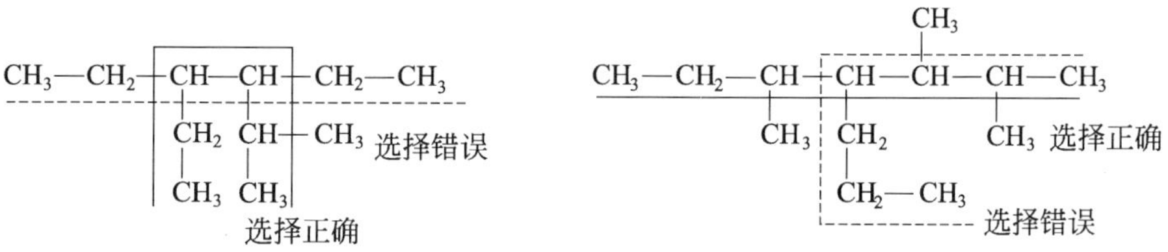

② 编号，定位次。从最接近取代基的一端开始，将主链碳原子用阿拉伯数字编号。

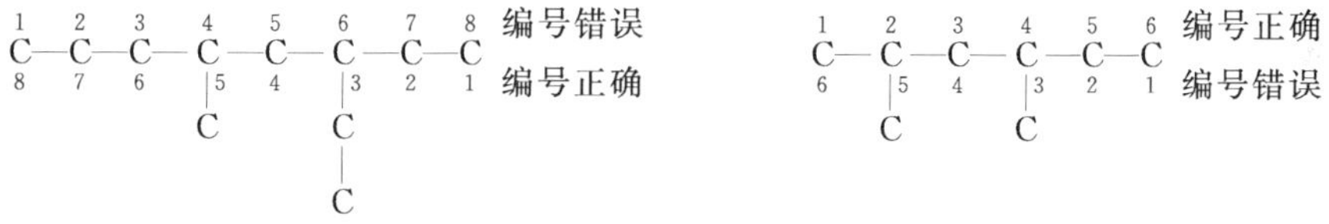

若主链上有 2 个或者 2 个以上取代基时，则主链的编号顺序应使支链位次尽可能小。例如：

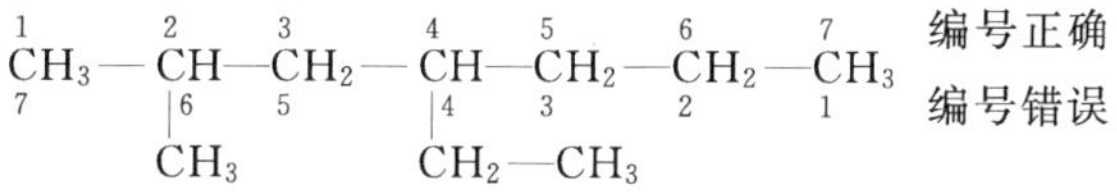

若第一个支链的位置相同，则依次比较第二个、第三个支链的位置，以取代基的位次最小（最低系列原则）为原则。例如：

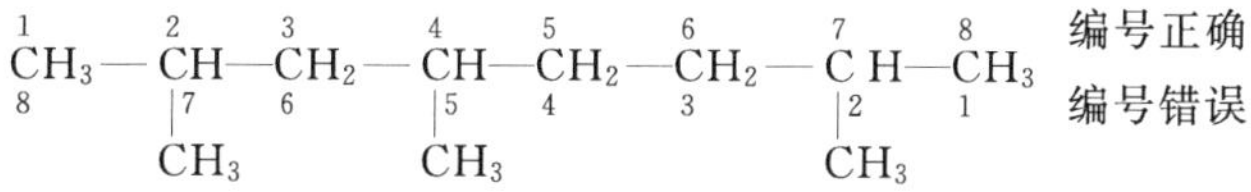

③ 写出烷烃名称。把取代基的名称写在烷烃名称之前，在取代基名称前面用阿拉伯数字标明它所在的位置，位次和取代基名称之间要用半字线"-"连接起来。若主链上连有相同的取代基，相同取代基合并用中文数字二、三等表示相同取代基的数目。表示位次数字之

间要用逗号隔开。若主链上连有不同几个支链时，则按由小到大的顺序将取代基的位次和名称加在主链名称之前。烷基的大小次序：甲基＜乙基＜丙基＜丁基＜戊基＜己基＜异戊基＜异丁基＜异丙基。例如：

$$CH_3-CH-CH-CH-CH_2-CH_3 \quad 主链$$

2,4-二甲基-3-乙基己烷

可将烷烃的命名归纳为十六个字：最长碳链，最小定位，同基合并，由简到繁。

练一练

给下列化合物命名。

$$CH_3CHCHCH_2CH_2CHCH_2CH_3 \qquad CH_3-CH_2-CH-CH-CH_3$$

相关链接

烷烃的分子中，与一个碳原子相连接的碳原子叫做伯碳原子或一级碳原子，用 $1°$ 表示；与两个碳原子相连接的碳原子叫做仲碳原子或二级碳原子，用 $2°$ 表示；与三个碳原子相连接的碳原子，叫做叔碳原子或三级碳原子，用 $3°$ 表示；与四个碳原子相连接的碳原子叫做季碳原子或四级碳原子，用 $4°$ 表示。例如：

与伯、仲、叔碳原子直接相连的氢原子分别叫做伯（一级）、仲（二级）、叔（三级）氢原子，常用 $1°H$、$2°H$、$3°H$ 表示。不同类型氢原子的反应性能有一定的差别，反应活性顺序为 $3°H > 2°H > 1°H$。

四、烷烃的性质

1. 物理性质

（1）状态

在常温常压下，$C_1 \sim C_4$ 的直链烷烃为气态，$C_5 \sim C_{16}$ 的为液态，C_{17} 以上的为固态。

（2）沸点

直链烷烃的沸点随相对分子质量的增加而有规律地升高。如图 4-2 所示。

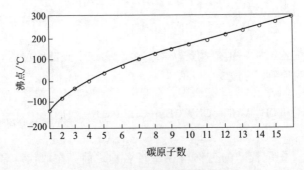

图 4-2　直链烷烃的沸点曲线

沸点的高低与分子间力有关。烃的碳原子数目越多，分子间的力就越大。支链增多时，使分子间的距离增大，分子间力减弱，沸点降低。在烷烃的同分异构体中，直链异构体的沸点最高，支链越多，沸点越低。

练一练

比较下列各组化合物的沸点高低，并说明理由。

（1）正丁烷和异丁烷

（2）正辛烷和 2,2,3,3-四甲基丁烷

（3）庚烷、2-甲基己烷和 3,3-二甲基戊烷

（3）熔点

烷烃熔点变化规律与沸点相似，C_4 以上烷烃随碳原子数增加而增加（前几个不规则），但含偶数碳烷烃的熔点比奇数碳烷烃的高，如图 4-3 所示，随相对分子质量的增加逐渐趋于一致；低级烷烃的熔点差高于高级烷烃的熔点差；分子对称性越高熔点越高。

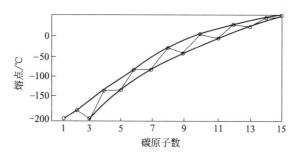

图 4-3 直链烷烃的熔点曲线

练一练

比较下列各组化合物的熔点高低，并说明理由。

（1）正戊烷、异戊烷和异丁烷

（2）正辛烷和 2,2,3,3-四甲基丁烷

（4）相对密度

烷烃是所有有机物中密度最小的一类化合物，无论是液体还是固体其密度均小于 1，并随着分子量的增加而增加。

（5）溶解性

烷烃是非极性分子，又不具备形成氢键的条件，所以不溶于水，而易溶于非极性或弱极性有机溶剂如汽油中。

2. 化学性质

烷烃的化学性质与甲烷相似，比较稳定，是各类有机物中最稳定的一个系列。但在一定条件下，烷烃也能发生氧化反应、取代反应和裂化反应。

（1）氧化反应

纯净的烷烃在空气中完全燃烧都生成二氧化碳和水。烷烃的完全氧化可用下列通式表示：

$$C_nH_{2n+2} + \frac{3n+1}{2}O_2 \xrightarrow{\text{点燃}} nCO_2 + (n+1)H_2O$$

烷烃的氧化反应是天然气、汽油、柴油作为燃料的基本反应，也是产生温室效应的基本反应之一。

烷烃不完全燃烧时，生成炭黑，在橡胶中广泛应用。

如果控制氧化条件，使反应缓慢进行，则可使烷烃发生部分氧化，生成醇、醛、酮和羧酸等有机含氧混合物。例如：

$$R{-}CH_2{-}CH_2{-}R' + O_2 \xrightarrow[\triangle]{MnO_2} RCOOH + R'COOH$$

石蜡是高级烷烃（$C_{20} \sim C_{40}$）的混合物，部分氧化生成的 $C_{12} \sim C_{18}$ 的高级脂肪酸可代替天然油脂制造肥皂，从而可以节约大量食用油脂。

 互动坊

CNG 汽车，知道吗？

CNG汽车　　　　　　　　　　　CNG加气站

CNG（Compressed Natural Gas）汽车，即压缩天然气汽车，是指以压缩天然气替代常规汽油或柴油作为汽车燃料的汽车。目前，国内外有天然气管网条件的地区均以发展 CNG 汽车为主。

天然气的甲烷含量一般在 90% 以上，是一种很好的汽车发动机燃料。2000 年到 2013 年以来，天然气被世界公认为是最为现实和技术上比较成熟的车用汽油、柴油的代用燃料，天然气汽车已在世界和我国各省市得到了推广应用。车用压缩天然气的压力一般在 25MPa 左右，是将天然气经过脱水、脱硫净化处理后，经多级加压制得的，其使用时的状态为气体。主要工艺过程在 CNG 汽车站将 0.3 ～ 0.8MPa 低压天然气，经过天然气压缩机升压到 25MPa，由顺序控制盘控制，按高、中、低压顺序储存到储气钢瓶组，再由 CNG 加气机向汽车钢瓶加注。而汽车钢瓶高压气再经过减压装置减压后经燃气混合气向发动机供气。

压缩天然气由于组分简单，易于完全燃烧，加上燃料含碳少，抗爆性好，不稀释润滑油，能够延长发动机使用寿命，加工成本相对较低。CNG 汽车最大的缺点是高压钢瓶过重，体积大且储气量小，占去了汽车较多的有效重量，限制了汽车携带燃料的体积，导致汽车连续行驶里程短，另外因钢瓶的存储压力高，也具有一定的危险性。

世界上使用较多的是压缩天然气汽车。

（2）取代反应

碳链较长的烷烃进行氯化时，可以取代不同的氢原子得到不同的氯代烃。

实验证明，烷烃分子中不同类型的氢原子发生取代反应的活性顺序为：叔氢＞仲氢＞伯氢。

高级的烷烃氯代时，比较容易控制，可以得到一氯代烷，这类产品一般不加分离而作溶剂用。

（3）裂化反应

烷烃在高温和隔绝空气的条件下，分子中的 C—C 键和 C—H 键发生断裂，生成较小分子的反应，称为裂化反应。例如：

$$CH_3CH_2CH_2CH_3 \xrightarrow{500℃} \begin{cases} CH_4 + CH_3-CH=CH_2 \\ CH_3CH_3 + CH_2=CH_2 \\ CH_3CH_2CH=CH_2 + H_2 \end{cases}$$

裂化反应的产物一般都是复杂的混合物。烷烃的裂化反应是石油加工过程中的一个基本反应，具有非常重要的意义。根据所需产物的不同，反应条件也不相同。

① 热裂化。在较高温度（500～700℃）和压力（2～5MPa）下进行的裂化叫做热裂化。

② 催化裂化。在催化剂存在下的裂化叫做催化裂化。一般在常压和 450～500℃ 的条件下进行。应用最广泛的催化剂是硅酸铝。

一般由原油经分馏而得到的汽油只占原油的 10%～20%，且质量不好。热裂化可以大大增加汽油的产量，但汽油的质量并不理想。催化裂化产生较多带有支链的烷烃、烯烃和芳烃等，所得的汽油质量较好，因而汽油大多由催化裂化得到。

③ 裂解。在高于 700℃ 的温度下，将石油深度裂化的过程叫做裂解。裂解的产物为低级烯烃，如乙烯、丙烯、丁烯等。低级烯烃是有机化学工业最重要的基本原料。国际上用乙烯的产量来衡量一个国家石油工业的发展水平。

（4）异构化反应

由一个化合物转变为其异构体的反应叫做异构化反应。例如，正丁烷在酸性催化剂存在下，可转变为异丁烷。

$$CH_3CH_2CH_2CH_3 \underset{}{\overset{AlCl_3, HCl}{\rightleftharpoons}} \underset{\underset{CH_3}{\mid}}{CH_3CHCH_3}$$

烷烃的异构化反应主要用于石油加工工业中，将直链烷烃转变成支链烷烃，可以提高汽油以及润滑油的质量。

任务二
乙烯及烯烃的识用

实例分析

聚乙烯是由乙烯聚合而成的高分子化合物，呈乳白色，电绝缘性能好，耐腐蚀，具热塑性，手感似蜡。由聚乙烯可制得不同密度（0.92～0.96g·cm^{-3}）的产物，如农用薄膜、包装袋、容器、管道、日用器皿等。

一、乙烯

碳原子之间以 C═C 键相连的化合物为烯烃，乙烯是最简单的烯烃。

1. 物理性质

乙烯常温下为无色、无臭、稍带有甜味的气体。密度 $0.5674g \cdot cm^{-3}$，冰点 $-169.2℃$，沸点 $103.7℃$。易燃，爆炸极限为 $2.7\%～36\%$。几乎不溶于水，溶于乙醇、乙醚等有机溶剂。

2. 分子结构

乙烯分子式为 C_2H_4，构造式为 $H_2C═CH_2$，含有一个 C═C 双键。组成双键的碳原子为 sp^2 杂化，两个碳原子各以一个 sp^2 轨道重叠形成一个 C—Cσ 键，又各以两个 sp^2 轨道和四个氢原子的 1s 轨道重叠，形成四个 C—Hσ 键，五个 σ 键都在同一平面

图 4-4　乙烯结构示意图

上。每个碳原子上还有一个未参与杂化的（$2p_z$）轨道，其对称轴垂直于这五个 σ 键所在的平面，且相互平行，它们肩并肩重叠形成 π 键，如图 4-4 所示。

3. 化学性质和用途

乙烯分子中的 π 键电子裸露，可提供电子，容易受到缺电子试剂如酸、亲电试剂的进攻而引发 π 键断裂，易发生化学反应，因此乙烯性质活泼。

（1）加成反应

乙烯与某些试剂作用时，打开 π 键与试剂的两个原子或基团形成两个 σ 键，生成饱和化合物。

$$\diagdown C = C \diagup \ + \ X | Y \longrightarrow \ -\overset{|}{\underset{X}{C}}-\overset{|}{\underset{Y}{C}}-$$

这种反应叫做加成反应，加成反应是烯烃的特征反应。

① 催化加氢。在催化剂作用下，烯烃能与氢加成生成相应烷烃。

$$CH_2═CH_2 + H_2 \xrightarrow[\triangle]{Ni} CH_3—CH_3$$

用钯或铂催化剂时，常温下即可加氢。工业上用 Ni 在 $200～300℃$ 温度下进行加氢反应。石油加工制得的粗汽油中，含有少量烯烃，烯烃易被氧化或聚合而产生杂质，影响汽油的质量，经过加氢处理，可提高汽油的质量。烯烃的催化氢化定量进行，可以根据反应中氢气的吸收量来计算烯烃的含量或确定分子中 C═C 键的数目。

② 加卤素。主要与氯和溴反应。与氟反应太剧烈，而与碘则难起反应。

$$CH_2═CH_2 + Cl_2 \xrightarrow{FeCl_3,40℃} \overset{\textstyle CH_2—CH_2}{\underset{\textstyle Cl \quad \ Cl}{|\qquad |}}$$

1,2-二氯乙烷

$$CH═CH_2 + Br_2 \longrightarrow \overset{\textstyle CH_2—CH_2}{\underset{\textstyle Br \quad \ Br}{|\qquad |}}$$

1,2-二溴乙烷

这是合成邻二卤代烷的重要方法。

氯与烯烃作用时，常采用既加入催化剂又加入溶剂稀释的方法，使反应既顺利进行而又不致过分激烈。

乙烯与溴发生加成反应，生成了 1,2-二溴乙烷，使溴的红棕色很快褪去。实验室常用这个反应来检验乙烯等不饱和烯烃。工业上常用溴水法检验汽油、煤油中是否含有不饱和烃。

【例 4-1】 用化学方法鉴别甲烷和乙烯。

解

$$\left.\begin{array}{c}\text{甲烷}\\\text{乙烯}\end{array}\right\}+\mathrm{Br_2/CCl_4}\longrightarrow\left\{\begin{array}{l}\times（\text{无变化}）\\\sqrt{}（\text{褪色}）\end{array}\right.$$

③ 加卤化氢。一般指加氯化氢和溴化氢。碘化氢虽是卤化氢中最活泼的，但价格较贵，而氟化氢难以加成。这是制备卤代烷的重要方法。

$$\mathrm{CH_2{=}CH_2 + HCl} \xrightarrow[130\sim250℃]{\mathrm{AlCl_3}} \mathrm{CH_3CH_2Cl}$$
$$\text{氯乙烷}$$

$$\mathrm{CH_2{=}CH_2 + HI} \longrightarrow \mathrm{CH_3CH_2I}$$
$$\text{碘乙烷}$$

同一烯烃与不同的卤化氢加成时，加碘化氢最容易，加溴化氢次之，加氯化氢最难，即与 HX 的反应活性：$\mathrm{HI > HBr > HCl}$。

不对称烯烃如丙烯，与卤化氢加成时，可得到下列两种产物：

$$\mathrm{CH_3{-}CH{=}CH_2 + HX} \longrightarrow \begin{array}{l}\longrightarrow \mathrm{CH_3CHCH_3} \quad （Ⅰ）\\ \qquad\quad \mathrm{X}\\ \longrightarrow \mathrm{CH_3CH_2CH_2X} \quad （Ⅱ）\end{array}$$

实验证明，得到的产物主要是（Ⅰ）。

不对称烯烃与卤化氢加成时，氢原子一般加到含氢较多的双键碳原子上。这个经验规律是 1869 年，俄国化学家马尔科夫尼科夫（Markovnikov）总结得出的，所以叫做马尔科夫尼科夫规律（或不对称加成规律），简称马氏规则。

一般情况下，不对称烯烃与不对称试剂的加成都遵守马氏规则。但当有过氧化物存在时，不对称烯烃与溴化氢的加成是违反马氏规则的。例如：

$$\mathrm{CH_3{-}CH{=}CH_2 + HBr} \xrightarrow{\text{过氧化物}} \mathrm{CH_3CH_2CH_2Br}$$
$$\text{1-溴丙烷}$$

④ 加水。在酸的催化下，乙烯与水加成生成乙醇。

$$\mathrm{CH_2{=}CH_2 + H_2O} \xrightarrow[300℃,7MPa]{\text{磷酸/硅藻土}} \mathrm{CH_3CH_2OH}$$
$$\text{乙醇}$$

不对称烯烃与水的加成反应，遵守马氏规则。

$$CH_3-CH=CH_2+H_2O \xrightarrow[250℃,4MPa]{磷酸/硅藻土} \underset{\underset{异丙醇}{|}}{\overset{}{CH_3CHCH_3}}$$

⑤ 加硫酸。乙烯可与冷的浓硫酸发生加成反应，生成硫酸氢酯。不对称烯烃与硫酸的加成反应，遵守马氏规则。例如：

$$\underset{CH_3}{\overset{CH_2CH_3}{C=CH_2}} + H—OSO_2OH \longrightarrow CH_3-\underset{OSO_2OH}{\overset{CH_2CH_3}{C}}-CH_3$$

硫酸氢酯和水一起加热，则水解为相应的醇。对于某些不易直接与水加成的烯烃，则可通过与硫酸加成后再水解而得到醇。

$$CH_3-\underset{OSO_2OH}{\overset{CH_2CH_3}{C}}-CH_3 + H_2O \xrightarrow{\triangle} CH_3-\underset{\underset{2-甲基-2-丁醇}{OH}}{\overset{CH_2CH_3}{C}}-CH_3$$

烯烃加水或加硫酸反应都是工业上由石油裂化气中低级烯烃制备低级醇的重要方法，前者称为醇的直接水合法，后者则称为醇的间接水合法。

工业上利用间接水合法制取乙醇、异丙醇等低级醇。此法的优点是对烯烃的纯度要求不高，对于回收利用石油炼厂气中的烯烃是一个好办法。缺点是工艺流程长，水解产生的硫酸对生产设备有腐蚀，"三废"较严重。

烯烃与硫酸的加成产物溶于硫酸，利用这个性质可用来除去某些不与硫酸作用，又不溶于硫酸的有机物（如烷烃、卤代烃等）中所含的少量烯烃。

【例4-2】 己烷中含有少量1-己烯，试用化学方法将其分离除去。

```
          己烷        1-己烯
           └──────┬──────┘
                  │ ① 加入冷的浓硫酸
                  │ ② 分离
        ┌─────────┴─────────┐
     油层（上层）          硫酸层（下层）
        己烷            硫酸氢己酯
```

⑥ 加次卤酸。乙烯烃与次卤酸（X_2-H_2O）加成得到卤乙醇。例如：

$$CH_2=CH_2 + HO—Cl \longrightarrow \underset{Cl}{\overset{\overset{\beta}{CH_2}}{|}}-\underset{\underset{2-氯乙醇}{OH}}{\overset{\overset{\alpha}{CH_2}}{|}}$$

不对称烯烃与次卤酸的加成同样遵守马氏规则。例如：

$$CH_3-\overset{\delta^+}{CH}=\overset{\delta^-}{CH_2}+\overset{\delta^-}{HO}—\overset{\delta^+}{Cl} \longrightarrow CH_3-\underset{OH}{\overset{}{CH}}-\underset{\underset{1-氯-2-丙醇}{Cl}}{\overset{}{CH_2}}$$

（2）聚合反应（加聚反应）

在引发剂或催化剂的作用下，乙烯可以自相加成，生成高分子化合物。例如：

$$CH_2=CH_2+CH_2=CH_2+CH_2=CH_2+\cdots \xrightarrow{\text{过氧化物}}$$
$$-CH_2-CH_2-CH_2-CH_2-CH_2-CH_2-\cdots$$

这种由低分子量的有机物相互作用生成高分子化合物的反应叫做聚合反应。在上述聚合过程中，乙烯通过 π 键断裂而相互加成，所以这种聚合反应又叫做加成聚合反应，简称加聚反应。

用齐格勒-纳塔（Ziegler-Natta）催化剂，低压下乙烯可聚合成低压聚乙烯。

$$n\,CH_2=CH_2 \xrightarrow[0.3\sim1MPa,60\sim65℃]{TiCl_4/Al(C_2H_5)_3} \left[CH_2-CH_2\right]_n$$
乙烯（单体）　　　　　　　　　　　聚乙烯（聚合物）

低压聚乙烯分子基本上是直链大分子，平均相对分子质量可在 10000～300000 之间，一般在 35000 左右。

聚乙烯无毒，化学性质稳定，耐低温，并有绝缘和防辐射性能，易于加工，可制成食品袋、塑料等生活用品，在工业上可制电线、电工部件的绝缘材料以及防辐射保护衣等。

聚合反应中，参加反应的低分子量化合物叫做单体，反应生成的高分子化合物叫做聚合物，构成聚合物的重复结构单位叫做链节（聚乙烯的链节为 $-CH_2-CH_2-$），n 叫做聚合度。

又如：

$$n\,CH=CH_2 \xrightarrow[50\sim70℃,1\sim2MPa]{TiCl_4/Al(C_2H_5)_3} \left[\begin{array}{c}CH-CH_2\\|\\CH_3\end{array}\right]_n$$
$$|$$
$$CH_3$$
聚丙烯

聚丙烯有耐热及耐磨性，除可作日用品外，还可制汽车部件、纤维等。

乙烯是石油化工行业最重要的基础原料。乙烯的产量是衡量一个国家化工发展水平的重要指标之一，也是一个国家综合国力的标志之一。乙烯用于制造聚乙烯、聚苯乙烯等塑料，合成维纶、醋酸纤维，制造合成橡胶，作为有机溶剂等。乙烯还是一种植物生长调节剂，可用作果实的催熟剂。

（3）氧化反应

烯烃中的 C=C 键易被氧化，且随氧化剂和反应条件的不同，氧化产物也不同。氧化反应发生时，首先是碳碳双键中的 π 键断裂；当反应条件剧烈时，σ 键也可断裂。这些氧化反应在合成和确定烯烃分子结构时是很有价值的。

① 与氧的反应。与甲烷一样，乙烯也能在空气中完全燃烧生成二氧化碳和水，火焰明亮，同时放出大量的热。

$$CH_2=CH_2+O_2 \xrightarrow{\text{点燃}} CO_2+H_2O$$

乙烯在空气中含量为 3.0%～33.5% 时，遇火会引起爆炸。

在催化剂存在下，烯烃中的 C=C 键也可被空气氧化。例如：

$$CH_2\!=\!CH_2 + O_2 \xrightarrow[200\sim300℃]{Ag} \underset{\substack{\diagdown\;O\;\diagup}}{CH_2\!-\!CH_2}$$
环氧乙烷

$$CH_2\!=\!CH_2 + O_2 \xrightarrow[100\sim125℃]{PdCl_2\text{-}CuCl_2} CH_3CHO$$
乙醛

乙烯的催化氧化是工业上制取环氧乙烷和乙醛的主要方法。

② 与高锰酸钾的反应。在稀、冷、中性或稀、冷、碱性的较温和条件下，烯烃中的 π 键断裂，生成邻二醇：

$$RCH\!=\!CHR' + KMnO_4 + H_2O \longrightarrow \underset{\substack{|\\OH}}{R\!-\!CH}\!-\!\underset{\substack{|\\OH}}{CH}\!-\!R' + MnO_2\downarrow + KOH$$
邻二醇

在浓或加热或酸性的较强烈的条件下，烯烃中的 C＝C 键完全断裂生成羧酸或酮：

$$RCH\!=\!CH_2 \xrightarrow[\triangle]{过量\,KMnO_4,\,H^+} \underset{羧酸}{R\!-\!\overset{\substack{O\\\|}}{C}\!-\!OH} + H\!-\!\overset{\substack{O\\\|}}{C}\!-\!OH \quad 甲酸$$
$$\longrightarrow CO_2 + H_2O$$

$$\underset{\substack{R''}}{\overset{\substack{R'}}{\diagup}}\!\!C\!=\!CH\!-\!R \xrightarrow[\triangle]{过量\,KMnO_4,\,H^+} \underset{\substack{R''}}{\overset{\substack{R'}}{\diagup}}\!\!C\!=\!O + R\!-\!\overset{\substack{O\\\|}}{C}\!-\!OH$$

通过测定所得酮、羧酸的结构，可推断烯烃的结构。烯烃与高锰酸钾反应，紫色逐渐消退，生成褐色二氧化锰沉淀，也可用来鉴别烯烃。

【例 4-3】 分子式为 C_5H_{10} 的两种烯烃 A 和 B，用高锰酸钾的硫酸溶液氧化后，A 得到丙酮（$CH_3\!-\!\overset{\substack{O\\\|}}{C}\!-\!CH_3$）和乙酸（$CH_3\!-\!\overset{\substack{O\\\|}}{C}\!-\!OH$）；B 得到异丁酸（$CH_3\!-\!\underset{\substack{|\\CH_3}}{CH}\!-\!\overset{\substack{O\\\|}}{C}\!-\!OH$）和二氧化碳，试推测两种烯烃的构造式。

分析

具有 $\underset{\substack{R'}}{\overset{\substack{R}}{\diagup}}\!\!C\!=$ 构造的烯烃，氧化生成相应的酮 $\underset{\substack{R'}}{\overset{\substack{R}}{\diagup}}\!\!C\!=\!O$；具有 $R\!-\!CH\!=$ 构造的烯烃，氧化生成相应的羧酸 $R\!-\!\overset{\substack{O\\\|}}{C}\!-\!OH$；具有 $CH_2\!=$ 构造的烯烃，氧化生成 CO_2，因此，烯烃 A 的构造式为 $\underset{\substack{CH_3}}{\overset{\substack{CH_3}}{\diagup}}\!\!C\!=\!CH\!-\!CH_3$。烯烃 B 的构造式为 $CH_3\!-\!\underset{\substack{|\\CH_3}}{CH}\!-\!CH\!=\!CH_2$。

解 根据题意可推知 A、B 的构造式分别为

$$\underset{\substack{CH_3}}{\overset{\substack{CH_3}}{\diagup}}\!\!C\!=\!CH\!-\!CH_3 \quad (A) \qquad\qquad CH_3\!-\!\underset{\substack{|\\CH_3}}{CH}\!-\!CH\!=\!CH_2 \quad (B)$$

$$\underset{CH_3}{\overset{CH_3}{C}}=CH-CH_3 \xrightarrow{KMnO_4/H_2SO_4} CH_3-\overset{O}{\overset{\|}{C}}-CH_3 \ + \ CH_3-\overset{O}{\overset{\|}{C}}-OH$$

$$CH_3-\underset{CH_3}{\overset{\ }{CH}}-CH=CH_2 \xrightarrow{KMnO_4/H_2SO_4} CH_3-\underset{CH_3}{\overset{\ }{CH}}-\overset{O}{\overset{\|}{C}}-OH + CO_2$$

练一练

试给出经高锰酸钾酸性溶液氧化后生成下列产物的烯烃的构造式。

(1) CO_2 和 H_2O　　　　　(2) $CH_3-\overset{O}{\overset{\|}{C}}-CH_3$

(3) $CH_3-\overset{O}{\overset{\|}{C}}-OH$ 、CO_2 和 H_2O　　(4) $(CH_3)_2-\overset{O}{\overset{\|}{C}}-CH_3$ 和 $CH_3-\overset{O}{\overset{\|}{C}}-OH$

③ 与臭氧的反应。在低温时，将含有臭氧（6%～8%）的氧气通入液态烯烃或烯烃的四氯化碳溶液，臭氧迅速而定量地与烯烃作用，生成糊状臭氧化物，称为臭氧化反应。

$$CH_3CH_2CH=CH_2 \xrightarrow{O_3} CH_3CH_2CH\underset{O-O}{\overset{O}{\diagup\diagdown}}CH_2 \xrightarrow{H_2,Pd} CH_3CH_2CHO + HCHO$$

臭氧化物具有爆炸性，在反应过程中不必把它从溶液中分离出来，在有还原剂（Zn，或 H_2，Pd）存在时水解，生成醛或酮以及 H_2O_2。如果在水解过程中不加还原剂，则反应生成的 H_2O_2 便将醛氧化为酸。

在还原剂氢化铝锂（$LiAlH_4$）或硼氢化钠（$NaBH_4$）存在时得到醇：

$$R-CH\underset{O-O}{\overset{O}{\diagup\diagdown}}\overset{R'}{\underset{R''}{C}} \xrightarrow{LiAlH_4} RCH_2OH + HOCH\overset{R'}{\underset{R''}{\diagup}}$$

(4) α-氢的反应

在有机分子中，与官能团直接相连的碳原子通常称为α-碳，α-碳上所连的氢原子则称为α-氢。烯烃分子中的α-氢受到双键的影响，表现出特别的活泼性，易发生卤代、氧化等反应。例如：

$$CH_3-CH=CH_2 + Cl_2 \xrightarrow{500℃} CH_2=CH-CH_2Cl + HCl$$
$$\text{3-氯丙烯}$$

3-氯丙烯是无色具有刺激性气味的液体，是有机合成的中间体，主要用于制备环氧氯丙烷、甘油、丙烯醇等，也是合成医药、农药、涂料以及黏合剂等的原料。

在催化剂存在下，烯烃中的α-氢也可被空气氧化。例如：

$$CH_3-CH=CH_2+O_2 \xrightarrow[300\sim400℃,0.25MPa]{Cu_2O} CH_2=CH-CHO+H_2O$$
丙烯醛

$$CH_3-CH=CH_2+O_2 \xrightarrow[300\sim400℃]{钼酸铋} CH_2=CH-COOH+H_2O$$
丙烯酸

丙烯的催化氧化是工业上制取丙烯醛和丙烯酸的主要方法。丙烯醛是剧毒的化学品，具有强烈的催泪性。主要用作有机合成原料，制取家禽饲料蛋氨酸和甘油。丙烯酸也是重要的有机合成单体，主要用于生产丙烯酸酯类，并进一步制得合成树脂、合成纤维、合成橡胶以及涂料、乳胶、黏合剂等。

二、烯烃

烯烃是分子中含有一个 C=C 键的不饱和链烃的总称。除乙烯外，还有丙烯、丁烯、戊烯等。

丙烯　　　$CH_3-CH=CH_2$

丁烯　　　$CH_3-CH_2-CH=CH_2$

戊烯　　　$CH_3-CH_2-CH_2-CH=CH_2$

与烷烃一样，烯烃同系列中的各同系物之间也依次相差一个 CH_2 原子团，烯烃的通式为 C_nH_{2n} （$n\geq2$）。

1. 烯烃性质

烯烃的物理性质一般也随碳原子数目的增加而有规律地变化。在常温下，$C_2\sim C_4$ 的烯烃为气体，$C_5\sim C_{18}$ 的为液体，C_{19} 以上为固体。沸点、熔点、密度都随相对分子质量的增加而上升，密度都小于1，都是无色物质，溶于有机溶剂，不溶于水。烯烃的化学性质与乙烯相似。

2. 烯烃的同分异构现象

烯烃分子中存在可以自由旋转的单键和不能旋转的碳碳双键，存在多种异构。

（1）碳链异构

分子式相同，但分子中碳原子相互连接的顺序不同而产生的异构现象称为碳链异构。如丁烯（C_4H_8）的碳链异构体：

$$CH_3-CH_2-CH=CH_2 \qquad\qquad CH_3-\underset{\underset{CH_3}{|}}{C}=CH_2$$

（2）位置异构

分子组成相同，但分子中的碳碳双键在碳架上的位置不同而产生的异构现象。丁烯（C_4H_8）的位置异构体：

$$CH_3-CH_2-CH=CH_2 \qquad\qquad CH_3-CH=CH-CH_3$$

（3）顺反异构

双键两侧的基团在空间的排列方式不同引起的异构现象。产生顺反异构的条件：

① 分子中具有双键（C=C、C=N、N=N）或环状（脂环）结构等阻碍键自由旋转的因素。

② 含双键的分子中，双键两端任意一个碳原子必须连接两个不同基团。例如，2-丁烯的构造式为：$CH_3—CH=CH—CH_3$。由于双键不能自由旋转，所以当两个双键碳原子上都连有不同的原子或基团（—H，—CH$_3$）时，该烯烃分子就会产生两种不同的空间排列方式，其中两个相同的原子（—H）或基团（—CH$_3$）处在双键同侧的叫做顺式、处在双键两侧的叫做反式。

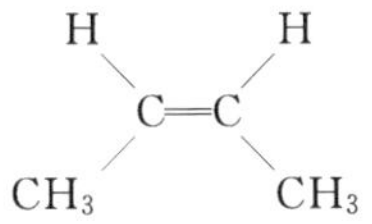

顺式 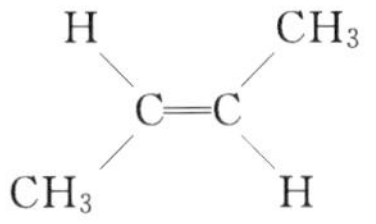　　　　　　　　　　反式

3. 烯烃的命名

烯烃系统命名法，基本和烷烃相似。

（1）直链烯烃的命名

直链烯烃的命名是按照分子中碳原子的数目称为"某烯"。与烷烃一样，碳原子数在 10 以内的用天干表示，10 以上的用中文数字表示，并在烯字前面加"碳"字。为区别位置异构体，要在烯烃名称前加上用阿拉伯数字标明的双键位次。阿拉伯数字与文字之间用半短线隔开。

$$CH_2=CH_2 \qquad\qquad CH_3CH=CH_2$$

乙烯　　　　　　　　　　　　丙烯

$$CH_3CH_2CH=CH_2 \qquad\qquad CH_3CH=CHCH_3$$

1-丁烯　　　　　　　　　　　2-丁烯

$$CH_3CH_2CH=CHCH_2CH_3 \qquad CH_3(CH_2)_3CH=CH(CH_2)_5CH_3$$

3-己烯　　　　　　　　　　5-十二碳烯

（2）支链烯烃的命名

① 选主链,定母体。选择含碳碳双键在内的最长碳链作为主链,根据主链上碳原子数目称为"某烯"。

② 编号,定位次。从靠近双键的一端开始编号,以较小数字表示双键的位次,写在名称之前。

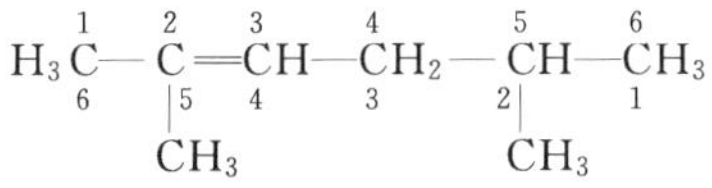

2,5-二甲基-2-己烯

③ 写出名称。按照取代基位次、相同基数目、取代基名称、双键位次、母体名称写出烯烃名称。

（3）几个重要的烯基

当烯烃分子中去掉一个氢原子后，剩余的基团称为烯基。在命名烯烃衍生物时要应用。

$$CH_2=CH— \qquad\qquad CH_3CH=CH—$$

乙烯基　　　　　　　　　　丙烯基（1-丙烯基）

$$CH_2=CH—CH_2— \qquad\qquad CH_2=C—$$

烯丙基（2-丙烯基）　　　　　异丙烯基 CH$_3$

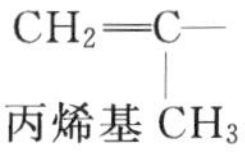

（4）顺反异构体的命名

① 顺反命名法。在系统名称前加"顺"或"反"字。例如：

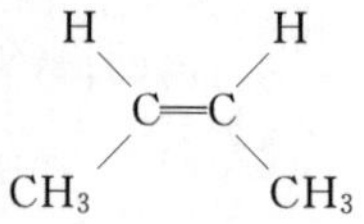

顺-2-丁烯 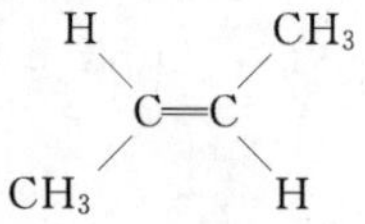　　　　　　　　　反-2-丁烯

② Z/E 命名法。当两个双键碳上连接了四个不同的原子或基团时，IUPAC 规定，用 Z/E 命名法来命名顺反异构体。

一个化合物的构型是 Z 型还是 E 型，要由"次序规则"来决定。两个优先原子或基团在双键同侧的为 Z 型，异侧的为 E 型。Z、E 写在括号里，放在化合物名称之前。

次序规则的要点如下。

第一，原子序数大小规则。按原子序数减小的次序排列，大者为优先基团，排在序列的前面；对于同位素，按照质量减小的次序排列；孤对电子排列在最后。例如：

$$I>Br>Cl>S>P>F>O>N>C>D>H>孤电子对$$

第二，外推规则。如果与双键碳原子直接相连的第一个原子相同，则比较第二个原子，仍相同，再依次外推比较，直到能比较出基团的优先次序为止。例如：

$$(CH_3)_3C—>(CH_3)_2CH—>CH_3CH_2—>CH_3—$$

这四个烷基的第一个原子都是碳原子，则比较第二个原子。$(CH_3)_3C—$ 中与第一个 C 原子相连的是 C、C、C，$(CH_3)_2CH—$ 中与第一个 C 原子相连的是 C、C、H，$CH_3CH_2—$ 中与第一个 C 原子相连的是 C、H、H，$CH_3—$ 中与第一个 C 原子相连的是 H、H、H。

第三，相当规则。当基团中有双键或三键时，则把不饱和键看成是单键的重复，即认为每一个双键或三键原子连接两个或三个相同的原子。例如：

$CH_2\!=\!CH—$ 相当于—C 与 H、C、C 相连，$CH\!\equiv\!C—$ 相当于—C 与 C、C、C 相连。因此，$CH\!\equiv\!C—>CH_2\!=\!CH—$。

Z/E 命名法普遍适用于所有顺/反构型的命名。但二者之间没有必然的关系。例如：

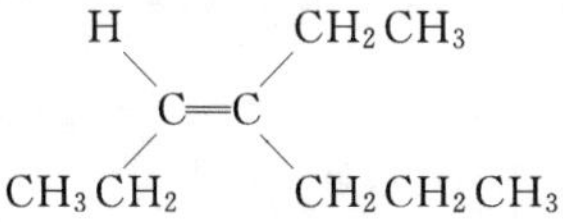

(Z)-4-乙基-3-庚烯　　　　　　　　(E)-4-乙基-3-庚烯

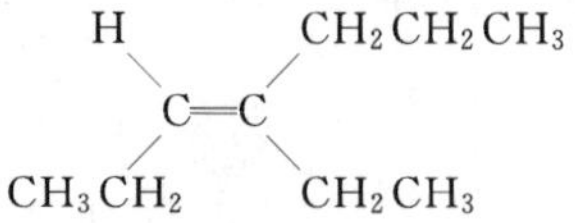

反-4-乙基-3-庚烯　　　　　　　　　顺-4-乙基-3-庚烯

☞ **知识链接**

烯烃的顺反异构体的稳定性不同。

① 反式异构体较顺式异构体稳定。例如：

	燃烧热/kJ·mol^{-1}	氢化热/kJ·mol^{-1}
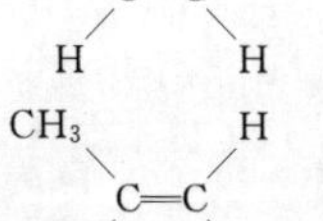	2711	118.9
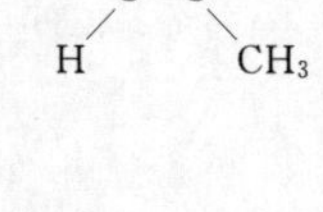	2708	114.7

燃烧热及氢化热数值越小越稳定。

② 双键碳原子上取代基多的烯烃较稳定。

$$CH_2＝CH_2＜CH_2＝CHR＜RCH＝CHR＜R_2C＝CHR＜R_2C＝CR_2$$

练一练

请用顺/反命名法和 Z/E 命名法命名下列化合物。

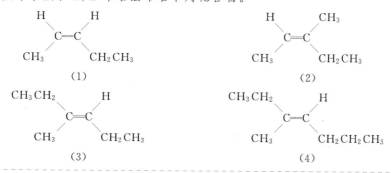

(1)   (2)

(3)   (4)

三、二烯烃

1. 二烯烃及分类

分子中含有两个碳碳双键的不饱和烃称为二烯烃。通式为 C_nH_{2n-2}。根据两个双键的相对位置可把二烯烃分为三类。

（1）累积二烯烃

两个双键与同一个碳原子相连，分子中含有 C＝C＝C 结构。例如，丙二烯 $CH_2＝$ $C＝CH_2$。

（2）共轭二烯烃

两个双键被一个碳碳单键隔开，分子中含有 C＝C—C＝C 结构。例如，1,3-丁二烯 $CH_2＝CH—CH＝CH_2$。

（3）隔离二烯烃

两个双键被两个或两个以上碳碳单键隔开，分子中含有 C＝C—（CH_2）$_n$—C＝C（$n\geq$ 1）结构。如，1,4-戊二烯 $CH_2＝CH—CH_2—CH＝CH_2$。

隔离二烯烃的性质和单烯烃相似，累积二烯烃的数量少且很容易异构化变成炔烃。共轭二烯烃在理论和实际应用上都很重要，其中最重要的是 1,3-丁二烯。

2. 1,3-丁二烯的分子结构

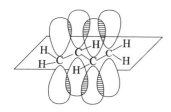

图 4-5　1,3-丁二烯
分子中的大 π 键

1,3-丁二烯分子中，四个碳原子都是 sp^2 杂化，相邻碳原子之间均以 sp^2 杂化轨道沿键轴方向重叠形成 C—Cσ 键，其余的 sp^2 杂化轨道分别与氢原子的 1s 轨道形成 C—Hσ 键，由于每个碳原子的三个 sp^2 杂化轨道都处在同一平面上，所以 1,3-丁二烯是一个平面型分子。此外，每个碳原子上有一个未参与杂化的 p 轨道，其对称轴均垂直于上述平面，这些 p 轨道并不局限在 C1—C2 间、C3—C4 间重叠形成 π 键，在 C2—C3 间也有部分双键性质。这种在多个原子间形成的 π 键称为离域 π 键，亦称大 π 键。如图 4-5。发生电子离域的结构体系称为共轭体系。

3. 共轭二烯烃的化学性质及用途

（1）1,4-加成反应

与烯烃相似，共轭二烯烃可以和卤素、卤化氢等发生亲电加成反应，也可以催化加氢。但由于其结构的特殊性，加成产物通常有两种。例如，1,3-丁二烯与溴的加成反应：

$$CH_2=CH-CH=CH_2 + Br_2 \longrightarrow$$

1,2-加成　$CH_2-CH-CH=CH_2$　（Br Br）
3,4-二溴-1-丁烯

1,4-加成　$CH_2-CH=CH-CH_2$　（Br Br）
1,4-二溴-2-丁烯

两种加成产物的比例取决于反应物结构、溶剂极性、产物稳定性及反应温度等诸多因素。例如：

$$CH_2=CH-CH=CH_2 + Br_2 \xrightarrow{\text{醚}} CH_2-CH-CH=CH_2 + CH_2-CH=CH-CH_2$$
$$\text{(Br Br)} \qquad \text{(Br \quad Br)}$$

反应温度		
−80℃	80%	20%
40℃	20%	80%

（2）双烯合成反应

共轭二烯烃和某些具有碳碳双键、三键的不饱和化合物进行 1,4-加成，生成含六元环化合物的反应称为双烯合成反应，也叫狄尔斯-阿尔德（Diels-Alder）反应。该反应是合成六元环状化合物的重要反应。这是共轭二烯烃特有的反应，它将链状化合物转变为环状化合物，因此又叫环合反应。

$$\text{（双烯）} + \underset{CH_2}{\overset{CH_2}{\parallel}} \xrightarrow{200℃} \text{（环己烯）}$$

一般把进行双烯合成的共轭二烯烃称为双烯体，与双烯体发生反应的不饱和化合物称为亲双烯体。当亲双烯体的双键碳原子上连有吸电子基团（如—CHO、—COOH、—COCH$_3$、—CN、—NO$_2$）时，反应易进行。

（结构式反应图）

双烯合成反应常常是定量完成的，如共轭二烯烃与顺丁烯二酸酐的加成不仅定量进行，而且产物为固体，具有固定的熔点，加热后又可分解为原来的二烯烃，所以可用于共轭二烯烃的鉴定与分离。

练一练

请完成下列反应。

（3）聚合反应

共轭二烯烃在聚合时，既可发生 1,2-加成聚合，又可发生 1,4-加成聚合。如 1,3-丁二烯按 1,4-加成方式进行顺式聚合，产物称为顺丁橡胶。

顺丁橡胶，白色或微黄色，具有高弹性，滞后损失和生热小，低温、填充和模内流动性好，耐磨和耐烧曲性能优异等优点。为通用合成橡胶，可与天然橡胶、氯丁橡胶、丁腈橡胶等混合使用。广泛用于制造轮胎胎面、各种胶管、胶带、密封圈、鞋底及其它橡胶制品，还可以用于各种耐寒性要求高的制品和用作防震材料。

天然橡胶在隔绝空气的条件下加热，分解成异戊二烯，所以天然橡胶是异戊二烯的聚合体，其平均相对分子质量在 60000～350000 之间，相当于 1000～5000 个异戊二烯分子按顺式聚合而成的。

利用特殊的催化剂可以使聚合物按顺式聚合的成分达 95％以上，其性能与天然橡胶非常接近，这种人工合成的橡胶称为合成天然橡胶。

橡胶制品广泛用于工农业生产、交通运输及日常生活中，需要量极大。天然橡胶无论在数量上还是性能上都不能满足现代工业对橡胶制品的需要，因此出现了模拟天然橡胶的结构，主要以 1,3-丁二烯、异戊二烯和 2-氯-1,3-丁二烯等共轭二烯烃为单体而聚合成的橡胶，称之为合成橡胶。

知识链接

天然橡胶

通常我们所说的天然橡胶，是指从巴西橡胶树上采集的天然胶乳，经过凝固、干燥等加工工序而制成的弹性固状物。天然橡胶中聚异戊二烯含量在 90％以上。此外，还含有少量的蛋白质、脂肪酸、糖分及灰分等。

一般为片状固体，相对密度 0.94，折射率 1.522，弹性模量 2～4MPa，130～140℃时软化，150～

160℃黏软，200℃时开始降解。常温下有较高弹性，略有塑性，低温时结晶硬化。有较好的耐碱性，但不耐强酸。不溶于水、低级酮和醇类，在非极性溶剂如三氯甲烷、四氯化碳等中能溶胀。其耐油性和耐溶剂性很差，一般来说，烃、卤代烃、二硫化碳、醚、高级酮和高级脂肪酸对天然橡胶均有溶解作用。

由于天然橡胶具有上述一系列物理化学特性，尤其是其优良的回弹性、绝缘性、隔水性及可塑性等特性，并且经过适当处理后还具有耐油、耐酸、耐碱、耐热、耐寒、耐压、耐磨等宝贵性质，所以，具有广泛用途。例如日常生活中使用的雨鞋、暖水袋、松紧带；医疗卫生行业所用的外科医生手套、输血管、避孕套；交通运输上使用的各种轮胎；工业上使用的传送带、运输带、耐酸和耐碱手套；农业上使用的排灌胶管、氨水袋；气象测量用的探空气球；科学试验用的密封、防震设备；国防上使用的飞机、坦克、大炮、防毒面具；甚至连火箭、人造地球卫星和宇宙飞船等高精尖科学技术产品都离不开天然橡胶。

任务三
乙炔及炔烃的识用

实例分析

乙炔主要应用于金属的加热及热处理、金属切割、焊接、仪器分析等。乙炔是重要的基本有机化工原料之一，从乙炔出发可以合成数千种化合物。因此，乙炔及其衍生物在合成塑料、合成纤维、合成橡胶、医药、农药、染料、香料、溶剂、黏合剂、表面活性剂以及有机导体和半导体等许多工业领域具有广泛用途。

一、乙炔

炔烃分子中含有碳碳三键 $C \equiv C$。乙炔是最简单的炔烃。

1. 物理性质

乙炔俗名电石气，纯净的乙炔是无色、无臭气体，密度 $1.16g \cdot L^{-1}$（标准状况），比空气稍轻，微溶于水，易溶于酒精、丙酮、苯、乙醚等有机溶剂。

2. 分子结构

乙炔的分子式为 C_2H_2，构造简式 $HC \equiv CH$，含有一个 $C \equiv C$ 键。炔烃分子中，组成三键的碳原子为 sp 杂化，两个碳原子各以一个 sp 杂化轨道相互重叠形成 C—Cσ 键，以另一个杂化轨道各与一个氢原子 1s 轨道重叠形成 C—Hσ 键，三个 σ 键轴在一条直线上，所以，乙炔分子为直线形分子。每个碳原子中还有未参与杂化的 2 个 p 轨道，分别两两重叠形成 2 个互相垂直的 π 键，如图 4-6 所示。

π 电子云是以 C—C 键为轴对称分布，相对比较稳定。因此不像烯烃那样易受亲电试剂的进攻。所以炔烃进行亲电加成的反应速率不如烯烃快。例如：

$$CH_2=CH-CH_2-C\equiv CH \xrightarrow[-20℃]{Br_2} \underset{\underset{Br\ \ Br}{|\ \ \ \ |}}{CH_2CHCH_2C}\equiv CH$$

1-戊烯-4-炔　　　　　　　　　4,5-二溴-1-戊炔

3. 化学性质和用途

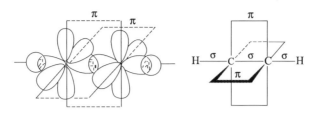

图 4-6 乙炔分子结构示意图

乙炔分子中含有 C≡C，和烯烃一样可发生加成反应和氧化反应。除此之外炔烃分子中三键碳上连接的氢具有微弱的酸性，可以成盐和烷基化反应。

（1）微弱酸性

乙炔中的碳为 sp 杂化，轨道中 s 成分较大，核对电子的束缚能力强，电子云靠近碳原子，使乙炔分子中的 C—H 键极性增加。例如：

$$2CH\equiv CH + 2Na \xrightarrow{110℃} 2CH\equiv CNa + H_2\uparrow$$
$$乙炔钠$$

反应类似于酸、水与碱金属的反应。与无机酸的酸性相比，乙炔的酸性比水还弱，没酸味，不能使石蕊试纸变红。为了与无机酸区别，称之为碳素酸。

（2）加成反应

① 加氢。在镍、铂、钯等催化剂存在下，乙炔氢化一般得到烷烃，很难得到烯烃。

$$CH\equiv CH + H_2 \xrightarrow{Pt} CH_3 - CH_3$$

若用活性较低的林德拉（Lindlar）催化剂（沉淀在 $BaSO_4$ 或 $CaCO_3$ 上的金属钯，加喹啉或醋酸铅使钯部分中毒，从而降低活性），可使反应停留在烯烃的阶段。

$$CH\equiv CH + H_2 \xrightarrow{Lindlar\ 催化剂} CH_2 = CH_2$$

某些有机合成需要高纯度的乙烯，而从石油裂解气中获得的乙烯含有少量乙炔，可用控制加氢的方法将其转化成乙烯，以提高乙烯的纯度。

② 加卤素。乙炔容易与氯或溴发生加成反应。例如，乙炔与溴的加成反应分两个阶段进行。

$$CH\equiv CH + Br_2 \longrightarrow \underset{\overset{|}{Br}\ \ \overset{|}{Br}}{CH = CH}$$
$$1,2\text{-二溴乙烯}$$

$$\underset{\overset{|}{Br}\ \ \overset{|}{Br}}{CH = CH} + Br_2 \longrightarrow \underset{\overset{|}{Br}\ \ \overset{|}{Br}}{\overset{\overset{|}{Br}\ \ \overset{|}{Br}}{CH - CH}}$$
$$1,1,2,2\text{-四溴乙烷}$$

在较低温度下，反应可控制在邻二卤代烯烃阶段。

炔烃可使溴水褪色，可用于 C≡C 的检验。

③ 加卤化氢。在有催化剂存在条件下加热，乙炔能与氯化氢加成反应生成氯乙烯。

$$CH\equiv CH + HCl \xrightarrow[180℃]{HgCl_2\text{-}C} CH_2=CHCl$$

氯乙烯聚合可得聚氯乙烯，聚氯乙烯可制成塑料。

乙炔与氯化氢加成是工业上早期生产氯乙烯的主要方法。但因能耗大、汞催化剂有毒，目前主要采用乙烯为原料的氧氯化法。

不对称炔烃与卤化氢加成遵守马氏规则，得到卤代烯烃或卤代烷。

$$R-C\equiv C-H \xrightarrow{HCl} R-\underset{Cl}{C}=CH_2 \xrightarrow{HCl} R-\overset{Cl}{\underset{Cl}{C}}-CH_3$$

但在过氧化物存在下与 HBr 加成将违反马氏规则。

④ 加水。在硫酸及汞盐的催化下，乙炔与水加成，首先生成不稳定的烯醇，烯醇经分子内重排，转变成乙醛。

$$CH\equiv CH + H_2O \xrightarrow[H_2SO_4]{HgSO_4} [H_2C=\overset{H}{C}-OH] \longrightarrow CH_3-\overset{H}{C}=O$$

不对称炔烃与水加成也遵守马氏规则，产物为酮。

$$CH_3-C\equiv C-H+H-OH \xrightarrow[H_2SO_4]{HgSO_4} [CH_3-\underset{O-H}{C}=CH_2] \longrightarrow CH_3-\underset{O}{C}-CH_3$$

上述反应是工业上制乙醛和丙酮的方法之一。

⑤ 乙烯基化反应。炔烃除了能发生上述与烯烃相似的加成反应外，炔烃还能和一些与烯烃不能发生加成反应的试剂作用。这些反应中，最重要的是乙炔与 HCN、CH_3OH、CH_3COOH 的加成。

$$HC\equiv CH + HCN \xrightarrow{CuCl\text{-}NH_4Cl} H_2C=CH-CN$$
丙烯腈

丙烯腈是合成聚丙烯腈（$\left[\underset{CN}{CH-CH_2}\right]_n$）的单体，聚丙烯腈就是俗称的人造羊毛——腈纶。

$$CH\equiv CH + CH_3-OH \xrightarrow[160\sim165℃,2MPa]{20\%NaOH} CH_2=CH-OCH_3$$
甲基乙烯基醚

甲基乙烯基醚是一个重要的单体，可聚合成高分子化合物，用作涂料、增塑剂和黏合剂等。

$$CH\equiv CH + H-O-\underset{O}{C}-CH_3 \xrightarrow[170\sim230℃]{醋酸锌} CH_2=CH-O-\underset{O}{C}-CH_3$$
乙酸乙烯酯

这是目前工业上生产乙酸乙烯酯（常称醋酸乙烯酯）的主要方法之一，醋酸乙烯酯是生产合成纤维——维尼纶的主要原料。

乙炔与 HCN、醇、羧酸反应后的产物都含有乙烯基，所以称为乙烯基化反应。

（3）聚合反应

乙炔的加成聚合反应是炔烃中最重要的聚合反应。在不同的反应条件下，产物也不一样。

$$CH\equiv CH + H-C\equiv CH \xrightarrow[\text{少量盐酸}]{\text{CuCl-NH}_4\text{Cl}} CH_2=CH-C\equiv CH$$
乙烯基乙炔

乙炔的二聚物与 HCl 加成的产物 2-氯-1,3-丁二烯是合成氯丁橡胶的单体。

$$CH_2=CH-C\equiv CH + HCl \xrightarrow{\text{CuCl-NH}_4\text{Cl}} CH_2=CH-\underset{\underset{Cl}{|}}{C}=CH_2$$

在齐格勒-纳塔催化剂存在下，乙炔还可聚合成高分子化合物——聚乙炔。

$$n CH\equiv CH \xrightarrow{\text{齐格勒-纳塔催化剂}} \left[CH=CH \right]_n$$

聚乙炔是结晶性高聚物半导体材料，具有不溶解、不熔化、高电导率等特点。

从乙炔出发可以合成塑料、橡胶、纤维以及许多有机合成的重要原料和溶剂，因此乙炔是一种重要的有机化工原料。

（4）氧化反应

① 燃烧。乙炔在氧气中的燃烧，生成二氧化碳和水，同时产生大量热。

$$2CH\equiv CH + 5O_2 \xrightarrow{\text{燃烧}} 4CO_2 + 2H_2O + Q$$

氧炔焰可达 3000℃ 以上的高温，广泛用作切割和焊接金属。

乙炔易燃易爆，与一定比例的空气混合后可形成爆炸性混合物，其爆炸极限为2.55%～80.8%（体积分数）。乙炔在加压下不稳定，液态乙炔受到震动会爆炸，因此使用时必须注意安全。乙炔溶于丙酮时很稳定。工业上在贮存乙炔的钢瓶中充填浸透丙酮的多孔物质（如石棉），再将乙炔压入钢瓶，就可以安全地运输和使用了。

② 被高锰酸钾氧化。炔烃易被高锰酸钾氧化，碳碳三键完全断裂，反应现象类似烯烃与高锰酸钾的反应。不同结构的炔烃，氧化产物不同。

$$H-C\equiv C-H \xrightarrow[\text{H}_2\text{O}]{\text{KMnO}_4} CO_2 + H_2O$$

$$R-C\equiv C-H \xrightarrow[\text{H}_2\text{O}]{\text{KMnO}_4} R-\overset{\overset{O}{\|}}{C}-OH + CO_2 + H_2O$$

$$R-C\equiv C-R' \xrightarrow[\text{H}_2\text{O}]{\text{KMnO}_4} R-\overset{\overset{O}{\|}}{C}-OH + R'-\overset{\overset{O}{\|}}{C}-OH$$

根据氧化产物可推测炔烃的结构。

（5）炔氢原子的反应

与三键碳原子直接相连的氢原子叫做炔氢原子。三键碳原子的电负性较强，因此炔氢原子比较活泼，可以被某些金属原子（或离子）取代，生成金属炔化物。

① 与钠或氨基钠反应。含有炔氢原子的炔烃与金属钠或氨基钠作用时，炔氢原子被钠原子或钠离子取代，生成炔化钠。例如：

$$2CH\equiv CH + 2Na \xrightarrow{110℃} 2CH\equiv CNa + H_2\uparrow$$
乙炔钠

$$CH\equiv CH + 2Na \xrightarrow{190\sim220℃} NaC\equiv CNa + H_2\uparrow$$
乙炔二钠

$$CH_3-C\equiv CH + NaNH_2 \xrightarrow{液氨} CH_3-C\equiv CNa + NH_3\uparrow$$

炔化钠性质活泼，在有机合成上用来与卤代烃反应作为增长碳链的方法之一。

$$R-C\equiv CH \xrightarrow[NaNH_2]{液氨} R-C\equiv CNa \xrightarrow{R'X} R-C\equiv C-R'$$

【例 4-4】 由乙烯和丙炔合成 2-戊烯。

解 $CH_2=CH_2 \xrightarrow{HBr} CH_3CH_2Br$

$$CH_3-C\equiv CH \xrightarrow[NaNH_2]{液氨} CH_3-C\equiv CNa \xrightarrow{CH_3CH_2Br} CH_3-C\equiv C-CH_2CH_3$$

$$\xrightarrow[H_2]{Lindlar\ 催化剂} CH_3CH=CHCH_2CH_3$$

合成分四步进行：首先由乙烯制备溴乙烷，第二步由丙炔制备丙炔钠，第三步由丙炔钠与溴乙烷作用制得 2-戊炔，最后一步用 Lindlar 催化剂控制加氢，使 2-戊炔转变为 2-戊烯。

相关链接

解合成题不必写出每一个完整的反应方程式，只要写出原料、中间体、产物的构造简式。每一步中的副产物不必写出，并在箭头的上下写出必要的试剂和条件。

② 与硝酸银或氯化亚铜的氨溶液反应。含有炔氢原子的炔烃与硝酸银或氯化亚铜的氨溶液作用，炔氢原子可被 Ag^+ 或 Cu^+ 取代，生成灰白色的炔化银或红棕色的炔化亚铜沉淀。

$$HC\equiv CH + 2Ag(NH_3)_2NO_3 \longrightarrow AgC\equiv CAg\downarrow + 2NH_4NO_3 + 2NH_3$$
乙炔银

$$HC\equiv CH + 2Cu(NH_3)_2Cl \longrightarrow CuC\equiv CCu\downarrow + 2NH_4Cl + 2NH_3$$
乙炔亚铜

$$R-C\equiv CH \longrightarrow \begin{cases} \xrightarrow{Ag(NH_3)_2NO_3} R-C\equiv CAg\downarrow \\ \xrightarrow{Cu(NH_3)_2Cl} R-C\equiv CCu\downarrow \end{cases}$$

上述反应常用来鉴别乙炔及具有 $R-C\equiv CH$ 型结构的炔烃。

注意：炔化银或炔化亚铜在干燥状态下，受热或震动容易爆炸，实验完毕后加稀硝酸使其分解。

二、炔烃

链烃分子中含有碳碳三键（$C\equiv C$）的不饱和烃叫做炔烃。除乙炔外，炔烃还包括丙炔、丁炔等。

丙炔　　　　　　　　　　　　　　　　$CH_3C{\equiv}CH$

丁炔　　　　　　　　　　　　　　　　$CH_3CH_2C{\equiv}CH$

炔烃的同系物也依次相差一个或几个 CH_2 原子团，但它们比同数目碳原子的烯烃少了两个氢原子。炔烃的通式为 $C_nH_{2n-2}(n{\geqslant}2)$。

1. 炔烃的性质

炔烃的物理性质与烯烃相似，一般也随碳原子数目的增加而有规律地变化。在常温下，$C_2{\sim}C_4$ 的炔烃是气体，$C_5{\sim}C_{15}$ 的炔烃是液体，C_{16} 以上的炔烃是固体。炔烃的熔沸点都随碳原子数目的增加而升高。一般比相应的烷烃、烯烃略高。这是因为碳碳三键键长较短，分子间距离较近，作用力较强的缘故。炔烃相对密度小于1。相同碳原子数的烃的相对密度为炔烃＞烯烃＞烷烃。炔烃难溶于水，易溶于乙醚、石油醚、丙酮、苯和四氯化碳等有机溶剂。

炔烃的化学性质与乙炔相似。

2. 炔烃的同分异构

乙炔是直线形结构，因此炔烃的同分异构没有顺反异构，只有构造异构。简单的乙炔和丙炔没有构造异构，含 4 个碳原子以上的炔烃的构造异构有碳链异构和官能团位置异构。

$CH_3CH_2CH_2C{\equiv}CH$　　　　1-戊炔

$CH_3CH_2C{\equiv}CCH_3$　　　　　2-戊炔

$CH_3CH_2CHC{\equiv}CH$　　　　　3-甲基-1-戊炔
　　　　　　$|$
　　　　　　CH_3

由于炔烃是线形分子，三键碳原子上不能有支链，所以炔烃的异构体比相同碳原子的烯烃少。

3. 炔烃的命名

（1）炔烃的系统命名

炔烃的命名原则和烯烃相似，只将"烯"字改为"炔"字即可。

$$CH_3{-}CH{-}C{\equiv}C{-}CH_3$$
$$|$$
$$CH_3$$

4-甲基-2-戊炔

$$CH_3{-}CH{-}CH{-}C{\equiv}CH$$
$$\qquad|\qquad|$$
$$\qquad CH_3\quad CH_2CH_3$$

4-甲基-3-乙基-1-戊炔

$$CH_3{-}CH_2{-}CH{-}C{\equiv}C{-}CH_3$$
$$|$$
$$CH{-}CH_3$$
$$|$$
$$CH_3$$

5-甲基-4-乙基-2-己炔

$$\qquad\qquad CH_3$$
$$\qquad\qquad|$$
$$CH_3{-}C{-}C{\equiv}C{-}CH{-}CH_3$$
$$\qquad|\qquad\qquad|$$
$$\quad CH_3\qquad\quad CH_3$$

2,2,5-三甲基-3-己炔

（2）炔烃衍生物的命名

炔烃衍生物的命名是以乙炔为母体，把其它基团看作是乙炔的烷基衍生物来命名。炔烃衍生物的命名法只适用于比较简单的炔烃。

$$CH_3C{\equiv}CCH_3\qquad CH_3CH_2C{\equiv}CCH_3\qquad CH_3{-}CH{-}C{\equiv}CH$$
$$\qquad\qquad\qquad\qquad\qquad\qquad\qquad\qquad\qquad\qquad|$$
$$\qquad\qquad\qquad\qquad\qquad\qquad\qquad\qquad\qquad CH_3$$

二甲基乙炔　　　　甲基乙基乙炔　　　　异丙基乙炔

（3）烯炔的命名

分子中同时含有双键和三键的链烃称为烯炔。在系统命名时，选择含有双键和三键在内的最长碳链为主链；碳链编号从最靠近双键或三键的一端开始，使不饱和键的编号尽可能小，命名时先烯后炔。若双键和三键位次相同，则应使双键编号为最小。

$$\overset{1}{CH} \!\!=\!\! \overset{2}{CH} \!-\! \overset{3}{CH} \!-\! \overset{4}{CH} \!\!=\!\! \overset{5}{CH} \!-\! \overset{6}{CH_3}$$
$$| $$
$$CH(CH_3)_2$$

3-异丙基-4-己烯-1-炔

$$\overset{5}{CH} \!\!=\!\! \overset{4}{CH} \!-\! \overset{3}{CH_2} \!-\! \overset{2}{C} \!\!=\!\! \overset{1}{CH_2}$$

1-戊烯-4-炔

$$\overset{7}{CH_3} \!-\! \overset{6}{C} \!\!\equiv\!\! \overset{5}{C} \!-\! \overset{4}{CH} \!-\! \overset{3}{CH_2} \!-\! \overset{2}{CH} \!\!=\!\! \overset{1}{CH_2}$$
$$| $$
$$CH_2CH_3$$

4-乙基-1-庚烯-5-炔

$$\overset{8}{CH_3} \!-\! \overset{7}{C} \!\!\equiv\!\! \overset{6}{C} \!-\! \overset{5}{CH} \!-\! \overset{4}{CH_2} \!-\! \overset{3}{CH} \!\!=\!\! \overset{2}{CH} \!-\! \overset{1}{CH_3}$$
$$| $$
$$CH_2CH_3$$

5-乙基-2-辛烯-6-炔

练一练

1. 命名下列化合物。

$$(CH_3)_2CHC \!\!\equiv\!\! CC(CH_3)_3$$

$$CH_3CHCH_2CHC \!\!\equiv\!\! CH$$
$$\quad\; | \qquad\quad |$$
$$\quad CH_3 \quad\;\; CH_2CH_3$$

2. 写出下列反应。

$$CH_3CH_2C \!\!\equiv\!\! CH + H_2O \xrightarrow[H_2SO_4]{HgSO_4}$$

$$CH_2 \!\!=\!\! CHCH_2C \!\!\equiv\!\! CH \xrightarrow[\text{Lindlar 催化剂}]{H_2}$$

任务四
环己烷及脂环烃的识用

实例分析

在环烷烃中，目前使用较多的是环己烷，主要用于制备环己醇、环己酮和尼龙 6、尼龙 66 的原料。国内产量达到 30 万～45 万吨/年。在涂料工业中广泛用作溶剂，能溶解树脂、脂肪、石蜡油类、丁基橡胶等。

一、环己烷

结构简式 （六边形环），为单环脂环烃。

1. 物理性质
有汽油气味的无色流动性液体，沸点 80.8℃，易挥发，不溶于水，可与乙醇、乙醚、丙酮、苯等多种有机溶剂混溶。在甲醇中的溶解度为 100 份甲醇可溶解 57 份环己烷（25℃）。易燃烧，蒸气与空气形成爆炸性混合物，爆炸极限 1.3％～8.3％（体积分数）。

2. 化学性质及用途

环己烷对酸、碱比较稳定，与中等浓度的硝酸或混酸在低温下不发生反应，与稀硝酸在 100℃以上的封管中发生硝化反应，生成硝基环己烷。在铂或钯催化下，350℃以上发生脱氢反应生成苯。环己烷与氯化铝在温和条件下则异构化为甲基环戊烷。

（1）氧化反应

在不同的条件下环己烷氧化反应所得的主要产物不同。例如，在 185～200℃，10～40atm❶ 下，用空气氧化时，得到 90％的环己醇。

$$\text{（环己烷）} + O_2 \xrightarrow[10\sim40atm]{185\sim200℃} \text{（环己醇）—OH}$$

环己醇

若用脂肪酸的钴盐或锰盐作催化剂在 120～140℃、18～24atm 下，用空气氧化，则得到环己醇和环己酮的混合物。

$$\text{（环己烷）} + O_2 \xrightarrow[18\sim24atm]{\substack{\text{环烷酸钴} \\ 120\sim140℃}} \text{（环己醇）—OH} + \text{（环己酮）}$$

环己醇 环己酮

高温下用空气、浓硝酸或二氧化氮直接氧化环己烷可得到己二酸。在钯、钼、铬、锰的氧化物存在下，进行气相氧化则得到顺丁烯二酸。

$$\text{（环己烷）} + O_2 \xrightarrow[\substack{90\sim120℃ \\ 15atm}]{60\% HNO_3} \begin{array}{l} CH_2-CH_2-COOH \\ | \\ CH_2-CH_2-COOH \end{array}$$

己二酸

环己醇、环己酮、己二酸均是重要的化工原料和中间体。

（2）卤代反应

在日光或紫外光照射下与卤素作用生成卤代物。

$$\text{（环己烷）} + Cl_2 \xrightarrow{\text{紫外光}} \text{（氯代环己烷）—Cl} + HCl$$

环己烷是重要的化工原料，主要用于合成尼龙纤维。也是大量使用的工业溶剂，常用于塑料工业中，溶解导线涂层的树脂，还用作油漆的脱漆剂、精油萃取剂等。工业上以苯为原料，通过催化加氢制取环己烷。

$$\text{（苯）} + H_2 \xrightarrow[180\sim250℃]{Pt} \text{（环己烷）}$$

二、脂环烃

脂环烃是指碳链为环状结构而性质同脂肪烃相似的烃类。脂环烃衍生物数目众多，广泛存在于自然界，如萜类、甾族和大环内酯等，在生活和生产实际中具有重要作用。

---

❶ 1atm＝1.01325×10⁵Pa。

1. 脂环烃的分类

① 根据脂环烃的不饱和程度分为饱和脂环烃和不饱和脂环烃。

饱和脂环烃又叫环烷烃，分子中没有不饱和键。例如：

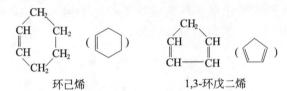

不饱和脂环烃分子中含有双键或三键的脂环烃，包括环烯烃或环炔烃。例如：

② 按照分子中所含碳环的数目分为单环脂环烃和多环脂环烃。

单环脂环烃，分子中只有一个碳环的脂环烃。如上例中的脂环烃均为单环脂环烃。环中含 $C_3 \sim C_4$ 的为小环，含 $C_5 \sim C_7$ 的为普通环，含 $C_8 \sim C_{12}$ 的为中环，含 C_{12} 以上的为大环。

多环脂环烃，分子中含有两个以上碳环的脂环烃，比较复杂，不再叙述。

2. 环烷烃的命名

环烷烃的命名与烷烃相似，根据成环碳原子数称为"某"烷，并在某烷前面冠以"环"字称为环某烷。例如：

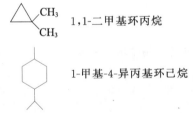

环上带有支链时，一般以环为母体，支链为取代基进行命名，例如：

1,1-二甲基环丙烷

1-甲基-4-异丙基环己烷

若环上有不饱和键时，编号从不饱和碳原子开始，并通过不饱和键，例如：

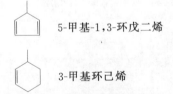

5-甲基-1,3-环戊二烯

3-甲基环己烯

环上取代基比较复杂时，环烃部分作为取代基来命名。例如：

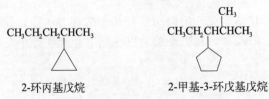

2-环丙基戊烷　　　　　　2-甲基-3-环戊基戊烷

3. 环烷烃的性质

（1）物理性质

环烷烃的物理性质与烷烃相似，在常温下，小环环烷烃是气体，普通环环烷烃是液体，大环环烷烃呈固态。环烷烃的熔点和沸点变化规律是随着分子中碳原子数目增加而升高，熔点、沸点和密度都比同碳数开链烷烃高。相对密度小于1，比水轻。环烷烃不溶于水，易溶于有机溶剂。

（2）化学性质及用途

环烷烃的化学性质与环的大小有关。小环（三元环、四元环）不稳定，与烯烃的性质相似，容易开环，发生加成反应。五元环以上的环烷烃比较稳定，与烷烃相似，只有在一定条件下，才能发生取代反应和氧化反应。

① 取代反应。在高温或紫外光作用下，环戊烷及其以上的环烷烃与卤素发生取代反应，生成相应的卤代环烷烃。例如：

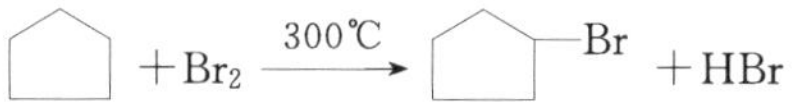

$$\text{（环戊烷）} + Br_2 \xrightarrow{300℃} \text{（溴代环戊烷）} Br + HBr$$

溴代环戊烷

溴代环戊烷是具有樟脑气味的油状液体。沸点137℃，不溶于水，可溶于醇、醚等。主要用于合成利尿降压药物环戊噻嗪的原料。

② 加成反应。小环环烷烃与烯烃相似，与 H_2、X_2、HX 发生加成反应。不过，随着环的增大，它的反应性能就逐渐减弱，五元环、六元环烷烃，即使在相当强烈的条件下也不开环。

a. 催化加氢。在催化剂作用下，环丙烷和环丁烷比较容易发生开环加氢反应，生成相应的链烷烃。环的大小不同，加氢反应的难易程度也不同。环烷烃加氢反应的活性为环丙烷＞环丁烷＞环戊烷。

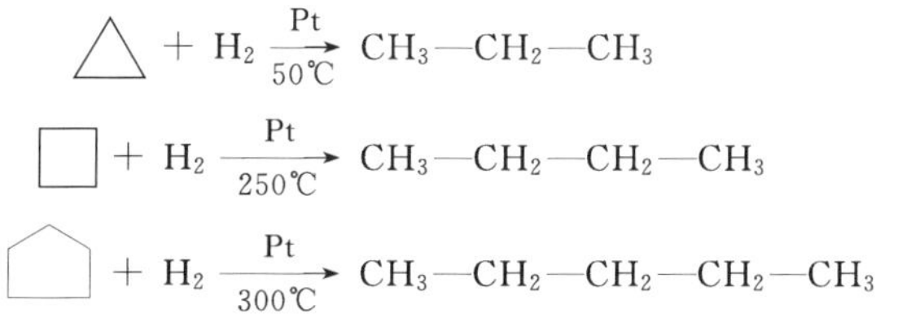

$$\triangle + H_2 \xrightarrow[50℃]{Pt} CH_3—CH_2—CH_3$$

$$\square + H_2 \xrightarrow[250℃]{Pt} CH_3—CH_2—CH_2—CH_3$$

$$\text{（环戊烷）} + H_2 \xrightarrow[300℃]{Pt} CH_3—CH_2—CH_2—CH_2—CH_3$$

环己烷在一般条件下，不易发生加氢反应。

b. 加卤素。环丙烷及其同系物在室温下就能与溴加成，而环丁烷必须在加热的情况下才能与溴反应。

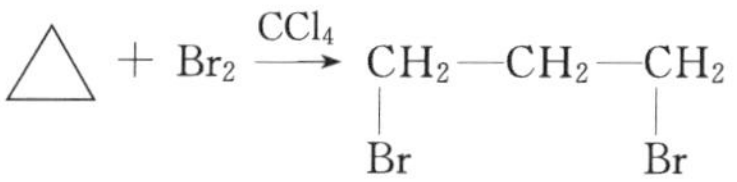

$$\triangle + Br_2 \xrightarrow{CCl_4} \underset{Br}{CH_2}—CH_2—\underset{Br}{CH_2}$$

1,3-二溴丙烷

$$\square + Br_2 \xrightarrow{\triangle} \underset{Br}{CH_2}—CH_2—CH_2—\underset{Br}{CH_2}$$

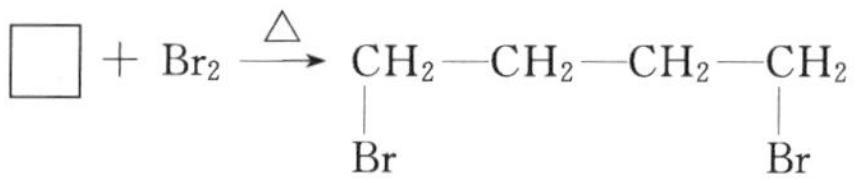

1,4-二溴丁烷

环戊烷和环己烷即使加热也不能与溴发生加成反应。小环环烷烃与溴发生加成反应后，溴的红棕色消失，现象变化明显，可用于鉴别三元环、四元环烷烃。

c.加卤化氢。环丙烷及其烷基衍生物在常温下就能与溴化氢发生加成反应，而环丁烷需要加热后才能反应，生成开链一卤代烷烃。

$$\triangle + HBr \longrightarrow CH_3CH_2CH_2Br$$
1-溴丙烷

$$\square + HBr \xrightarrow{\triangle} CH_3CH_2CH_2CH_2Br$$
1-溴丁烷

环丙烷及其烷基衍生物与卤化氢发生加成反应时，环的断键位置通常发生在含氢较多与含氢较少的成环碳原子之间，并且遵守马氏规则。例如：

$$CH_3-CH-CH_2 + HBr \longrightarrow CH_3CHCH_2CH_3$$
$$\overset{|}{CH_2} \qquad\qquad\qquad \overset{|}{Br}$$
2-溴丁烷

$$CH_3\overset{\overset{CH_3}{|}}{\underset{CH_3}{C}}-CH_2 + HBr \longrightarrow CH_3-\overset{\overset{CH_3}{|}}{\underset{Br}{C}}-\overset{\overset{CH_3}{|}}{CH}-CH_3$$
2,3-二甲基-2-溴丁烷

③ 氧化反应。与开链烷烃相似，不论是小环或大环环烷烃，在常温条件下都不能与一般氧化剂（如高锰酸钾水溶液）发生氧化反应。因此可用高锰酸钾水溶液鉴别环烷烃与烯烃、炔烃。

但若环的支链上有不饱和键时，不饱和键被氧化断裂，而环不破裂。

$$\triangleright-CH=CHCH_3 \xrightarrow[H_2O]{KMnO_4} \triangleright-COOH + CH_3COOH$$

如果在加热条件下，用强氧化剂，或在催化剂存在下用空气作氧化剂，环烷烃能被氧化成各种氧化产物。例如，环己烷的氧化反应。

任务五
苯及芳香烃的识用

实例分析

我国纯苯消费结构如下：用于合成苯乙烯的约占 27.25%，聚酰胺树脂（环己烷）约占 12.65%，苯酚约占 11.37%，氯化苯约占 10.98%，硝基苯约占 9.8%，烷基苯约占 7.84%，农用化学品约占 5.56%，顺酐约占 4.71%，其它医药、轻工及橡胶制品业等约占 9.84%。

一、苯

苯是芳香烃中最简单而且最重要的化合物。是一种重要的化工原料，可用于生产合成纤维、合成橡胶、塑料、农药、医药、染料、香料、树脂等，同时也是常用的有机溶剂和钢铁热处理的渗碳剂。

1. 物理性质

在常温下苯是一种无色、有芳香气味、易挥发的透明液体，有毒。苯的沸点为 80.1℃，熔点为 5.5℃，密度为 $0.88g \cdot mL^{-1}$，其密度比水小，但相对分子质量比水大。苯难溶于水，易溶于乙醚、乙醇等有机溶剂中。苯是一种良好的有机溶剂，溶解有机分子和一些非极性的无机分子的能力很强。

2. 分子结构

苯的分子式为 C_6H_6，构造式和简式如下：

苯分子的 6 个碳原子均以 sp^2 杂化，每个碳原子形成三个 sp^2 杂化轨道，其中一个 sp^2 杂化轨道与氢的 1s 轨道形成 C—Hσ 键，另两个 sp^2 杂化轨道与两个碳原子的 sp^2 杂化轨道形成两个 C—Cσ 键，键角为 120°，碳氢原子均在同一平面上。每一个碳原子还有一个未参加杂化的 p 轨道，相互平行重叠，形成一个六原子六电子的共轭大 π 键（见图 4-7）。

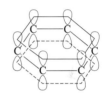

图 4-7 苯分子结构示意图

π 电子云分布在苯环的上下，形成了一个闭合的共轭体系，共轭体系能量降低使苯具有稳定性，同时电子云发生了离域，键长发生了平均化，在苯分子中没有单双键之分。

3. 化学性质和用途

苯环结构稳定，不易氧化，也不易加成，容易发生取代反应。

（1）取代反应

苯分子中的氢原子能被其它原子或原子团代替而发生取代反应。根据取代基团的不同，可分为卤代、硝化、磺化、烷基化和酰基化反应。

① 卤代反应。在卤化铁催化下，苯与氯或溴作用，苯环上的氢原子可被卤原子取代生成卤苯。

反应温度升高，一卤苯可继续卤代生成二卤苯。

氯苯是一种无色液体，不溶于水，但溶于某些有机溶剂。它是合成染料、制造药物和农药的原料。

溴苯为无色油状液体，不溶于水，溶于苯、醇、醚、氯苯等有机溶剂。它是精细化工品的原料，也是制备农药的基本原料。

相关链接

苯环侧链上的卤代反应。

在光照或加热条件下，烷基苯侧链上的 α-氢原子可被卤素原子取代。例如，甲苯与氯反应时，甲基氢原子可逐个被取代，生成苯一氯甲烷、苯二氯甲烷、苯三氯甲烷。

苯三氯甲烷是有机合成中间体，用于制造苯甲酸、氯化苯甲酰、三苯基甲烷染料、蒽醌染料和喹啉染料等，以及用于生产紫外线吸收剂。还用作分析化学试剂。

② 硝化反应。浓硝酸和浓硫酸的混合物叫做混酸。在 $50\sim60℃$ 下，苯与混酸作用，硝基（—NO$_2$）取代苯环上的氢原子，生成硝基苯。

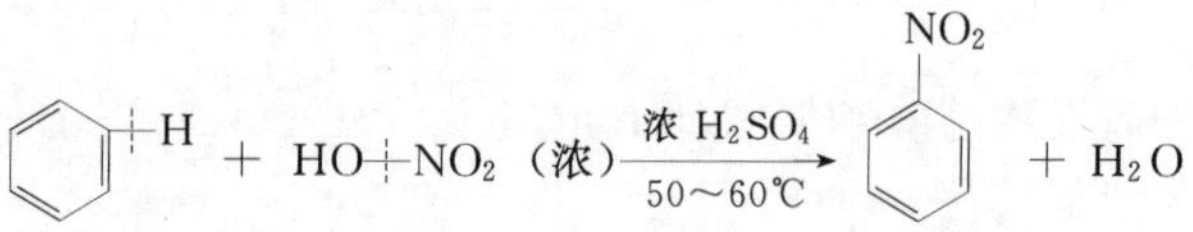

上述反应中，浓硫酸既是催化剂，又是脱水剂。

③ 磺化反应。苯和浓硫酸共热，苯环上的氢可被磺酸基（—SO$_3$H）取代，生成苯磺酸。

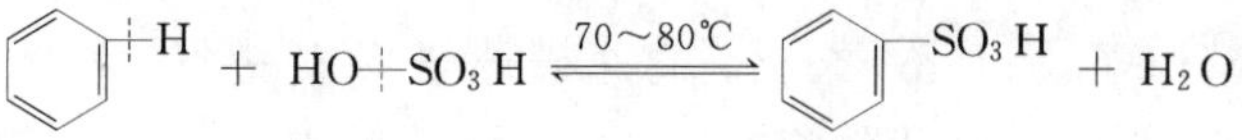

苯磺酸可溶解在硫酸中，可利用这一性质将芳烃从混合物中分离出来。

磺化反应是可逆的，在有机合成中十分有用。在合成时可通过磺化反应保护苯环上的某一位置，待进一步发生某一反应后，再通过稀硫酸或盐酸将磺酸基除去，即可得到所需的化合物。例如：

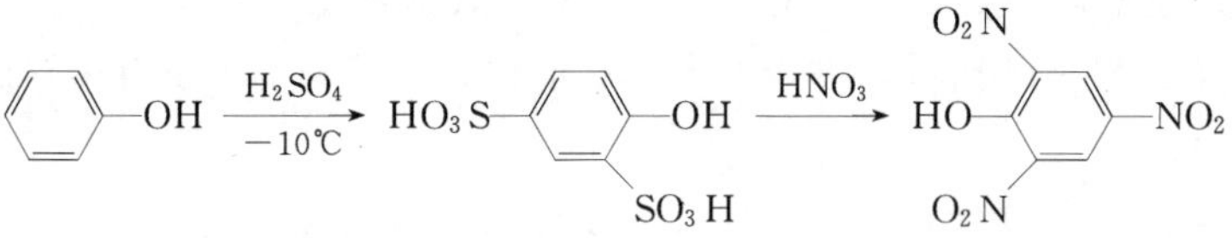

④ 烷基化和酰基化反应（Fridel-Crafts 反应，简称付氏反应）。在催化剂作用下，与烷基化剂或酰基化剂反应，苯环上的氢原子被烷基或酰基取代。

无水氯化铝是付氏反应最常用的催化剂。

a. 烷基化反应。卤代烷、烯烃、醇可作烷基化剂与苯发生付氏烷基化反应。例如：

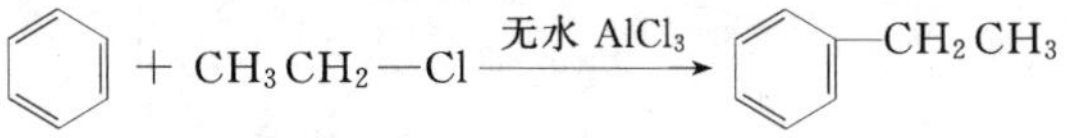

关于付氏烷基化反应需注意以下几点：

i. 反应不易停留在一元取代物阶段，常有多烷基苯生成。例如：

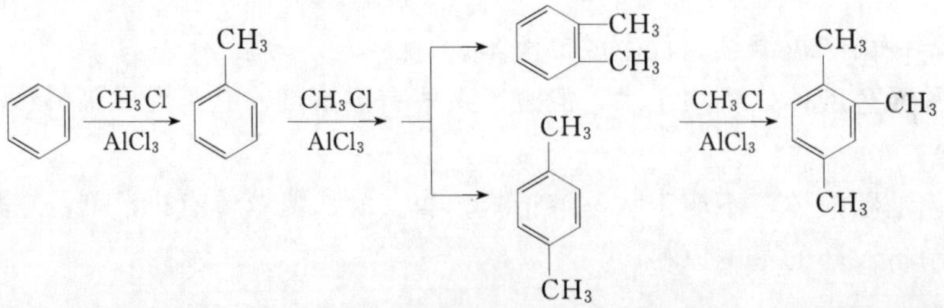

产物为混合物，不易分离。为了减少多取代物，采用过量的苯，一方面减少多取代的概率，另一方面在过量苯存在下，多取代产物与苯作用会转变为一元取代产物。

ⅱ. 当烷基化剂中的碳原子数不小于 3 时，直链烷基常常发生异构化。例如：

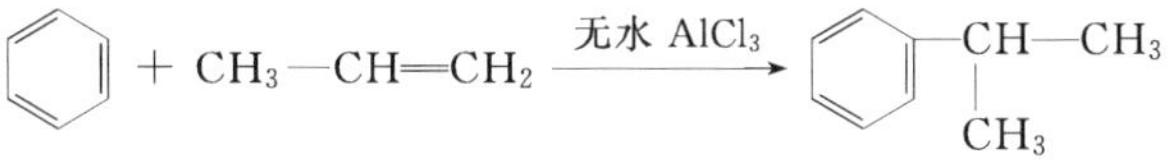

异丙苯

ⅲ. 苯环上连有强吸电子基（如—NO_2、—SO_3H 等）的芳环不发生烷基化反应。

ⅳ. 含有—NH_2、—NHR、—NR_2 等基团的芳环不发生烷基化反应（上述基团可与催化剂反应）。

b. 酰基化反应。酰氯、酸酐可作酰基化剂与苯发生付氏酰基化反应。

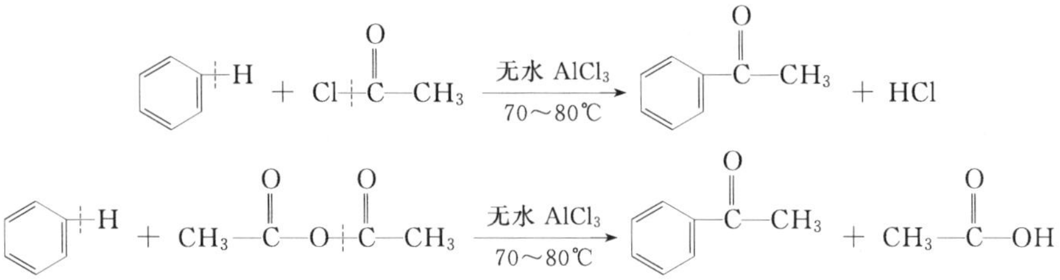

和付氏烷基化反应一样，苯环上连有强吸电子基及—NH_2、—NHR、—NR_2 等基团的芳环不能发生付氏酰基化反应。但酰基化反应可以停留在一阶取代阶段且不发生重排。

（2）加成反应

苯不易进行加成反应。如用铂作催化剂，在较高温度下，苯才能催化加氢生成环己烷。

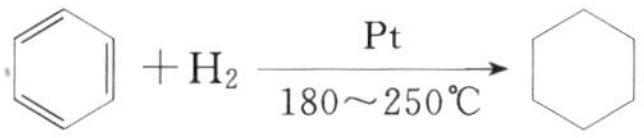

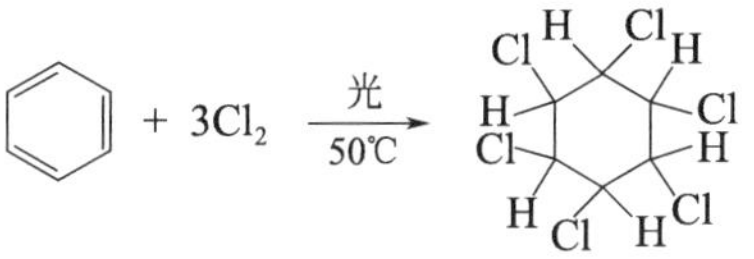

六六六
（其对人畜有害，我国从1983年禁用）

（3）氧化反应

在加热的条件下，苯不被高锰酸钾、重铬酸钾等强氧化剂氧化。在较高温度及五氧化二钒催化下，苯可被空气中的氧氧化开环生成顺丁烯二酸酐。

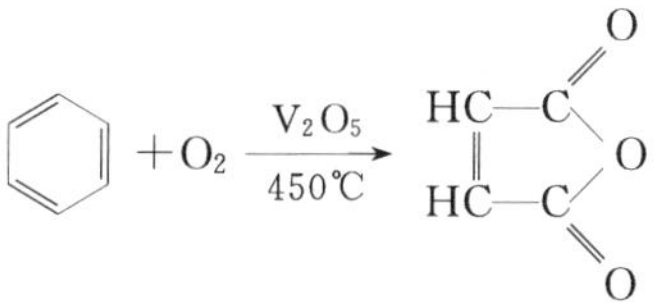

顺丁烯二酸酐

顺丁烯二酸酐主要用于制取聚酯树脂、醇酸树脂。

点燃时，苯环可被氧化成二氧化碳和水。

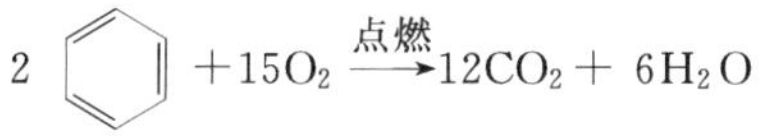

$$2 \bigcirc + 15O_2 \xrightarrow{\text{点燃}} 12CO_2 + 6H_2O$$

当苯环上有侧链时，如烷基苯中的 α-H 受苯环的影响比较活泼，可被高锰酸钾或重铬酸钾等氧化剂氧化。而且无论侧链长短、结构如何，只要含有 α-H，侧链将被氧化成羧基

（—COOH）。例如：

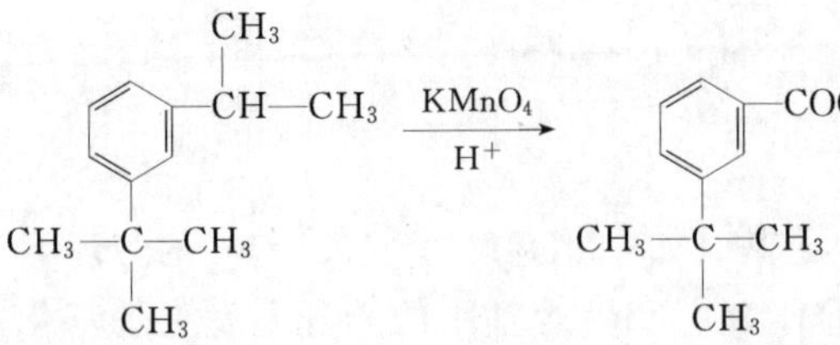

烷基苯 α-H 的氧化反应可用于鉴别，也是制备芳香族羧酸的常用方法。若侧链上无 α-H，一般不发生氧化反应。

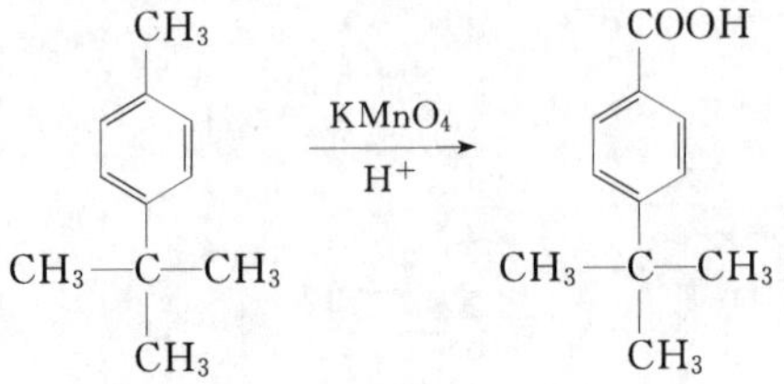

二、苯环上亲电取代反应的定位规律（定位效应）

1. 两类定位基及一元取代苯的定位规律

苯分子中的六个碳和六个氢都完全相同，因此苯的一元取代物只有一种。当一元取代苯发生取代反应时，反应的难易程度以及第二个取代基进入环的位置与原有取代基的性质有关。比较下列反应：

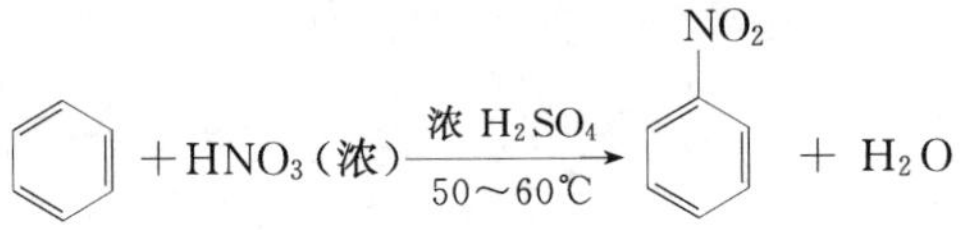

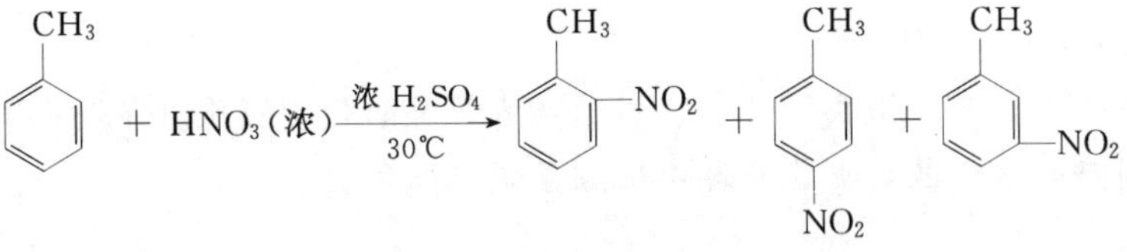

（62%）　（33%）　（5%）

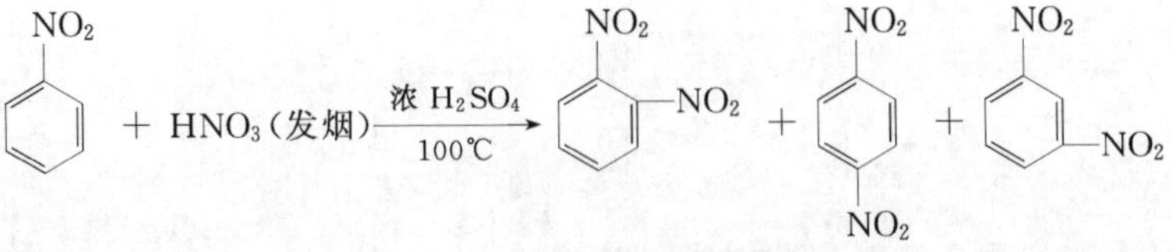

（6.4%）　（0.3%）　（93.2%）

从上面的反应不难发现，甲苯的硝化反应不仅比苯容易进行，而且硝基主要进入甲基的邻位和对位；而硝基苯的进一步硝化，不仅比苯难以进行，而且硝基主要进入硝基的间位。

大量实验事实证明：一元取代苯在进行取代反应时，苯环上原有的取代基不仅影响环的活性，而且也决定取代基进入环的位置。我们把苯环上原有的取代基叫做定位基。定位基有两个作用：一是影响取代反应难易程度，二是决定第二个取代基进入苯环的位置。定位基的这种作用叫做定位效应。

常见的基团按照它们的定位效应分为两类。

（1）邻对位定位基（第一类定位基）

这类基团大多使苯环活化，即第二个基团的进入一般比苯容易。同时使新进入的基团主

要进入其邻位和对位。如以 A 代表邻对位定位基，则可表示为 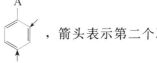，箭头表示第二个取

代基进入的位置。

常见邻对位定位基（由强到弱的顺序）是：

—NH₂（氨基）＞—OH（羟基）、—OCH₃（甲氧基）＞—NHCOCH₃（乙酰胺基）＞

—R（烃基）＞—CH₂Cl（氯甲基）＞—Cl（氯原子）＞—Br（溴原子）

（2）间位定位基（第二类定位基）

这类基团能使苯环钝化，同时使新进入的基团进到它的间位。如以 B 代表间位定位基，

则可表示为 。

常见间位定位基（由强到弱的顺序）是：

—NO₂（硝基）＞—CN（氰基）＞—SO₃H（磺酸基）＞—CHO（醛基）＞—COCH₃（乙酰

基）＞—COOH（羧基）等。

一般讲，邻对位定位基中与苯环直接相连的原子具有孤电子对（烃基例外）；间位定位

基中与苯环相连的原子以重键与电负性较强的原子结合或带正电荷（—CCl₃ 等例外）。

2. 二元取代苯的定位规律

当苯环上已有两个定位基时，欲引入第三个取代基时有以下几种情况。

① 苯环上原有的定位基对于引入第三个取代基的定位作用一致时，则新基团可以顺利

进入两个定位基一致指向的位置。例如：

在彼此处于间位的两个基团之间，由于位阻，通常很少发生取代。

② 环上原有的定位基对于引入第三个取代基的定位作用不一致时，有两种情况。

a. 当两个定位基属于同一类时，第三个取代基进入苯环的位置主要由较强的定位基决

定。例如：

定位效应 —OCH₃＞—CH₃   —NO₂＞—COOH

b. 当两个定位基属于不同类时，第三个取代基进入苯环的位置，主要决定于邻对位定

位基。例如：

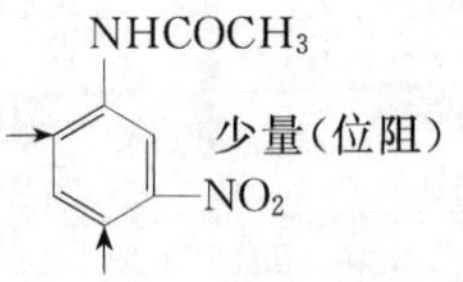

3. 定位规律的应用

一是预测反应的产物，二是指导设计合成线路。

【例 4-5】 用甲苯制备邻氯甲苯时，利用磺化反应来保护对位。

解

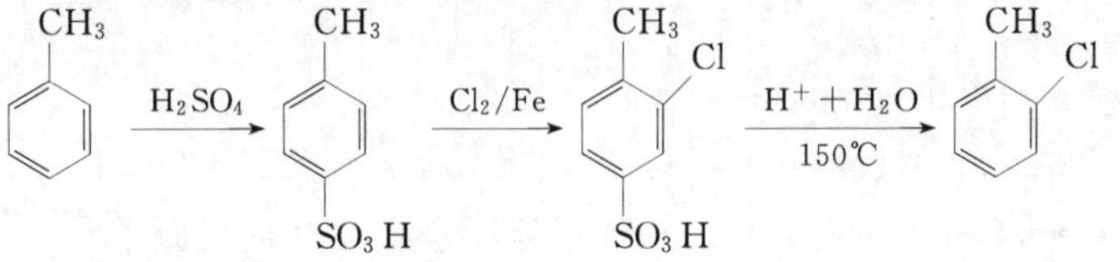

【例 4-6】 由甲苯合成纯的邻氯甲苯。

👆 **分析**

甲苯直接氯化得到邻位和对位异构体，两者分离困难。为了制备单一的邻位取代产物可用磺酸基将对位暂时封闭起来，待氯化反应完成后，再水解脱磺酸基。

解　合成路线：

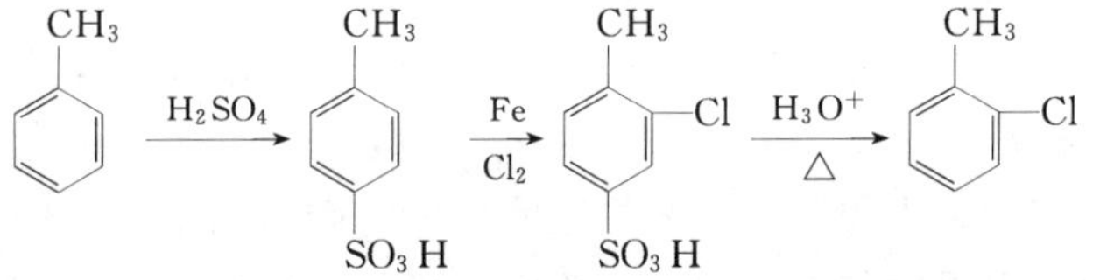

✏️ **练一练**

试推测硝基苯发生溴代反应的主要产物。

三、芳香烃

芳香烃简称芳烃，是指分子中含有苯环结构的碳氢化合物。芳烃最初是从天然的香精油、香树脂中提取出来的，具有芳香气味，因此得名。随着科学发展，发现许多具有芳烃特性的化合物并没有香味，不过习惯上仍然沿用这个名称。

1. 芳烃的分类

芳烃可分为苯系芳烃和非苯系芳烃两大类。苯系芳烃根据苯环的多少和连接方式不同可分为单环芳烃、多环芳烃和稠环芳烃。

（1）单环芳烃

分子中只含有一个苯环的芳烃。

（2）多环芳烃

分子中含有两个或两个以上独立苯环的芳烃。例如：

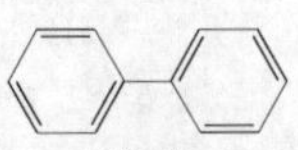

联苯 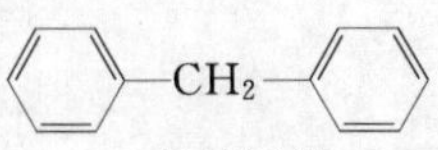　　　　　　　　　二苯基甲烷

（3）稠环芳烃

分子中含有两个或两个以上苯环，苯环之间共用相邻两个碳原子的芳烃。例如：

萘　　　　　　　　　菲

2. 单环芳烃的构造异构

单环芳烃的构造异构有两种情况：一种是侧链构造异构，另一种是侧链在苯环上的位置异构。

（1）侧链构造异构

苯环上的氢原子被烃基取代后生成的化合物叫做烃基苯，连在苯环上的烃基又叫侧链。侧链为甲基和乙基时，不能产生构造异构。当侧链上的碳原子为 3 个以上时，因碳链排列方式不同而产生构造异构。

正丙苯　　　　　　　　　　异丙苯

（2）侧链在苯环上的位置异构

当苯环上连有两个或两个以上取代基时，就会产生位置异构。如苯环上有两个甲基时，会产生 3 种异构体。

邻二甲苯　　　　间二甲苯　　　　对二甲苯

3. 单环芳烃的命名

（1）芳基

芳香烃去掉一个氢原子而形成的基团称为芳基，简写为 Ar—。常见的芳基有：

（简写成 C_6H_5—，可用 Ph—表示）
苯基

—CH_2—　（简写成 $C_6H_5CH_2$—，或用 $PhCH_2$—表示，苯甲基也叫苄基）
苯甲基

邻甲苄基

（2）一元取代苯的命名

① 当苯环上连有烷基、卤素原子、硝基时，以苯环为母体，命名"某基苯"。其中"基"字通常可以省略。

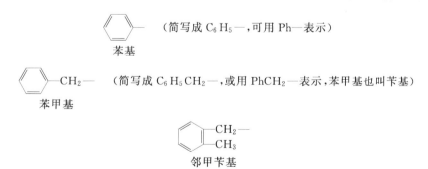

甲苯　　　　　异丙苯　　　　　氯苯　　　　　硝基苯

② 当苯环上连有—COOH，—SO$_3$H，—NH$_2$，—OH，—CHO，—CH=CH$_2$ 或 R 较复杂时，则把苯环作为取代基，命名为"苯某某"。

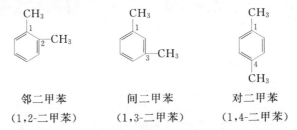

（3）二元取代苯的命名

① 当苯环上连接有两个相同烷基时，可用阿拉伯数字标明烷基的位次，也可用"邻"、"间"、"对"表示烷基的相对位置。

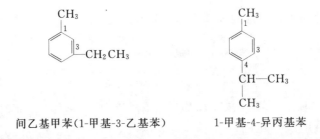

② 当苯环上连接有两个不同的烷基时，烷基名称的排列应从简单到复杂，环上编号从简单取代基开始，沿其它取代基位次尽可能小的方向编号。

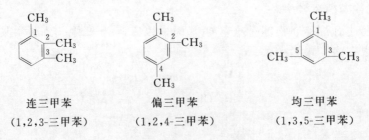

（4）多元取代苯的命名

① 当苯环上连接有三个相同烷基时，可用阿拉伯数字标明烷基的位次，也可用"连"、"偏"、"均"表示烷基的相对位置。

② 苯环上有多个不同取代基时，选取优先取代基作为母体，其它取代基和苯环都作为取代基来命名。编号时与母体基所连的碳原子一定要编为"1"号。

常见官能团的优先次序如下：排在后面的官能团优先于排在前面的官能团，优先的官能团作为母体。

—NO_2、—X、—R(烷基)、—OR(烷氧基)、—NH_2、—OH、—COR、—CHO、—CN、—$CONH_2$(酰胺)、—COX(酰卤)、—COOR(酯)、—SO_3H、—COOH、—N^+R_3 等

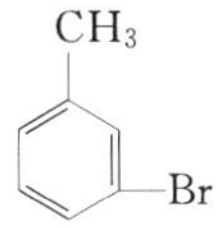

3-溴甲苯 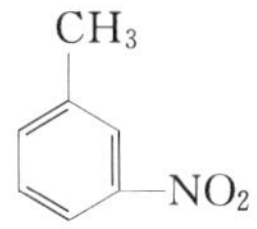　　　3-硝基甲苯 　　　3-溴苯甲酸

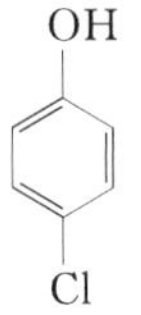

对氯苯酚 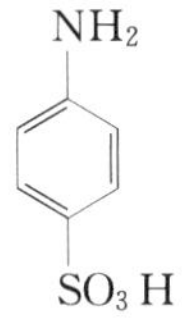　　　对氨基苯磺酸 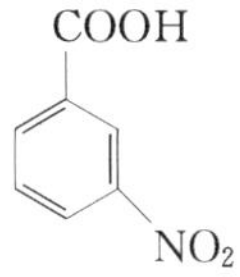　　　间硝基苯甲酸

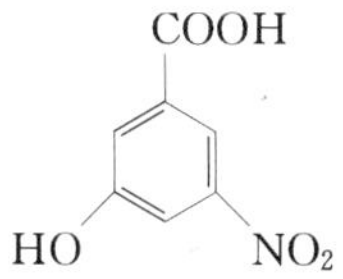

3-硝基-5-羟基苯甲酸 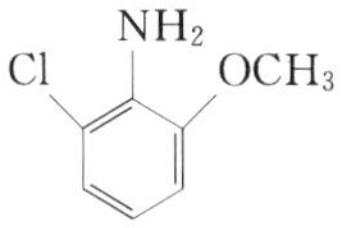　　　2-甲氧基-6-氯苯胺

4. 单环芳烃的性质

单环芳烃即苯同系物，与苯性质相似，一般为无色透明且有特殊气味的液体，相对密度小于1，不溶于水而溶于有机溶剂。苯和甲苯都具有一定的毒性。

化学性质也相似，如都能燃烧并产生带浓烟的火焰；在苯环上都不易发生加成反应和氧化反应，而容易发生取代反应。

由于苯环和侧链间的相互影响，使得苯的同系物有些性质与苯不同。苯环与氧化剂不起反应，而侧链就容易被氧化，如甲苯、二甲苯都能被高锰酸钾氧化。这个性质可以用来区分苯和苯的同系物。又如烷基苯的取代反应、硝化反应和磺化反应都比苯容易。

任务六
有机化合物熔沸点的测定

实例分析

纯净的固体有机化合物一般都具有固定的熔点，纯净的液体有机化合物一般都具有固定的沸点。通过熔点和沸点的测定可以初步判断物质的纯度。在分离和纯化过程中，具有重要

的意义。

一、熔点及测定

1. 熔点

熔点是固体有机化合物固液两相在大气压下达成平衡时的温度，纯净的固体有机化合物一般都有固定的熔点。固液两相之间的变化是非常敏锐的，自初熔至全熔（称为熔程）温度不超过 $0.5\sim1℃$。当含杂质时（假定两者不形成固溶体），根据拉乌尔定律可知，在一定的压力和温度条件下，溶剂蒸气压下降，熔点降低。

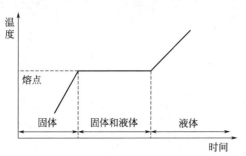

图4-8　固体熔化相随着时间和温度而变化

化合物温度不到熔点时以固相存在，加热使温度上升，达到熔点时，开始有少量液体出现，此后，固液两相平衡。继续加热，温度不再变化，此时加热所提供的热量使固相不断转变为液相，两相间仍为平衡。最后的固体熔化后，继续加热则温度线性上升（见图4-8）。因此在接近熔点时，加热速度一定要慢，每分钟温度升高不能超过2℃，只有这样，才能使整个熔化过程尽可能接近于两相平衡条件，测得的熔点也越精确。

2. 混合物熔点测定及意义

在鉴定某未知物时，如测得其熔点和某已知物的熔点相同或相近时，不能认为它们为同一物质。还需把它们按不同比例混合，测定这些混合物的熔点。若熔点仍不变，才能认为是同一物质。若混合物熔点降低、熔程增大，则为不同的物质。故混合熔点实验，是检验两种熔点相同或相近的有机物是否为同一物质的最简便方法。多数有机物的熔点都在400℃以下，较易测定。

3. 熔点测定方法

熔点测定方法有毛细管法和熔点测定仪法 2 种。毛细管法测定熔点实验装置见图 4-9。

4. 毛细管法测定熔点的基本操作

装好样品，按图 4-9 安装好装置，放入加热液（石蜡油），剪取一小段橡胶圈套在温度计和熔点管的上部。将附有熔点管的温度计小心地插入加热浴中，以小火在图示部位加热。开始时升温速度可以快些，当传热液温度距离该化合物熔点 $10\sim15℃$

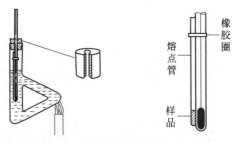

图4-9　毛细管法测定熔点实验装置示意图

时，调整火焰使每分钟上升 $1\sim2℃$，愈接近熔点，升温速度应愈缓慢，每分钟 $0.2\sim0.3℃$。为保证有充分时间让热量由管外传至毛细管内使固体熔化，升温速度是准确测定熔点的关键；另外，观察者不可能同时观察温度计所示读数和试样的变化情况，只有缓慢加热才可使此项误差减小。记下试样开始塌落并有液相产生时（初熔）和固体完全消失时（全熔）的温度读数，即为该化合物的熔程。

熔点测定，至少要有两次的重复数据。每一次测定必须用新的熔点管另装试样，不得将已测过熔点的熔点管冷却，使其中试样固化后再做第二次测定。因为有时某些化合物部分分解，有些经加热会转变为具有不同熔点的其它结晶形式。

如果测定未知物的熔点，应先对试样粗测一次，加热可以稍快，知道大致的熔距，待浴温冷至熔点以下 30℃ 左右，再另取一根装好试样的熔点管做准确的测定。

二、沸点及其测定

1. 沸点

在标准大气压下，液体沸腾时的温度称为该液体的沸点（沸程 0.5～1.5℃）。纯净的液体有机化合物在一定的压力下具有一定的沸点。利用这一点，我们可以测定纯液体有机物的沸点。

2. 沸点测定方法

沸点测定方法有微量法和常量法（蒸馏）两种。微量法测定沸点实验装置见图 4-10。

3. 微量法测定沸点基本操作

取 1～2 滴液体样品（如无水乙醇）置于沸点管中，使液柱高约 1cm。再放入封好一端的毛细管，并使封口朝上，然后将沸点管用小橡胶圈附在温度计旁，放入水浴中进行加热。

随着温度升高，管内的气体蒸气压升高，毛细管中会有小气泡缓缓逸出，在到达该液体的沸点时，将有一连串的小气泡快速地逸出。此时可停止加热，使浴温自行下降，气泡逸出的速度即渐渐减慢，当气泡不再冒出而液体刚要进入毛细管的瞬间（即最后一个气泡刚欲缩回至毛细管中时），表示毛细管内的蒸气压与外界压力相等，此时的温度即为该液体的沸点。

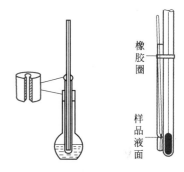

图 4-10　微量法测定沸点实验装置

【项目 19】　尿素、肉桂酸及其混合物熔点的测定

一、目的要求

会用毛细管法测定有机物熔点。

二、基本原理

大多数结晶有机化合物都具有一定的熔点，其熔点一般都不高（50～300℃），故用简单的仪器就能测定。一种纯净化合物从开始熔化（始熔）至完全熔化（全熔）的温度范围叫熔点距，也叫熔点范围或熔程，一般不超过 0.5℃。当含有杂质时，会使其熔点下降，且熔点距也较宽。所以常用熔点来鉴定结晶有机化合物，并作为该化合物纯度的一种指标。

三、试剂与仪器

1. 试剂

（1）甘油	50mL	（2）尿素	2g
（3）肉桂酸	2g	（4）尿素：肉桂酸为 1:1	2g

2. 仪器

（1）b 形管	1 套	（2）温度计	200℃×1
（3）酒精灯	1 个	（4）毛细管	1 支

（5）玻璃管　　　　　　　40cm×1　　（6）石棉网　　　　　　　　　　1块
（7）铁架台　　　　　　　1套

四、操作步骤

1. 装样

取 0.1～0.2g 样品，放在干净的表面皿或玻片上，用玻璃棒或不锈钢刮刀研成粉末，聚成小堆。将一端封闭的毛细管的开口一端插入样品堆中，使样品挤入管内。把开口一端向上竖立，轻敲管子使样品落在管底；也可把装有样品的毛细管，通过一根（长约 40cm）直立于玻璃片（或蒸发皿）上的玻璃管，自由地落下。重复几次，直至样品高度约 2～3mm 为止。操作要迅速，防止样品吸潮，装入的样品要充实。

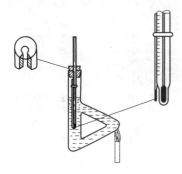

图 4-11　熔点测定装置

2. 仪器装置

将熔点测定管（又称 b 形管）夹在铁架台上，倒入甘油，甘油液面高出上侧管 0.5cm 左右，熔点测定管口配一缺口单孔软木塞，用于固定温度计。把装好样品的毛细管借少许甘油粘贴在温度计旁，使毛细管中样品处于温度计水银球的中间，温度计插入熔点测定管内的深度以水银球的中央恰在熔点测定管的两侧管口连线的中点为准，装置如图 4-11 所示。

3. 熔点测定

粗测：用酒精灯在 b 形管的弯曲支管底部加热进行测试，每分钟升温 4～5℃，直至样品熔化，记下此时温度计的读数。这是一个粗略的熔点，虽不精确，但可供我们测定精确熔点作参考。

精测：粗略的熔点测得后，移开火焰，让浴液冷却至样品的熔点以下 30℃ 左右，取出毛细管，弃去（已测定过熔点的毛细管冷却，样品固化后，不能再作第二次测定，因为有时某些物质会发生部分分解，有些会转变成具有不同熔点的其它晶型）。

换取一只新的毛细管，装好样品，缓缓加热，每分钟升温 2～3℃，至接近熔点 5℃，再调节火焰，使温度每分钟约升高 1℃。此时应特别注意温度的上升和样品的软化收缩和熔化情况。当样品明显塌陷和开始熔化时，可将灯焰移开一点。毛细管中出现第一个液滴时，表明样品已开始熔化，这叫初熔；而晶体完全消失呈透明液体，表明熔化结束，这叫全熔。记下初熔和全熔时的温度，即为样品在实际测定中的熔点范围。

用上述方法测定实验中制备的尿素、肉桂酸及其混合物的熔点，分别测定 2 次。

4. 数据记录

熔点测定记录见表 4-4。

表 4-4　熔点测定记录

名称	测定次数	萎缩/℃	初熔/℃	全熔/℃
尿素	1 2			
肉桂酸	1 2			
混合物	1 2			

注意事项： ① 样品要干燥并研细，填装要均匀和结实，样品中如有空气间隙就不易传热，影响熔点测定的精度。

② 安装毛细管时，要求毛细管的底端（即装有样品端）应尽量紧贴温度计的水银球，并用橡皮圈将毛细管固定，但橡皮圈不可浸入甘油，应露在液面之上。

③ 仔细控制升温的速度，特别是快接近熔点时升温速度必须减慢至不大于 $1℃/min$。

④ 熔点温度范围（熔程、熔点、熔距）的观察和记录，注意观察时，样品开始萎缩（塌落）并非熔化开始的指示信号，实际的熔化开始于能看到第一滴液体时，记下此时的温度，到所有晶体完全消失呈透明液体时再记下这时的温度，这两个温度即为该样品的熔点范围。

⑤ 熔点的测定至少要有两次重复的数据，每一次测定都必须用新的熔点管，装新样品。进行第二次测定时，要等浴温冷至其熔点以下约 30℃ 再进行。

⑥ 用完后的温度计，在热的情况下不要横放在桌面上，以免使酒精柱产生断裂现象。

五、思考题

1. 应记录何时的温度作为熔点？有时测得的熔点比文献值低的原因是什么？

2. 加热速度太快对熔点测定有何影响？应如何避免这一影响？

3. 是否可以使用第一次测熔点时已熔化的有机物再做第二次测定，为什么？

【项目 20】　丙酮、 无水乙醇沸点的测定

一、目的要求

会运用微量法测定沸点。

二、基本原理

液体加热时，其蒸气压随温度的升高而增大。当液体的蒸气压增大至与大气压相等时的温度，即为该液体的沸点。外界压力不同，同一液体的沸点会发生变化。通常所说的沸点指外压为一个大气压时液体的沸腾温度。在一定压力下，纯的液体有机物具有固定的沸点。

测定液体的沸点有常量法和微量法。常量法是用蒸馏法来测定液体的沸点。微量法是利用沸点测定管来测定液体的沸点。

三、试剂与仪器

1. 试剂

（1）甘油	50mL	（2）丙酮	2mL
（3）无水乙醇	2mL		

2. 仪器

（1）沸点管	1 套	（2）酒精灯	1 个
（3）温度计	200℃×1	（4）圆底烧瓶	150mL×1
（5）石棉网	1 块	（6）铁架台	1 套

四、操作步骤

1. 仪器安装

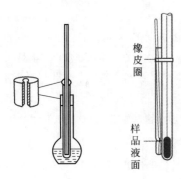

橡皮圈

样品液面

图 4-12　微量法沸点测定装置

沸点管由内管（长 4～5cm，内径 1mm）和外管（长 7～8cm，内径 4～5mm）组成。内外管均为一端封闭的耐热玻璃管（见图 4-12）。

2. 装样

将待测液体滴入外管，高度 1～2cm，把内管开口朝下插入液体中。将沸点管用橡皮筋与温度计固定。

3. 沸点测定

① 将热浴慢慢加热，使温度均匀上升。当温度到达比沸点稍高的时候，可以看到从内管中有一连串的小气泡不断逸出。

② 停止加热，使浴温下降，气泡逸出的速度渐渐减慢。

③ 当液体开始不冒气泡并且气泡将要缩入内管时的温度即为该液体的沸点，记录该温度。这时液体的蒸气压和外界大气压相等。

④ 重复操作几次，误差应小于 1℃。

用上述方法测定丙酮、无水乙醇的沸点，分别测定 2 次。

4. 数据记录

沸点测定记录见表 4-5。

表 4-5　沸点测定记录

名称	测定次数	小气泡开始逸出/℃	浴温开始自行下降/℃	最后一个气泡刚欲缩回/℃
丙酮	1			
	2			
无水乙醇	1			
	2			
结论	丙酮沸点			
	无水乙醇沸点			

注意事项： ① 沸点测定装置的样品管比测定熔点装置的样品管多了一个一端封口的外管，且液体样品加在外管中，高约 1cm，将内管开口端向下插入外管中。

② 判断样品沸点：加热时，内管中会有小气泡缓缓逸出，在达到液体的沸点时，将有一连串的小气泡快速地逸出。此时停止加热，使浴温自行下降，气泡逸出速度即渐渐减慢，当最后一个气泡刚欲缩回至内管中时，此时温度即为该液体的沸点。

③ 测沸点时，第二次不需要换新内管，但在测第二次之前将内管中的液体要甩去，再插入外管中。

五、思考题

1. 如果加热过猛，测定出来的沸点是否正确？
2. 为什么要把最后一个气泡将要缩入内管时的温度作为该化合物的沸点？

知识链接

绿色化学

绿色化学又称"环境无害化学""环境友好化学""清洁化学"，绿色化学是近十年才产生和发展起来的，是一个"新化学婴儿"。它涉及有机合成、催化、生物化学、分析化学等学科，内容广泛。绿色化学的最大特点是在始端就采用预防污染的科学手段，因而过程和终端均为零排放或零污染。世界上很多国家已把"化学的绿色化"作为21世纪化学进展的主要方向之一。绿色化学的研究者们总结出了绿色化学的12条原则，这些原则可作为实验化学家开发和评估一条合成路线、一个生产过程、一个化合物是不是绿色的指导方针和标准。

(1) 防止污染优于污染形成后处理。
(2) 设计合成方法时应最大限度地使所用的全部材料均转化到最终产品中。
(3) 尽可能使反应中使用和生成的物质对人类和环境无毒或毒性很小。
(4) 设计化学产品时应尽量保持其功效而降低其毒性。
(5) 尽量不用辅助剂，需要使用时应采用无毒物质。
(6) 能量使用应最小，并应考虑其对环境和经济的影响，合成方法应在常温、常压下操作。
(7) 最大限度地使用可更新原料。
(8) 尽量避免不必要的衍生步骤。
(9) 催化试剂优于化学计量试剂。
(10) 化学品应设计成使用后容易降解为无害物质的类型。
(11) 分析方法应能真正实现在线监测，在有害物质形成前加以控制。
(12) 化工生产过程中各种物质的选择与使用，应使化学事故的隐患最小。

思考与习题

任 务 一

1. 写出 C_6H_{14} 的构造异构体，并用系统命名法命名。

2. 用系统命名法命名下列化合物。并标明 (1)、(2) 化合物中的伯、仲、叔、季碳原子和伯、仲、叔氢原子，分别用 1°、2°、3°和 4°表示。

(1)
$$CH_3-\underset{\underset{CH_2CH_3}{|}}{\overset{\overset{CH_3}{|}}{C}}-CHCH_3 \quad (CH_3)$$

(2)
$$CH_3CH_2CH_2CHCH_2-\underset{\underset{CH_3}{|}}{\overset{\overset{CH_3}{|}}{C}}-CH_3$$
(with C_2H_5)

(3)
$$CH_3-CHCH_2-CH-CHCH_3$$
(with $C(CH_3)_3$, CH_3, CH_3)

(4)
$$CH_3CH_2-\overset{\overset{CH_3}{|}}{CH}-\overset{\overset{CH_3}{|}}{CH}CH_3$$

(5)
$$CH_3-CH_2-\overset{\overset{}{|}}{CH}-CH_2-\overset{\overset{}{|}}{CH}-CH_3$$
(with CH_2CH_3, CH_3)

(6)
$$CH_3-CH_2-\overset{\overset{CH_3}{|}}{\underset{\underset{CH_3}{|}}{C}}-CH_3$$

3. 写出下列烷烃的构造式。

(1) 2,3-二甲基丁烷   (2) 2,2,3,4-四甲基戊烷

(3) 2,2-二甲基-3,4-二乙基己烷   (4) 4-叔丁基庚烷

4. 不参阅物理常数表，试推测下列化合物沸点高低的一般顺序。

(1) A. 正庚烷   B. 正己烷   C. 2-甲基戊烷   D. 2,2-二甲基丁烷   E. 正癸烷

(2) A. 丙烷   B. 正丁烷   C. 正戊烷   D. 正己烷

5. 已知烷烃的分子式为 C_5H_{12}，根据氯代反应产物的不同，试推测各烷烃的构造，并写出其构造式。

(1) 一元氯代产物只能有一种   (2) 一元氯代产物可以有三种

(3) 一元氯代产物可以有四种   (4) 二元氯代产物只可能有两种

6. 请写出下列化学反应方程式：(1) 天然气作为主要的民用燃料；(2) 工业上以天然气中的甲烷为原料生产甲醛。

任 务 二

1. 写出 C_5H_{10} 的所有构造异构体，用系统命名法命名，并指出哪些有顺反异构体。

2. 用系统命名法命名下列化合物，有顺反异构体写出其构型式，并用 Z/E 命名法命名。

(1) $CH_2=C-CH_2-CH_3$
    $\quad\quad\ |$
    $\quad\ CH_2CH_3$

(2) $CH=C-CH_2-CH_3$
    $\ |\quad |$
    $CH_3\ CH_3$

(3) $CH_3-C=CH-CH-CH_3$
    $\quad\quad\ |\quad\quad\ |$
    $\quad\ CH_2CH_3\ CH_2CH_3$

(4) $\quad\quad\quad\quad\quad\quad CH_3$
    $\quad\quad\quad\quad\quad\quad |$
    $CH_3-CH-CH=C-CH_2-CH_3$
    $\quad\quad |$
    $\quad\ CH_3$

3. 写出下列各烯烃的构造式。

(1) 2,3-二甲基-2-戊烯   (2) 反-2-丁烯

(3) 顺-3-庚烯   (4) 反-2-己烯

(5) (Z)-3,4-二甲基-3-庚烯   (6) (E)-2,4-二甲基-3-己烯

(7) 1,3-丁二烯   (8) 2-甲基-1,3-己二烯

4. 写出下列反应的主要产物。

(1) $CH_3-C=CH-CH_3 + H_2 \xrightarrow{Ni}$
    $\quad\quad\ |$
    $\quad\ CH_3$

(2) $CH_2=CH-CH-CH_3 + HBr \longrightarrow$
    $\quad\quad\quad\quad |$
    $\quad\quad\quad\ CH_3$

(3) $CH_3-CH=CH_2 + Cl_2 \xrightarrow{500℃}$

(4) $CH_2=C-CH_2-CH_3 + HBr \xrightarrow{过氧化物}$
    $\quad\quad |$
    $\quad\ CH_3$

(5) $\quad\quad\quad\quad\ CH_3$
    $\quad\quad\quad\quad\ |$
    $CH_3CH_2C=CH_2 + HCl \longrightarrow$

(6) $CH_2=CH-CH_2-CH_3 + HOCl \longrightarrow$

(7) $CH_2=C-CH_3 \xrightarrow[\triangle]{KMnO_4}$
    $\quad\quad |$
    $\quad\ CH_3$

(8) $CH_3CH=CH-CH_3 \xrightarrow[OH^-]{0.1\% \ KMnO_4 \ 溶液}$

(9) $nCH_2{=}CH{-}\underset{\underset{CH_3}{|}}{C}{=}CH_2 \xrightarrow{\text{齐格勒-纳塔催化剂}}$

(10) $+$ HOOCCH=CHCOOH $\longrightarrow$

(11) $+$ CH≡CH $\longrightarrow$

(12) $+$ $\longrightarrow$

(13) $+$ $\longrightarrow$

5. 选用适当原料，通过 Diels-Alder 反应合成下列化合物。

(1) 　　(2) 　　(3)

6. 写出下列反应物的构造简式。

(1) $C_2H_4 \xrightarrow[H_2O]{KMnO_4, H^+} 2CO_2 + 2H_2O$

(2) $C_6H_{12} \xrightarrow[H_2O]{KMnO_4, H^+} (CH_3)_2CHCOOH + CH_3COOH$

(3) $C_6H_{12} \xrightarrow[H_2O]{KMnO_4, H^+} (CH_3)_2CO + C_2H_5COOH$

7. 某烯烃的分子式为 C_4H_8，与 HBr 发生加成反应时，无论有无过氧化物存在，都生成同一种溴代烷烃。试推测该烯烃的构造式。

8. 某烯烃的分子式为 C_5H_{10}，与 HCl 发生加成反应后生成 $CH_3{-}\underset{\underset{Cl}{|}}{\overset{\overset{CH_3}{|}}{C}}{-}CH_2{-}CH_3$ ，试推测原烯烃所有可能的构造式。

9. 有两种烯烃，分子式均为 C_6H_{12}。催化加氢都得到正己烷。用过量高锰酸钾的硫酸溶液氧化后，A 只生成一种产物 CH_3CH_2COOH，B 生成两种产物 CH_3COOH 和 $CH_3CH_2CH_2COOH$。试推测 A、B 的构造式，并写出上述各步化学反应式。

任 务 三

1. 写出分子式为 C_6H_{10} 的所有炔烃的构造异构体，并用系统命名法命名。

2. 用系统命名法命名下列化合物。

(1) $CH_3CH_2CH_2C{\equiv}CCH_3$　　(2) $CH_3CH_2\underset{\underset{CH_3}{|}}{CH}C{\equiv}CH$

(3) $CH_3\underset{\underset{CH_3}{|}}{CH}C{\equiv}C\underset{\underset{CH_3}{|}}{CH}CH_3$　　(4) $CH_3CH_2\underset{\underset{CH_2CH_3}{|}}{CH}C{\equiv}CCH_3$

3. 写出下列化合物的构造式。

(1) 4-甲基-1-戊炔　　(2) 4-甲基-3-乙基-1-己炔

（3）3，4-二甲基-1-戊炔 　　　　　　　（4）5-甲基-4-异丙基-2-庚炔

4.写出下列反应的主要产物。

（1）$CH_3C\equiv CH + H_2 \xrightarrow{Pt} \quad \xrightarrow[H_2]{Pt}$

（2）$CH_3CH_2C\equiv CH + H_2 \xrightarrow{Lindlar\ 催化剂}$

（3）$CH_2=CHCH_2C\equiv CH \xrightarrow[Lindlar\ 催化剂]{H_2}$

（4）$CH\equiv CH + H_2O \xrightarrow[稀\ H_2SO_4]{HgSO_4}$

（5）$CH_3CH_2C\equiv CH + H_2O \xrightarrow[H_2SO_4]{HgSO_4}$

（6）$CH\equiv CH + CH_3OH \xrightarrow[160℃\ 2MPa]{20\%NaOH}$

（7）$CH_3CH_2C\equiv CH + KMnO_4 \xrightarrow{H^+}$

（8）$CH_3CH_2C\equiv CH + NaNH_2 \xrightarrow{液氨} \quad \xrightarrow{CH_3CH_2Br}$

（9）$CH_3C\equiv CH \xrightarrow{HBr} \quad \xrightarrow{HBr}$

（10）$CH_3CH_2CH_2CH_2C\equiv CH + Ag(NH_3)_2NO_3 \longrightarrow$

5.写出下列反应物的构造简式。

（1）$C_6H_{10} \xrightarrow[H_2O]{KMnO_4,\ H^+} 2CH_3CH_2COOH$

（2）C_7H_{12}
　　　$\xrightarrow{2H_2,Pt} CH_3CH_2CH_2CH_2CH_2CH_2CH_3$
　　　$\xrightarrow[NH_3\cdot H_2O]{AgNO_3} C_7H_{11}Ag$

6.用化学方法鉴别下列化合物。

（1）乙烷，乙烯，乙炔 　　　　　　　　（2）1-戊炔，2-戊炔

（3）$(C_2H_5)_2C=CHCH_3$，$CH_3(CH_2)_4C\equiv CH$，$CH_3(CH_2)_3CH_3$

（4）己烷，1-己烯，1-己炔

（5）庚烷，1-庚炔，1，3-庚二烯

7.脂肪烃化合物 A 和 B 分子式都是 C_6H_{10}，催化氢化后都生成 2-甲基戊烷。A 与硝酸银氨溶液反应生成灰白色沉淀；B 不与硝酸银氨溶液反应，也不能与乙烯发生双烯合成反应。推测 A 和 B 可能的构造式。

8.化合物 A 和 B 分子式都是 C_5H_8，都能使溴的四氯化碳溶液褪色，A 与硝酸银氨溶液反应，生成灰白色沉淀，用高锰酸钾溶液氧化，则生成 $CH_3CH_2CH_2COOH$ 和 CO_2；B 不与硝酸银氨溶液反应，用高锰酸钾溶液氧化，则生成 CH_3COOH 和 CH_3CH_2COOH。试写出 A 和 B 的构造式以及各步的化学反应。

9.三个化合物 A、B 和 C，其分子式均为 C_5H_8，都可以使溴的四氯化碳溶液褪色，在催化下加氢都得到正戊烷。A 与氯化亚铜碱性氨溶液作用生成棕红色沉淀，B 和 C 则不反应。C 能和顺丁烯二酸酐反应生成固体沉淀物，而 A 和 B 则不能。试写出 A、B 和 C 可能的构造式。

10.鉴别饱和烃和不饱和烃时，所用高锰酸钾溶液为什么必须是酸性的？

任　务　四

1.用系统命名法命名下列化合物。

（1）
$$CH_3 \underset{\overset{\displaystyle|}{\triangle}}{\overset{\displaystyle CH_3}{}} CH_3$$

（2）
$$\boxed{}\ \overset{CH_3}{\underset{}{|}}\!-CH_2CH_3$$

(3) 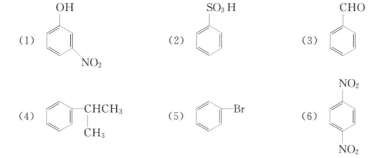

CH(CH₃)₂

(4) CH₂CH₃

2. 写出下列化合物。

(1) 1,1-二甲基环己烷

(2) 1,3-二乙基环戊烷

(3) 1,4-环己二烯

(4) 3-乙基环戊烯

3. 写出下列反应的主要产物。

(1) ⬠ + Br₂ $\xrightarrow{300℃}$

(2) ⬡ + Br₂ $\xrightarrow{光照}$

(3) □ + Br₂ $\xrightarrow{\triangle}$

(4)
$$
\begin{array}{c}
CH_3 \\
| \\
CH_3-C-CH-CH_3 \\
| \quad\; | \\
CH_3 \;\; CH_2
\end{array}
+ HCl \longrightarrow
$$

(5) □—CH=CHCH₂CH₃ $\xrightarrow[H_2O]{KMnO_4}$

4. 用化学方法鉴别下列化合物。

▷—CH₂CH₃ 、 ▷—CH=CH₂ 、 ▷—C≡CH

5. 化合物 A 的分子式为 C₄H₈，它能使溴溶液褪色，但不能使稀的高锰酸钾溶液褪色。1mol A 与 1mol HBr 作用生成 B，B 也可以从 A 的同分异构体 C 与 HBr 作用得到。C 能使溴溶液褪色，也能使稀的酸性高锰酸钾溶液褪色。试推测 A、B 和 C 的构造式。

任 务 五

1. 命名下列化合物。

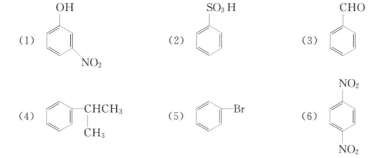

(1) OH / NO₂

(2) SO₃H

(3) CHO

(4) CHCH₃ / CH₃

(5) Br

(6) NO₂ / NO₂

2. 写出下列化合物的构造式。

(1) 间硝基溴苯

(2) 对硝基苯酚

(3) 对甲基苯磺酸

(4) 间甲基苯酚

(5) 苯甲酸

(6) 乙苯

3. 用箭头表示下列化合物一元硝化时，硝基进入的位置。

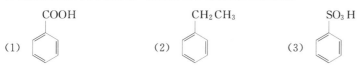

(1) COOH

(2) CH₂CH₃

(3) SO₃H

（4） （5） （6）

4. 用化学方法鉴别下列化合物。

——CH₂CH₃ 、 ——CH=CH₂ 和 ——C≡CH

5. 写出下列反应的主要产物。

（1） + HNO₃（浓） $\xrightarrow[50\sim60℃]{浓\ H_2SO_4}$

（2） + H₂SO₄（浓） $\underset{}{\overset{70\sim80℃}{\rightleftharpoons}}$

（3） +CH₃—CH=CH₂ $\xrightarrow{无水\ AlCl_3}$

（4） + Cl—$\overset{O}{\overset{\|}{C}}$—CH₂CH₃ $\xrightarrow[70\sim80℃]{无水\ AlCl_3}$

（5） ——CH₂CH₃ $\xrightarrow[H_3O^+]{KMnO_4}$

（6） $\xrightarrow[\triangle]{Cl_2,\ Fe}$ $\xrightarrow[H_2SO_4（浓），\triangle]{HNO_3（浓）}$

6. 某芳烃化合物 A 的分子式为 C_9H_{10}，能使溴的四氯化碳溶液褪色。用高锰酸钾溶液氧化 A 时，得到乙酸（CH₃COOH）和芳酸 B。芳酸 B 发生硝化反应时，制得一种硝化产物 C。试推测化合物 A、B、C 的构造式，并写出各步化学反应式。

7. 分子式为 C_8H_{10} 的芳烃，发生硝化反应时，只得一种硝化产物，用重铬酸钾氧化时，可得到对苯二甲酸。试推测该芳烃的构造式，并写出各步化学反应式。

8. 苯不能使酸性高锰酸钾溶液的紫色褪去，而大多数苯的同系物却能被 KMnO₄（H⁺）所氧化，使其紫色褪去。为什么？

烃的衍生物

- 任务一　氯乙烷及卤代烃的识用
- 任务二　乙醇、苯酚、乙醚及醇酚醚的识用
- 任务三　乙醛、丙酮及醛酮的识用
- 任务四　乙酸及羧酸衍生物的识用
- 任务五　苯胺及胺、硝基苯及硝基化合物的识用
- 任务六　有机化合物的分离与提纯

● 知识目标

1. 理解典型烃衍生物氯乙烷、乙醇、苯酚、乙醚、乙醛、丙酮、乙酸、乙酸乙酯和苯胺、硝基苯的结构特点，掌握它们的化学反应与用途。
2. 掌握卤代烃、醛、酮、酚及羧酸的化学通性。
3. 了解上述各类化合物的物理性质。

● 技能目标

1. 能正确书写上述化合物及各类型的化学反应。
2. 掌握萃取、蒸馏、重结晶等有机化合物分离与提纯的方法。

　　烃分子里的氢原子被其它原子或原子团所取代，就能生成一系列新的有机化合物。这些有机化合物，从结构上说，都可以看作是由烃衍变而来的，所以叫做烃的衍生物。取代氢原子的原子或原子团叫做官能团，决定了烃衍生物的性质，使其具有不同于相应烃的化学特性。

　　烃的衍生物是有机化学的重要组成部分。在有机合成中，它们常常是重要的中间体，起着桥梁作用。在有机化学知识中，烃的衍生物的知识在烃与糖、蛋白质和高分子化合物之间起着承上启下的作用。在日常生活和生产中，很多烃的衍生物有着直接的、广泛的用途。烃的衍生物的种类很多。重要的有卤代烃、醇、酚、醛、羧酸和酯等。

任务一
氯乙烷及卤代烃的识用

★ 实例分析

　　分子中的一个或几个氢原子被卤素原子取代而生成的产物叫做卤代烃。如氯乙烷（C_2H_5Cl）、二溴乙烷（$C_2H_4Br_2$）、氯乙烯（$CH_2\!=\!CHCl$）、溴苯（C_6H_5Br）等都是卤代烃。

一、氯乙烷

氯乙烷构造式为 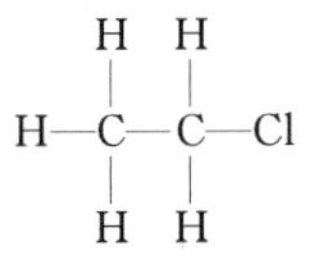
$$H-\overset{\displaystyle H}{\underset{\displaystyle H}{C}}-\overset{\displaystyle H}{\underset{\displaystyle H}{C}}-Cl$$
，构造简式为 CH_3CH_2Cl。

　　在常温常压下，氯乙烷为气体，低温或压缩时为无色低黏度易挥发液体，具有类似醚的气味。与乙醚混溶，溶于乙醇，微溶于水，沸点 12.2℃。工业上用作冷却剂，在有机合成上用以进行乙基化反应。医药上用作小型外科手术的局部麻醉剂。将氯乙烷喷洒在要施行手术的部位，因氯乙烷沸点低，很快蒸发，吸收热量，温度急剧下降，局部暂时失去知觉。农药上用作杀虫剂。

二、卤代烃的分类与命名

　　卤代烃可以看作是烃分子中一个或多个氢取代后所生成的化合物。其中卤素原子就是卤代烃的官能团，通式为 R—X，X=Cl、Br、I、F。

　　卤代烃的性质比烃活泼得多，能发生多种化学反应，转化成各种其它类型的化合物。所以，引入卤素原子，往往是改造分子性能的第一步加工，在有机合成中起着桥梁作用。

　　1. 分类

　　（1）按卤代烃分子中所含卤素原子种类分类

　　　　氟代烃 CH_3CH_2F　　氯代烃 CH_2Cl_2　　溴代烃 CH_3CH_2Br　　碘代烃 CH_3I

（2）根据分子中所含卤素原子数目不同分类

一元卤代烃、二元卤代烃和多元卤代烃。

（3）按照卤代烃分子中烃基结构不同分类

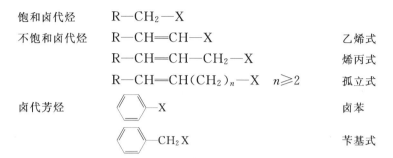

饱和卤代烃	$R-CH_2-X$	
不饱和卤代烃	$R-CH=CH-X$	乙烯式
	$R-CH=CH-CH_2-X$	烯丙式
	$R-CH=CH(CH_2)_n-X \quad n \geqslant 2$	孤立式
卤代芳烃	苯基—X	卤苯
	苯基—CH_2X	苄基式

（4）按照与卤素原子相连的碳原子类型不同分类

$R-CH_2-X$	R_2CH-X	R_3C-X
伯卤代烃	仲卤代烃	叔卤代烃
一级卤代烃（1°）	二级卤代烃（2°）	三级卤代烃（3°）

2. 卤代烃命名

① 简单的卤代烃用普通命名或俗名，称为卤代某烃或某基卤。

$CHCl_3$	三氯甲烷（氯仿）	$CH_2=CH-CH_2Br$	烯丙基溴
$CH_3CH_2CH_2Cl$	正丙基氯	苯基—CH_2Cl	氯化苄（苄基氯）
$(CH_3)_2CHCl$	异丙基氯		
$(CH_3)_3CBr$	叔丁基溴		
$CH_3CH=CH-Br$	丙烯基溴	CHI_3	碘仿

② 结构复杂的卤代烃，则采用系统命名法命名。

选择含有卤素原子的最长碳链为主链，根据主链的碳原子数称为"某烷"。从靠近支链的一端将主链碳原子依次编号，将侧链和卤素原子作为取代基。按照取代基的位次、名称、母体名称的顺序写出全称。取代基的顺序是先烷基后卤素，不同卤素原子按照氟、氯、溴、碘的顺序排列。

例如：

$$CH_3-CH_2-CH-CH-CH_3$$
$$\quad\quad\quad\quad | \quad |$$
$$\quad\quad\quad CH_3 \; Cl$$

3-甲基-2-氯戊烷

$$CH_3-CH_2-CH_2-CH_2-CH-CH_2-CH_3$$
$$\quad\quad\quad\quad\quad\quad\quad | \quad\quad\quad |$$
$$\quad\quad\quad\quad\quad CH_3 \quad\quad Cl$$

3-甲基-5-氯庚烷

$$CH_3-CH_2-CH-CH-CH_2-CH_3$$
$$\quad\quad\quad\quad | \quad |$$
$$\quad\quad\quad Br \; Cl$$

3-氯-4-溴己烷

$$CH_3-CH-CH_2-CH-CH_2-CH_3$$
$$\quad\quad\quad | \quad\quad\quad |$$
$$\quad\quad Cl \quad\quad CH_3$$

4-甲基-2-氯己烷

命名不饱和卤代烃时，将含有卤素原子和不饱和键的最长碳链作为主链，并使双键和三键的位次最小；命名卤代脂环烃和卤代芳烃时，以脂环烃或芳香烃为母体，卤素原子为取代基；多卤代烃则按氟、氯、溴、碘的顺序命名。

例如：

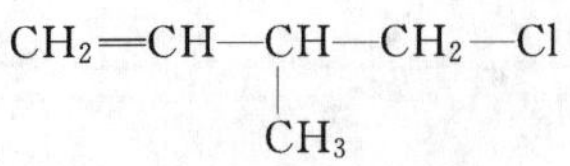

$$CH_2=CH-CH-CH_2-Cl$$
　　　　　|
　　　　 CH_3

3-甲基-4-氯-1-丁烯 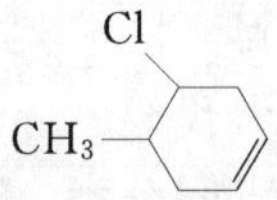　　**4-甲基-5-氯环己烯** 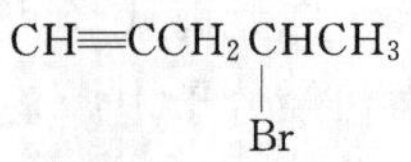　　**4-溴-1-戊炔**

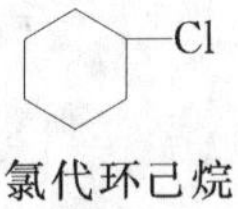

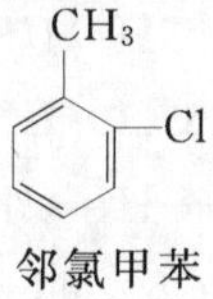

氯代环己烷 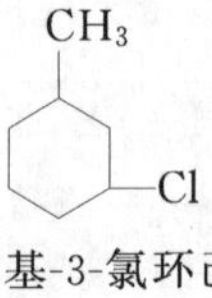　**1-甲基-3-氯环己烷**　**邻氯甲苯**　　**间二氯苯**
　　　　　　　　　　　　　　　　　（2-氯甲苯）　（1,3-二氯苯）

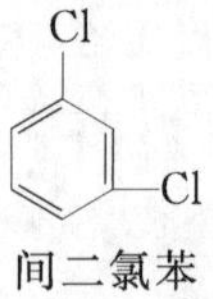

卤素原子连在芳环侧链上时，则以脂肪烃为母体，芳基和卤素原子都作为取代基来命名。

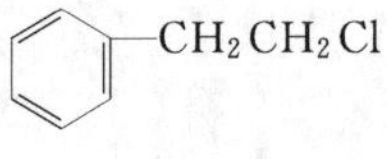

$$\text{C}_6\text{H}_5-CH_2CH_2Cl$$

1-苯基-2-氯乙烷 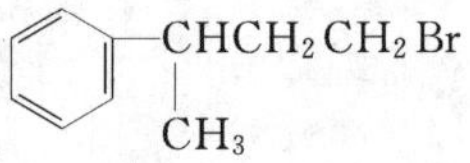　　　　**3-苯基-1-溴丁烷**

三、卤代烃的性质

1. 物理性质

在常温常压下，除氯甲烷、溴甲烷、氯乙烷、氯乙烯为气体外，其余多为液体，高级或一些多元卤代烃为固体。在卤素原子相同的同一系列卤代烃中，沸点随着碳原子数的增加而升高。在烃基相同的卤代烷中，沸点变化规律是 RI＞RBr＞RCl。在脂卤烃的异构体中，与烷烃相似，支链愈多的卤代烃沸点愈低。除一氯代脂烃的相对密度小于 1 外，其余卤代烃相对密度都大于 1。卤代烃不溶于水，易溶于醇、醚、烃等有机溶剂，因此常用氯仿、四氯化碳从水层中提取有机物。

2. 化学性质及用途

卤代烃的化学性质主要是由官能团卤素原子决定的。由于卤素的电负性较大，C—X 键是极性共价键，因此，卤代烃的化学性质主要表现在 C—X 键的断裂反应。

（1）取代反应

由于卤素原子的电负性大于碳，所以 C—X 键之间的共有电子对偏向于卤素原子，使碳原子带部分正电荷而易受亲核试剂的进攻而发生亲核取代反应。亲核试剂为负离子（如 HO^-、RO^- 等）或带未共用电子对的分子（如 H—Ö—H、:NH_3、CN^- 等）。

① 水解反应。卤代烃与水作用时卤素原子被羟基（—OH）取代生成醇，但反应较为缓慢并可逆。

$$R\!\mid\!X \ + \ H\!\mid\!OH \ \Longleftrightarrow R\!-\!OH+HX$$

例如：

$$CH_3CH_2\!\mid\!Cl \ + \ H\!\mid\!OH \ \Longleftrightarrow CH_3CH_2\!-\!OH \ + \ HCl$$

为了加快反应速率并使反应完全，将卤代烷与强碱（NaOH、KOH 等）的水溶液共热进行水解。

$$R—X+NaOH \xrightarrow[\triangle]{H_2O} ROH+NaX$$

由于自然界没有卤代烷，一般需要通过相应的醇制备。因此，卤代烷的水解反应在制备上没有普遍意义。工业上只用来制取少数的醇。

② 醇解反应。卤代烷与醇钠在相应的醇溶液中发生醇解反应，卤素原子被烷氧基（—OR）取代生成醚。此反应称为威廉姆逊（Williamson）合成法，也称为醇解，是制备混醚的最好方法。

$$R \!\!+\!\! X \ + \ RO \!\!+\!\! Na \xrightarrow{R'OH} R—O—R'+NaX$$

反应中通常采用伯卤代烷，因为仲卤代烷的产率较低，而叔卤代烷则主要得到烯烃。例如：

$$
\begin{array}{c}
\qquad\qquad CH_3 \qquad\qquad\qquad\qquad\qquad CH_3 \\
\qquad\qquad | \qquad\qquad\qquad\qquad\qquad\qquad | \\
CH_3CH_2—Cl + NaO—C—CH_3 \xrightarrow[\triangle]{叔丁醇} CH_3CH_2—O—C—CH_3 +NaCl \\
\qquad\qquad | \qquad\qquad\qquad\qquad\qquad\qquad | \\
\qquad\qquad CH_3 \qquad\qquad\qquad\qquad\qquad CH_3
\end{array}
$$

叔丁醇钠　　　　　　　　乙基叔丁基醚

乙基叔丁基醚简称 ETBE，又名叔丁基乙醚，为无色透明液体，沸点 70℃，是一种性能优良的高辛烷值汽油调和剂，是美国法定的汽油改良剂的一种。

③ 氨解反应。卤代烷与过量的氨在乙醇溶液中共热时，发生氨解反应，卤素原子被氨基（—NH$_2$）取代生成伯胺。

$$CH_3CH_2—Cl+H—NH_2 \xrightarrow[\triangle]{乙醇} CH_3CH_2NH_2+HCl$$
$$乙胺$$

$$CH_3CH_2CH_2CH_2—Br+H—NH_2 \xrightarrow[\triangle]{乙醇} CH_3CH_2CH_2CH_2NH_2+HBr$$
$$正丁胺$$

这是工业上制取伯胺的方法之一。

乙胺为无色极易挥发的液体，有强烈氨的气味，呈碱性，高毒。沸点为 16.6℃。溶于水、乙醇和乙醚等。主要用于染料合成及用作萃取剂、乳化剂、医药原料和试剂等。

正丁胺为无色透明液体，有氨的气味。高毒。沸点为 77.8℃。与水混溶，可混溶于醇、乙醚等。用作乳化剂、药品、杀虫剂、橡胶品、染料制造的中间体及化学试剂。

④ 氰解反应。卤代烷与氰化钠或氰化钾在乙醇溶液中共热时，发生氰解反应，卤素原子被氰基（—CN）取代生成腈。

$$R \!\!+\!\! X \ + \ Na \!\!+\!\! CN \xrightarrow[\triangle]{乙醇} RCN+NaX$$

$$CH_3CH_2—Cl+KCN \xrightarrow[\triangle]{乙醇} CH_3CH_2CN \ + \ KCl$$

通过氰解分子中增加了一个碳原子，在有机合成上常作为增长碳链的方法之一。但因氰化钠（钾）剧毒，应用受到很大限制。

上述取代反应中，不同卤代烷的反应活性顺序为：

伯卤代烷＞仲卤代烷＞叔卤代烷

⑤ 与硝酸银反应。卤代烃与硝酸银的乙醇溶液反应生成硝酸酯，同时析出卤化银沉淀。

$$R{-}X + Ag{-}NO_3 \xrightarrow{\text{乙醇}} R{-}ONO_2 + AgX\downarrow$$

例如：

$$CH_3CH_2{-}Cl + Ag{-}NO_3 \xrightarrow[\triangle]{\text{乙醇}} CH_3CH_2{-}ONO_2 + AgCl\downarrow$$
$$\text{硝酸乙酯}$$

硝酸乙酯为无色液体，有令人愉快的气味和甜味，沸点为 88.7℃。微溶于水，溶于乙醇、乙醚。主要用于药物、香料、染料的合成，也可用作液体火箭推进剂。

在这一反应中，不同卤代烃的反应活性为：

$$\text{叔卤代烷} > \text{仲卤代烷} > \text{伯卤代烷}$$
$$RI > RBr > RCl$$

在常温下叔卤代烷、碘代烷反应很快，立即生成卤化银沉淀。仲卤代烷、溴代烷反应较慢，伯卤代烷需要加热才能进行反应，可以利用这一反应速率上的差异鉴别卤代烷。

练一练

在 3 支试管中各加入 2mL 饱和硝酸银-乙醇溶液，再分别滴加约 0.5mL 正丁基溴、仲丁基溴和叔丁基溴，振荡。请预测 3 支试管中生成沉淀的速率。

（2）消除反应

卤代烷与强碱的醇溶液共热时，分子中的 C—X 键和 β-C—H 键发生断裂，脱去一分子卤化氢而生成烯烃。

$$R{-}\overset{\beta}{C}H{-}\overset{\alpha}{C}H_2 \xrightarrow[\triangle]{KOH/C_2H_5OH} R{-}CH{=}CH_2 + KX + H_2O$$

由一个分子中脱去小分子如 HX、H_2O 等，同时产生不饱和键的反应叫消除反应。卤代烃的消除反应是分子中引入 C=C 的方法之一。

$$H{-}\overset{\beta}{C}H{-}\overset{\alpha}{C}H_2 \xrightarrow[\triangle]{KOH/C_2H_5OH} CH_2{=}CH_2 + KCl + H_2O$$

氯乙烷在有机合成中常用作乙基化试剂，可和纤维反应制得乙基纤维素，用以制造涂料、塑料或橡胶代用品等。

仲卤代烷和叔卤代烷分子中因含有不同的 β-氢原子，可以得到不同的烯烃。例如：

$$CH_3{-}\overset{\beta}{C}H{-}\overset{\alpha}{C}H{-}\overset{\beta}{C}H_2 \xrightarrow[\triangle]{KOH/C_2H_5OH}$$

$$\longrightarrow CH_3CH_2CH{=}CH_2 \quad (19\%)$$
$$\text{1-丁烯}$$
$$\longrightarrow CH_3{-}CH{=}CH{-}CH_3 \quad (81\%)$$
$$\text{2-丁烯}$$

实验表明，卤代烃脱卤化氢时，主要从含氢较少的 β-碳上脱去氢原子。此规律由俄国化学家查依采夫（Saytzeff）首先发现，因而称为查依采夫规则。

卤代烃发生消除反应的活性顺序为：叔卤代烷 > 仲卤代烷 > 伯卤代烷。

实际上，卤代烃的消除反应和水解反应是同时发生的。究竟哪一种反应占优势，取决于卤代烃的结构和反应条件。一般的规律是伯卤代烷、稀碱、强极性溶剂及较低温度有利于取代反应；叔卤代烷、弱极性溶剂以及高温有利于消除反应。

（3）与金属镁反应——格氏试剂的生成

在绝对乙醚（无水、无醇的乙醚，又称无水乙醚或干醚）中，卤代烷与金属镁作用生成有机镁化合物。有机镁化合物在有机合成中极为重要，可用来制备醇、醛、酮、羧酸等。法国化学家维克多·格利雅（Victor Grignard）因首先合成该种试剂而获得了 1912 年诺贝尔（Nobel）化学奖。有机镁化合物的乙醚溶液称为格利雅试剂，简称格氏试剂。

$$RX+Mg \xrightarrow{绝对乙醚} RMgX$$

在格氏试剂中，C—Mg 键是极性很强的共价键，所以性质非常活泼，能被许多含活泼氢的物质分解为烃。

$$RMgX+H—Y \longrightarrow RH+ Mg\begin{smallmatrix}Y\\X\end{smallmatrix}$$

（Y=—OH，—OR，—X，—NH₂，—C≡CR）

上述反应是定量进行的，可用于有机分析中测定化合物所含活泼氢的数量（叫做活泼氢测定法）。例如：

$$CH_3MgI+H—Y \longrightarrow CH_4\uparrow +MgIY$$

（定量）　　　（测定甲烷体积，可推算出所含活泼氢的个数）

RMgX 与醛、酮、酯、二氧化碳、环氧乙烷等反应，生成醇、酸等一系列化合物。所以 RMgX 在有机合成上用途极广。

$$RMgX \xrightarrow{CO_2} RCOOMgX \xrightarrow[H_2O]{H^+} RCOOH$$

$$RMgX+HCHO \xrightarrow{绝对乙醚} RCH_2OMgX \xrightarrow[H^+]{H_2O} RCH_2OH$$

$$RMgX+R^1CHO \xrightarrow{绝对乙醚} R—CHOMgX(R^1) \xrightarrow[H^+]{H_2O} R—CH—OH(R^1)$$

$$RMgX+ {}^{R^1}_{R^2}C=O \xrightarrow{绝对乙醚} R—C(R^1)(R^2)—OMgX \xrightarrow[H^+]{H_2O} R—C(R^1)(R^2)—OH$$

这些反应是有机合成中增长碳链的方法之一。

此外，RMgX 在空气中也能慢慢吸收氧气而变质。

$$RMgX+O_2 \longrightarrow ROMgX$$

格氏试剂必须保存在绝对乙醚中，一般在使用时临时制备直接用于合成反应。

练一练

请查找资料，了解格式氏试剂在有机合成中的作用。

任务二
乙醇、苯酚、乙醚及醇酚醚的识用

实例分析

　　醇、酚、醚都是烃的含氧衍生物。在醇和酚的分子中，羟基（—OH）与脂肪族烃基或芳烃侧链相连的叫醇，与苯环直接相连的叫酚。醚分子中，氧原子与两个烃基相连。三类物质中最常见的是乙醇、苯酚和乙醚。

一、乙醇与醇

1. 乙醇

　　乙醇俗称酒精，是酒的主要成分。乙醇的构造式为 $H-\overset{\displaystyle H}{\underset{\displaystyle H}{C}}-\overset{\displaystyle H}{\underset{\displaystyle H}{C}}-OH$，构造简式为 CH_3CH_2OH 或 C_2H_5OH。

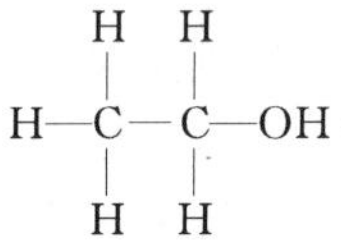

　　乙醇是无色、透明并具有特殊香味的液体，易燃，易挥发，沸点 78.5℃。密度比水小，能跟水以任意比互溶。是一种重要的溶剂，能溶解多种有机物和无机物。含乙醇约为 96%（质量分数）的酒精称为工业酒精，含乙醇 99.5% 以上的酒精称为无水乙醇。工业酒精和药用酒精中含有少量甲醇，有毒，不能掺水饮用。

相关链接

乙醇的来源和制备

　　我国几千年前就发明了发酵法酿酒，所用原料是含糖类很丰富的各种农产品，如高粱、玉米、薯类以及多种野生的果实等，也常利用废糖蜜。这些物质经过发酵，再进行分馏，可以得到 95%（质量分数）的乙醇。

　　现在大量乙醇是以石油裂解产生的乙烯为原料，在加热、加压和有催化剂（硫酸或磷酸）存在的条件下，使乙烯跟水反应，生成乙醇。这种方法叫做乙烯水合法。

$$CH_2{=}CH_2 \xrightarrow[\text{加压、加热}]{\text{催化剂}} CH_3CH_2OH$$

　　用乙烯水合法生产乙醇，成本低，产量大，能节约大量粮食，所以随着石油化工的发展，这种方法发展很快。

2. 醇的分类

　　① 根据醇分子中羟基的数目，可分为一元醇、二元醇、多元醇。

　　② 根据醇分子中烃基的不同，可分为脂肪醇（饱和醇和不饱和醇）、脂环醇和芳香醇。

　　③ 根据羟基所连碳原子类型，可分为伯醇（一级醇）、仲醇（二级醇）和叔醇（三级醇）。例如：

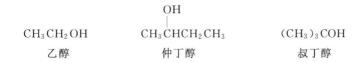

乙醇　　　　　　　仲丁醇　　　　　　叔丁醇

3. 醇的命名

简单的一元醇用普通命名法命名。例如：

$$CH_3-CH-CH_2OH$$

异丁醇　　　　　　叔丁醇　　　　　　环己醇

结构比较复杂的醇，采用系统命名法。选择连有羟基的最长碳链为主链，把支链作为取代基，从离羟基较近的一端开始依次给主链碳原子编号。按主链所含碳原子数目称为"某醇"，羟基的位次写在醇的名称之前。

$$CH_3CHCH_2CH_3$$

2-丁醇　　　　　　　　　　　　3-甲基-1-丁醇

3-甲基环己醇　　　　2-苯基乙醇　　　　3-甲基-4-苯基-1-丁醇

命名不饱和醇时，选择既含连有羟基的碳原子，又含双键或三键碳原子在内的最长碳链作为主链，主链的碳原子编号使羟基的位次最小。例如：

$$CH_3CH_2CHCH_2OH \qquad CH_3HC=CHCH_2OH$$

2-甲基-1-丁醇　　　　　　2-丁烯-1-醇（巴豆醇）

二元醇和多元醇的命名：应选择含有尽可能多羟基的碳链作为主链，羟基的数目写在醇字的前面，并注明羟基的位次。例如：

$$CH_2-CH_2-CH_2$$

1,3-丙二醇

4. 醇的性质

（1）物理性质

饱和一元醇中，12 个碳原子以下的醇为液体，多于 12 个碳原子的醇为蜡状固体。4 个碳原子以下的醇具有香味，4～11 个碳原子的醇有不愉快的气味。低级醇可与水形成氢键而溶于水，甲醇、乙醇和丙醇可与水混溶。随着碳原子数的增多，烃基的影响逐渐增大，醇的溶解度越来越小，高级醇不溶于水。多元醇中，羟基的数目增多，可形成更多的氢键，溶解度增大。

液态醇分子之间能以氢键相互缔合，因此醇分子的沸点比相近分子量的烃的沸点要高得多。二元醇、多元醇分子中有两个以上的羟基，可以形成更多的氢键，沸点更高。

✎ 想一想

为什么醇的沸点比同碳数目的烃要高？

（2）化学性质及用途

醇的化学性质主要由其官能团羟基（—OH）决定。C—O 键和 O—H 键容易受试剂进攻而发生反应。受羟基影响 α-H 和 β-H 比较活泼，也能发生一些反应。

① 与活泼金属的反应（O—H 键的断裂）。醇羟基能和活泼金属反应，如 Na、K、Mg（加热）、Al（加热）等发生反应，生成氢气。

$$R—OH + Na \longrightarrow RONa + \frac{1}{2}H_2 \uparrow$$

说明醇具有一定的酸性。例如：

$$2C_2H_5—O{\mid}H + Na \longrightarrow 2C_2H_5ONa + H_2 \uparrow$$

该反应现象明显（金属钠逐渐消失，并有氢气放出），可用于鉴别 C_6 以下的低级醇。金属钠在醇中反应比在水中缓和得多，用醇销毁残余的金属钠不会发生燃烧和爆炸。

醇钠（RONa）在有机合成中用作碱性试剂，也常用作分子中引入烷氧基（RO—）的亲核试剂。

醇的酸性及与活泼金属反应的活性顺序为：

$$H_2O > CH_3OH > RCH_2OH > R_2CHOH > R_3COH$$

醇的酸性比水还小，所以醇钠放入水中，立即水解得到醇。

② 羟基被卤原子取代的反应（C—O 键的断裂）。R—OH 和 R—X 相似，能发生亲核取代反应。

ⅰ. 与氢卤酸反应。醇与氢卤酸反应生成卤代烷和水，这是制备卤代烃的重要方法。

$$R—OH + HX \longrightarrow R—X + H_2O$$

例如，乙醇与氢碘酸（47%）一起加热，可生成碘乙烷。

$$CH_3CH_2OH + HI \xrightarrow{\triangle} CH_3CH_2I + H_2O$$

这一反应的速度与氢卤酸的种类和醇的结构有关。不同类型氢卤酸的活性顺序为 HI > HBr > HCl，HF 通常不发生此反应。

不同结构醇的活性顺序为烯丙式醇 > 叔醇 > 仲醇 > 伯醇 > CH_3OH。

用无水氯化锌作催化剂的浓盐酸溶液，通称卢卡斯（Lucas）试剂。当与醇作用时，利用不同结构的醇反应速率不同，来鉴别伯、仲、叔醇。

$$\underset{\underset{OH}{|}}{\overset{\overset{CH_3}{|}}{CH_3—C—CH_3}} \xrightarrow[\text{室温}]{\text{浓 HCl-无水 ZnCl}_2} \underset{\underset{Cl}{|}}{\overset{\overset{CH_3}{|}}{CH_3—C—CH_3}} + H_2O$$

（1min 浑浊，放置分层）

$$CH_3-CH_2-\underset{\underset{OH}{|}}{CH}-CH_3 \xrightarrow[室温]{浓\ HCl-无水\ ZnCl_2} CH_3-CH_2-\underset{\underset{Cl}{|}}{CH}-CH_3 + H_2O$$

（10min 浑浊，放置分层）

$$CH_3CH_2CH_2CH_2OH \xrightarrow[室温]{浓\ HCl-无水\ ZnCl_2} CH_3CH_2CH_2CH_2Cl + H_2O$$

（加热才变浑浊，放置后分层）

用于鉴别 C_6 以下的低级伯、仲、叔醇。但要注意，甲醇、乙醇生成的卤代烷是气体；异丙醇生成的异丙基氯沸点很低（36℃），在未分层前极易挥发，因此不宜用此法鉴别。C_6 以上的醇不溶于卢卡斯试剂，很难辨别反应是否发生。

ⅱ．与卤化磷反应。醇与 PX_3 反应，生成相应的卤代烃和亚磷酸：

$$3ROH+PX_3(P+X_2) \xrightarrow{\triangle} 3R-X+P(OH)_3$$

$$X=Br、I（制备溴代或碘代烃）$$

此反应产率较高，是制备溴代烃和碘代烃的常用方法。例如：

$$CH_3CH_2CH_2CH_2OH \xrightarrow[\triangle]{P+Br_2(PI_3)} CH_3CH_2CH_2CH_2Br$$

ⅲ．与亚硫酰氯反应。亚硫酰氯与醇反应，可直接得到氯代烃，同时生成 SO_2 和 HCl 两种气体。这是制备氯代烃的常用方法：

$$ROH+SOCl_2 \longrightarrow RCl+SO_2\uparrow+HCl\uparrow$$

SO_2 和 HCl 离开反应体系，有利于反应向生成产物的方向进行。此反应条件温和，产率高，不生成其它副产物。但 $SOBr_2$ 不稳定而难得，不用它制备溴代烷。

③ 脱水反应。醇与催化剂共热即发生脱水反应，随反应条件而异可发生分子内脱水生成烯烃；分子间脱水生成醚。

ⅰ．分子内脱水。醇在较高温度下，直接进行 β-消去，生成烯烃，如有 $AlCl_3$ 或浓 H_2SO_4 等酸性催化剂存在时，可在较低温度下进行。

$$-\underset{\underset{H}{|}}{C}-\underset{\underset{OH}{|}}{C}- \xrightarrow{H^+} -\overset{|}{C}=\overset{|}{C}- +H_2O$$

例如：

$$\underset{\underset{\boxed{H\ \ \ OH}}{|\quad\ |}}{CH_2-CH_2} \xrightarrow[AlCl_3,360℃]{浓\ H_2SO_4,170℃} CH_2=CH_2 + H_2O$$

醇的脱水反应活性顺序为：$3°R-OH > 2°R-OH > 1°R-OH$。

$$\underset{\underset{\boxed{H\quad\ OH}}{|\quad\ |}}{CH_3CH_2CH-CH_2} \xrightarrow[140℃]{75\%\ H_2SO_4} CH_3CH_2CH=CH_2 + H_2O$$

$$\underset{\underset{\boxed{H\ \ OH}}{|\quad\ |}}{CH_3CHCH-CH_3} \xrightarrow[100℃]{60\%\ H_2SO_4} CH_3CH=CHCH_3 + H_2O$$

$$(CH_3)_3C—OH \xrightarrow[80\sim90℃]{20\% \ H_2SO_4} CH_3\underset{\underset{CH_3}{|}}{C}=CH_2 + H_2O$$

醇的脱水与卤代烃的脱卤化氢一样，遵循查依采夫规则，即消去羟基和含氢较少的 β-碳原子上的氢原子。

ⅱ. 分子间脱水。醇在较低温度下则脱水生成醚。例如，乙醇分子间脱水生成乙醚。

$$CH_3CH_2\boxed{—OH + H}—OC_2H_5 \xrightarrow[\text{或 } Al_2O_3,240℃]{\text{浓 } H_2SO_4,140℃} CH_3CH_2—O—CH_2CH_3 + H_2O$$

醇脱水生成醚和生成烯烃是两种互相竞争的反应。由于仲醇，特别是叔醇易发生分子内脱水生成烯烃，所以醇分子间脱水一般只适用于用伯醇来制备简单的醚。

✏ **练一练**

选择适当的醇脱水制取下列烯烃：

(1) $(CH_3)_2C=CHCH_3$　　(2) $(CH_3)_2C=C(CH_3)_2$　　(3) $(CH_3)_2C=CH_2$

(4) $CH_3CH_2CH_2CH=CH_2$　　(5) $(CH_3)_2C=CHCH_2CH_2OH$（脱一分子水）

---

④ 与无机含氧酸的反应。醇与无机含氧酸作用生成无机酸酯。

$$CH_3\boxed{—OH + H}—OSO_2OH \rightleftharpoons CH_3OSO_2OH + H_2O$$
硫酸氢甲酯（酸性酯）

$$CH_3OSO_2OH + HOSO_2OCH_3 \rightleftharpoons CH_3OSO_2OCH_3 + H_2SO_4$$
硫酸二甲酯（中性酯）

硫酸二甲酯是有机合成和化工工业中广泛使用的甲基化试剂，硫酸二甲酯有剧毒。

醇还可与硝酸作用生成硝酸酯。例如：

$$\begin{matrix} CH_2OH \\ | \\ CHOH \\ | \\ CH_2OH \end{matrix} + 3HONO_2 \xrightarrow{H_2SO_4} \begin{matrix} CH_2ONO_2 \\ | \\ CHONO_2 \\ | \\ CH_2ONO_2 \end{matrix}$$
三硝酸甘油酯
（俗称硝酸甘油）

硝化甘油受热或撞击时立即发生爆炸，是一种烈性炸药。由于其具有扩张冠状动脉的作用，在医学上用作治疗心绞痛的急救药物。

⑤ 氧化反应。伯醇、仲醇分子中的 α-H，由于受羟基的影响易被氧化。

ⅰ. 氧化。伯醇可以在酸性条件下被重铬酸钾氧化生成醛，醛可以进一步被氧化成为酸。仲醇被氧化为酮，酮比较稳定，一般不易继续被氧化。叔醇因不含 α-H，不能被氧化。

$$CH_3CH_2OH \xrightarrow[H_2SO_4]{K_2Cr_2O_7} CH_3\overset{\overset{O}{\|}}{C}H \xrightarrow[H_2SO_4]{K_2Cr_2O_7} CH_3\overset{\overset{O}{\|}}{C}OH$$

反应中橘红色的 $Cr_2O_7^{2-}$ 被还原成绿色的 Cr^{3+}，可用于乙醇的定性鉴定。检查司机是否酒后驾车的分析仪就是根据此反应原理设计的。

ⅱ.脱氢。伯、仲醇的蒸气在高温下通过催化活性铜时发生脱氢反应，生成醛和酮。

$$RCH_2OH \xrightarrow{Cu,325℃} RCHO + H_2$$

$$\underset{R}{\overset{R}{\diagdown}} CHOH \xrightarrow{Cu,325℃} \underset{R}{\overset{R}{\diagdown}} CO + H_2$$

若反应中通入空气，则空气中的氧与脱去的氢结合成水，使反应进行到底，醇全部转化为醛和酮。例如：

$$CH_3CH_2OH + O_2 \xrightarrow[550℃]{Cu 或 Ag} CH_3CHO + H_2O$$

工业上利用氧化脱氢反应来制备甲醛、乙醛和丙酮。

二、苯酚

苯酚是最简单也是最重要的酚。苯酚的化学式为 C_6H_6O，构造式为 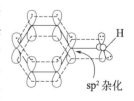，简

写为 OH。

1.分子结构

苯酚分子中酚羟基的氧原子为 sp^2 杂化状态。氧原子上两对未共用电子对中的一对占据未参与杂化的 p 轨道与苯环上碳原子形成大 π 键的 p 轨道平行并从侧面重叠，形成 p-π 共轭体系（见图 5-1）。由于氧的给电子共轭作用，与氧相连的碳原子上电子云密度增高，所以酚不像醇那样易发生亲核取代反应。相反，由于氧的给电子共轭作用使苯环上的电子云密度增高，使得苯环上易发生亲电取代反应。

图 5-1　苯酚分子结构

2.物理性质

苯酚俗称石炭酸。纯净的苯酚是无色的晶体，具有特殊气味，露置在空气里会因小部分发生氧化而显粉红色。熔点是 43℃。常温时，苯酚在水里溶解度不大，当温度高于 65℃时，能跟水以任意比互溶。苯酚易溶于乙醇、乙醚等有机溶剂。苯酚有毒，其浓溶液对皮肤有强烈的腐蚀性，使用时要小心。如果不慎沾到皮肤上，应立即用酒精洗涤。

3.化学性质及用途

（1）酸性

苯酚呈酸性，大多数酚的 pK_a 都在 10 左右。苯酚和氢氧化钠等强碱反应，生成酚盐。

酚的酸性比醇强，但比碳酸弱。

$$CH_3CH_2OH \qquad C_6H_5{-}OH \qquad H_2CO_3$$

	CH_3CH_2OH	$C_6H_5{-}OH$	H_2CO_3
pK_a	17	10	6.5

故酚可溶于 NaOH 但不溶于 $NaHCO_3$，不能与 Na_2CO_3、$NaHCO_3$ 作用放出 CO_2。反之通入二氧化碳于酚盐的水溶液中，苯酚即游离出来。

利用醇、酚与 NaOH 和 $NaHCO_3$ 反应性的不同，可鉴别和分离酚和醇。

【例 5-1】 苯酚中含有环己醇，试设计一适当的实验方法将两者分离。

当苯环上连有吸电子基团时，酚的酸性增强；连有供电子基团时，酚的酸性减弱。

（2）酚醚的生成

苯酚因酚羟基的碳氧键比较牢固，故不能像醇那样分子间直接脱水制得醚。通常用酚钠与烷基化剂（如碘甲烷、硫酸二甲酯等）在弱碱溶液中作用制得。例如：

这是工业上制备混醚的方法。

（3）酚酯的生成

苯酚直接与羧酸发生反应比醇要困难，一般需用酸酐或酰卤作用。例如：

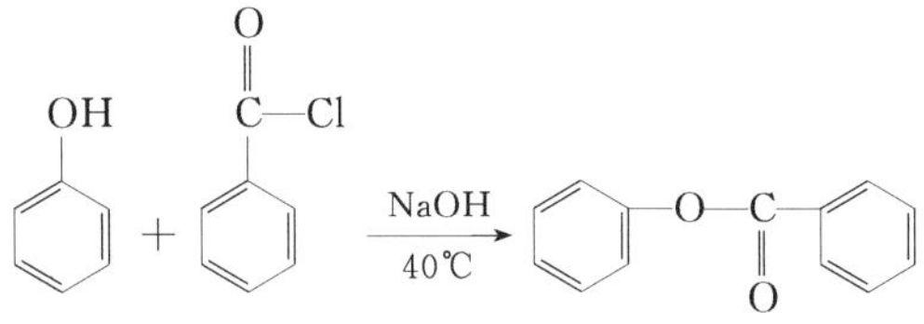

苯甲酸苯酯

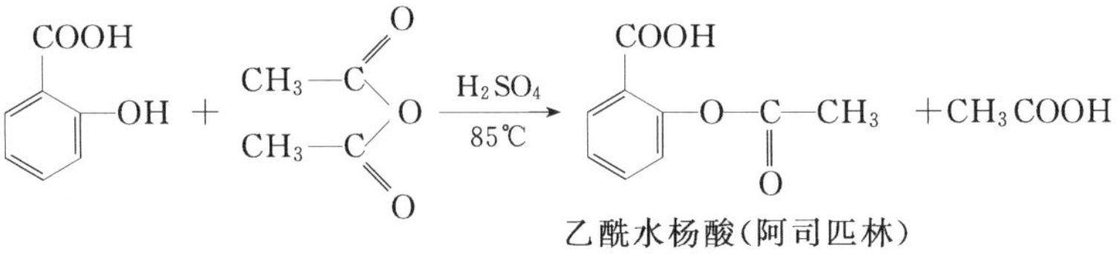

乙酰水杨酸(阿司匹林)

这是工业上制取酚酯的方法。

（4）氧化反应

酚类化合物很容易被氧化，不仅可被氧化剂如高锰酸钾等氧化，甚至较长时间与空气接触，也可被空气中的氧气氧化，使颜色加深。苯酚被氧化时，不仅羟基被氧化，羟基对位的碳氢键也被氧化，结果生成对苯醌。

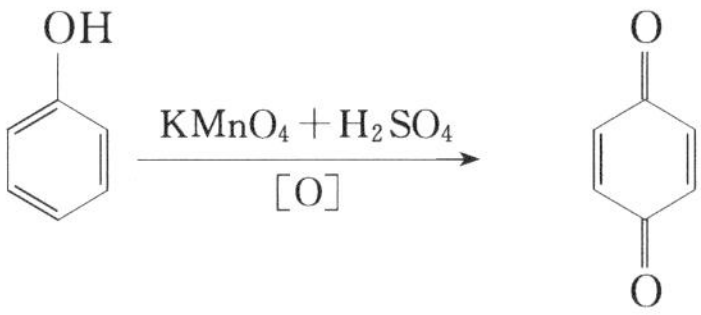

对苯醌(棕黄色)

多元酚更易被氧化。例如，邻苯二酚和对苯二酚在室温下即可被弱的氧化剂（如氧化银、溴化银）氧化成邻苯醌或对苯醌。

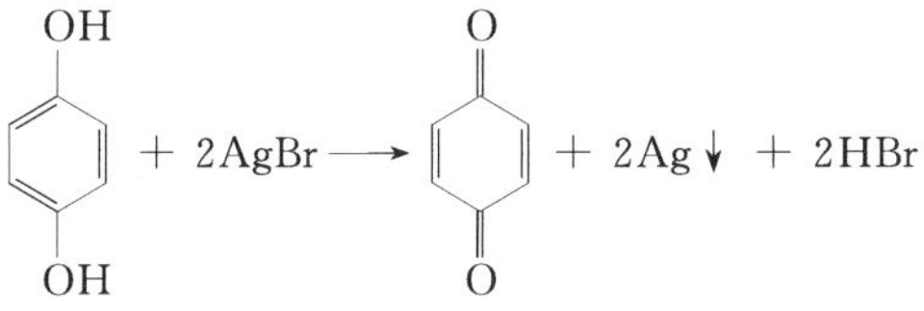

对苯二酚是常用的显影剂。酚易被氧化的性质常用来作为抗氧剂和除氧剂。如在食品、石油、橡胶和塑料工业中，加入少量的酚作抗氧化剂。

（5）苯环上的取代反应

① 卤代反应。苯酚的水溶液与溴水作用，立刻产生 2,4,6-三溴苯酚的白色沉淀。

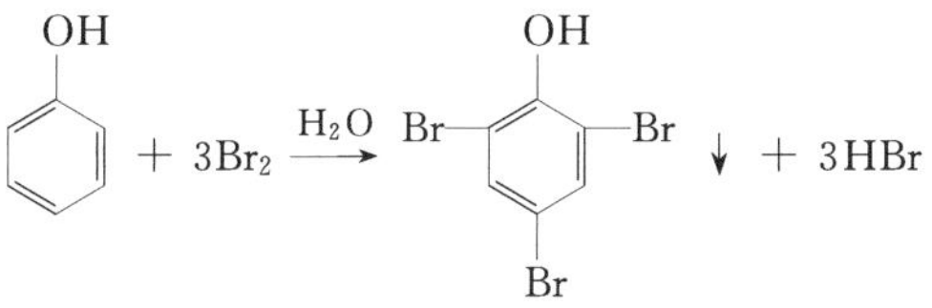

反应极为灵敏，而且是定量完成的，在极稀的苯酚溶液（如 1∶100000）中加数滴溴水，便可看出明显的浑浊现象，故此反应可用于苯酚的定性或定量测定。

在低温和非极性溶剂中，可得到一溴代酚。

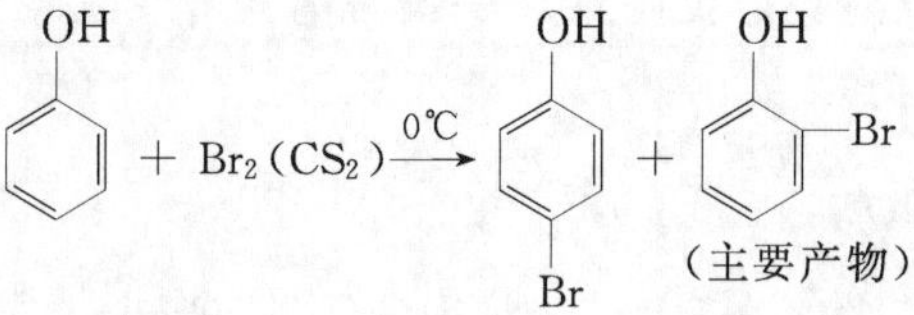

② 硝化。苯酚易氧化，用浓硝酸硝化，产率很低。苯酚与稀硝酸在室温下作用生成邻硝基苯酚和对硝基苯酚的混合物。

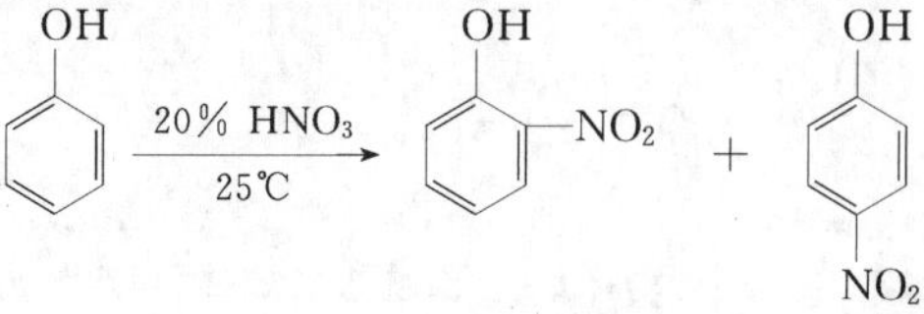

邻硝基苯酚　　对硝基苯酚
（30%～40%）　（15%）

邻硝基苯酚分子中的羟基与硝基相距较近，可以形成分子内氢键 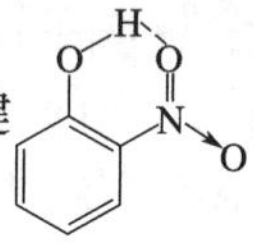，这样羟基就失去了分子间缔合及与水分子缔合的可能性。

对硝基苯酚分子中由于羟基与硝基相距较远，不能在分子内形成氢键，但分子间可通过氢键缔合，并且也可与水缔合。

由于以上原因，与对硝基苯酚（熔点 114℃，沸点 279℃）相比，邻硝基苯酚（熔点 44.5℃，沸点 214℃）的挥发度高，水溶性低，它可以随水蒸气挥发，因此用水蒸气蒸馏的方法就可以把两种异构体分开。

③ 磺化。苯酚与浓硫酸反应生成羟基苯磺酸。产物与温度密切相关。

苯酚与浓硫酸在室温下即能进行磺化反应，主要产物为邻羟基苯磺酸，如在 100℃下进行磺化主要产物则为对羟基苯磺酸。进一步磺化可得二磺酸：

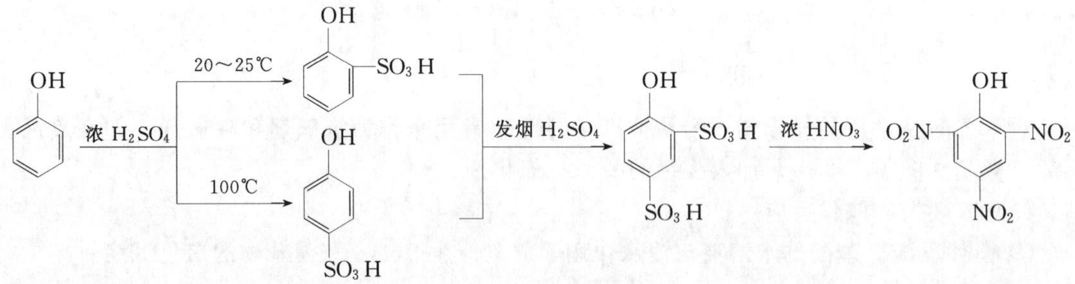

苯环上引入两个磺酸基后使苯环钝化，与浓硝酸作用时不易被氧化，同时两个磺酸基被硝基置换，这是制备 2,4,6-三硝基苯酚（苦味酸）的常用方法。

④ 与氧化铁的显色反应。具有烯醇式（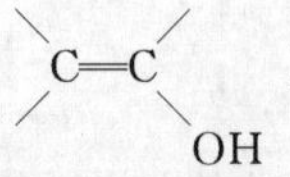）结构的化合物大多数能与氯化铁的水溶液反应，显出不同的颜色，称为显色反应。苯酚也可以与氯化铁起显色反应。结构不

同的酚所显颜色不同，如表 5-1 所示。此反应可用于鉴别含有烯醇式结构的化合物。

大多数酚与 $FeCl_3$ 能发生显色反应，例如：

$$6C_6H_5OH + FeCl_3 \longrightarrow H_3[Fe(C_6H_5O)_6] + 3HCl$$

表 5-1　酚和氯化铁产生的颜色

化合物	生成的颜色	化合物	生成的颜色
苯酚	紫色	间苯二酚	紫色
邻甲苯酚	蓝色	对苯二酚	暗绿色结晶
间甲苯酚	蓝色	1,2,3-苯三酚	淡棕红色
对甲苯酚	蓝色	1,3,5-苯三酚	紫色沉淀
邻苯二酚	绿色	α-萘酚	紫色沉淀

练一练

用化学方法鉴别化合物己烷、环己醇、1-溴丁烷、间甲苯酚。

4. 酚的分类和命名

（1）分类

酚类化合物按照芳环的不同可分为：苯酚、萘酚、蒽酚。

按羟基数目多少分为：一元酚、二元酚、三元酚。

（2）命名

酚的命名一般是在酚字的前面加上芳环的名称作为母体，再加上其它取代基的名称和位次。特殊情况下也可以按次序规则把羟基看作取代基来命名。例如：

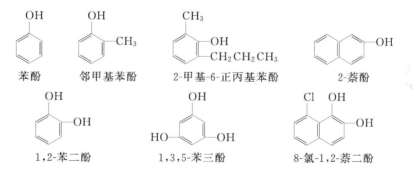

| 苯酚 | 邻甲基苯酚 | 2-甲基-6-正丙基苯酚 | 2-萘酚 |

| 1,2-苯二酚 | 1,3,5-苯三酚 | 8-氯-1,2-萘二酚 |

对于某些结构复杂的酚，可把酚羟基作为取代基加以命名。例如：

邻羟基苯甲酸（水杨酸）　　邻羟基苯甲醛（水杨醛）　　对羟基苯磺酸

三、乙醚

乙醚的化学式为 $C_4H_{10}O$，构造简式为 $CH_3CH_2—O—CH_2CH_3$ 或 $CH_3CH_2OCH_2CH_3$。

乙醚中的氧为 sp^3 杂化，其中两个杂化轨道分别与两个碳形成两个 σ 键，余下两个杂化

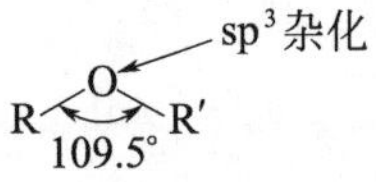

图 5-2　醚的
分子结构

轨道各被一对孤电子对占据，因此醚可以作为路易斯碱，接受质子形成锌盐，也可与水、醇等形成氢键。醚分子结构为 V 字形（与水分子相似），分子中 C—O 键是极性键，故分子有极性。如图 5-2 所示。

1. 物理性质

乙醚是无色、易燃液体，极易挥发，气味特殊。极易燃，纯度较高的乙醚不可长时间敞口存放，否则其蒸气可能引来远处的明火进而起火。凝固点－116.2℃，沸点 34.5℃，相对密度 0.7138（20℃/4℃）。

乙醚是一种用途非常广泛的有机溶剂，能溶解生物碱、染料、香料、油脂以及天然树脂、合成树脂、硝化树脂等，是常用的良好有机溶剂和萃取剂。与空气隔绝时相当稳定。具有麻醉作用，1842 年 3 月 30 日乙醚首次作为麻醉药被使用。

乙醚由乙醇分子间脱水制得。制得的乙醚中混有少量的水和乙醇，在有机合成中需使用无水乙醚时，可用无水氯化钙处理后再用金属钠处理，以除去水和乙醇。

2. 化学性质及用途

由于醚分子中的氧原子与两个烃基结合，分子的极性很小。乙醚和其它醚一样化学性质稳定，与活泼金属、强酸、强碱等都不起反应。因此常用金属钠干燥醚。但是在一定条件下，可发生醚类特有的反应。

（1）锌盐的生成

醚的氧原子上有未共用的电子对，能接受强酸中的 H^+ 而生成锌盐。

$$R\overset{..}{\underset{..}{O}}R + HCl \longrightarrow R-\overset{+}{\underset{\underset{H}{|}}{O}}-R + Cl^-$$

$$R\overset{..}{\underset{..}{O}}R + H_2SO_4 \longrightarrow R-\overset{+}{\underset{\underset{H}{|}}{O}}-R + HSO_4^-$$

锌盐是一种弱碱强酸盐，仅在浓酸中才稳定，遇水很快分解为原来的醚。利用此性质可以将醚从烷烃或卤代烃中分离出来。

醚还可以和路易斯酸（如 BF_3、$AlCl_3$、RMgX）等生成锌盐。

锌盐的生成使醚分子中 C—O 键变弱，因此在酸性试剂作用下，醚键会断裂。

（2）醚键的断裂

在较高温度下，强酸能使醚键断裂。使醚键断裂最有效的试剂是浓的氢碘酸（HI）。醚键断裂时往往是较小的烃基生成碘代烷。例如：

$$CH_3-O-CH_2CH_3 + HI \overset{\triangle}{\longrightarrow} CH_3I + CH_3CH_2OH$$
$$\xrightarrow{\text{HI}} CH_3CH_2I + H_2O$$

如果醚中一个烃基是芳基，则生成碘代烷和酚。

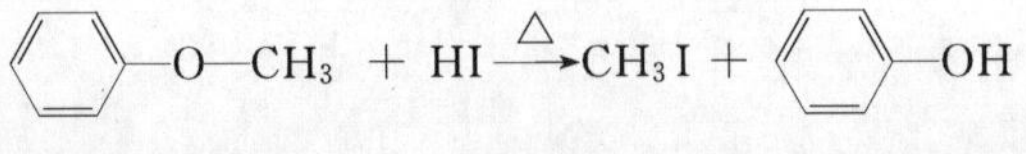

$$\text{〈〉}-O-CH_3 + HI \overset{\triangle}{\longrightarrow} CH_3I + \text{〈〉}-OH$$

这个反应可利用来使含有甲氧基的醚定量地生成碘甲烷，再将反应混合物中所生成的碘甲烷蒸馏出来，通入硝酸银的醇溶液中，用生成碘化银的含量来换算测定分子中 CH_3O- 的含量，此法称为蔡塞尔（Zeisel）法。

（3）过氧化物的生成

醚长期与空气接触下，会慢慢生成不易挥发的过氧化物。

$$CH_3CH_2OCH_2CH_3 \xrightarrow{O_2} CH_3CHOCH_2CH_3$$
$$\underset{OOH}{|}$$

过氧化物不稳定，受热或震动会引起剧烈爆炸，因此，醚类应尽量避免暴露在空气中，一般应放在棕色玻璃瓶中，避光保存。

蒸馏放置过久的乙醚时，要先检验是否有过氧化物存在，且不要蒸干。

检验方法：

① 硫酸亚铁和硫氰化钾混合液与醚振摇，有过氧化物则显红色。

② 使淀粉碘化钾试纸变蓝。取少量醚，加入碘化钾的醋酸溶液，如果有过氧化物，则会有碘游离出来加入淀粉溶液，则溶液变为蓝色。

除去醚中过氧化物的方法是向醚中加入还原剂（如 5％硫酸亚铁），从而保证了安全。贮藏时在醚中加入少许金属钠也能除去过氧化物。

3. 醚的分类和命名

（1）分类

醚结构中与氧相连的两个烃基相同的称为简单醚，两个烃基不同的称为混合醚。氧原子与碳原子共同构成环状结构形成的醚为环醚。

（2）命名

① 习惯命名。对于简单醚的命名是在烃基名称后面加"醚"字，混合醚命名时，两个烃基的名称都要写出来，较小的烃基其名称放在较大烃基名称前面。分子中有芳香基时，芳香烃基放在脂肪烃基前面，"基"字一般可省去。例如：

$$CH_3CH_2OCH_2CH_3 \qquad CH_3-O-\underset{\underset{CH_3}{|}}{\overset{\overset{CH_3}{|}}{C}}-CH_3 \qquad \text{〇}-OCH_2CH_3$$

　　乙醚　　　　　　　　　　甲基叔丁基醚　　　　　　　　　苯乙醚

$$CH_3-OCH_2CH=CH_2 \qquad \text{〇}-OCH_2CH=CH_2$$

　　　甲基烯丙基醚　　　　　　　　　　　苯烯丙醚

② 系统命名。把醚看成是烃的烷氧（烷氧基—OR）衍生物，取较长的烃基作母体。

$$\underset{\text{2-乙氧基己烷}}{C_2H_5OCH\underset{\underset{CH_3}{|}}{}CH_2CH_2CH_3} \qquad \underset{\text{1,2-二甲氧基乙烷}}{CH_3OCH_2CH_2OCH_3}$$

环醚又称环氧化合物，命名三元、四元的环醚时，以"环氧"为词头，写在母体烃基之前；含较大环的环醚，可看做含氧杂环，一般按杂环命名规则来命名。

$$\underset{\text{环氧乙烷}}{\overset{CH_2-CH_2}{\underset{O}{\diagdown\diagup}}} \qquad \underset{\text{1,2-环氧丙烷}}{\overset{CH_3-CH-CH_2}{\underset{O}{\diagdown\diagup}}}$$

$$CH_3-CH-CH-CH_3 \atop O$$

2,3-环氧丁烷

$$CH_2-CH_2 \atop CH \quad CH \atop O$$

1,4-环氧丁烷

【项目 21】 醇、酚、醚的性质与鉴定

一、目的要求

1. 学会验证醇、酚、醚的化学性质。
2. 能进行醇、酚、醚的鉴定。
3. 会检验乙醚中过氧化物的检验方法。

二、基本原理

醇分子中烃基（—OH）上的氢可以被金属钠置换，生成醇钠并放出氢气。这一反应有时也用作醇的定性试验。醇与浓盐酸-氯化锌溶液作用，生成相应的氯化物，在醇的定性检验中有其独特的地位。醇的结构对反应的速率有明显的影响，用于鉴别伯、仲、叔醇。

$$CH_3-\underset{\underset{OH}{|}}{\overset{\overset{CH_3}{|}}{C}}-CH_3 \xrightarrow[\text{室温}]{\text{浓 HCl-无水 ZnCl}_2} CH_3-\underset{\underset{Cl}{|}}{\overset{\overset{CH_3}{|}}{C}}-CH_3 + H_2O$$

（1min 浑浊，放置分层）

$$CH_3-CH_2-\underset{\underset{OH}{|}}{CH}-CH_3 \xrightarrow[\text{室温}]{\text{浓 HCl-无水 ZnCl}_2} CH_3-CH_2-\underset{\underset{Cl}{|}}{CH}-CH_3 + H_2O$$

（10min 浑浊，放置分层）

$$CH_3CH_2CH_2CH_2OH \xrightarrow[\text{室温}]{\text{浓 HCl-无水 ZnCl}_2} CH_3CH_2CH_2CH_2Cl + H_2O$$

（加热才变浑浊，放置后分层）

一元醇中伯醇被氧化成醛，仲醇被氧化成酮，叔醇不被氧化。

酚类分子中的羟基（—OH）直接与苯环上的碳原子相连，由于受芳环的影响，因而酚与醇的性质不同，最显著的特点是酚具有弱酸性，与氯化铁发生颜色反应，而且各种酚产生不同的颜色，多数酚呈现红色、蓝色、紫色或绿色。颜色的产生是由于形成电离度很大的配合物，例如：

$$6C_6H_5OH + FeCl_3 \longrightarrow H_3[Fe(C_6H_5O)_6] + 3HCl$$

酚羟基使苯环活化，比较容易发生卤代、硝化及磺化等亲电取代反应。

醚分子中氧上的未用电子对能吸引质子，因此能与浓盐酸、浓硫酸等形成锌盐。

$$R-\overset{..}{O}-R + HCl \longrightarrow R-\underset{\underset{H}{|}}{\overset{+}{O}}-R + Cl^-$$

$$R-\overset{..}{O}-R + H_2SO_4 \longrightarrow R-\underset{\underset{H}{|}}{\overset{+}{O}}-R + HSO_4^-$$

锌盐可溶于过量的浓酸中，加水稀释，又分解为原来的醚和酸。利用这个特征，即可去除或分离某些有机混合物中的醚类。

三、试剂与仪器

1. 试剂

（1）无水乙醇	10mL	（2）正（伯）丁醇	10mL
（3）仲丁醇	10mL	（4）叔丁醇	10mL
（5）甘油	5mL	（6）乙醚	5mL
（7）浓硫酸	5mL	（8）$0.03\ mol \cdot L^{-1}\ KMnO_4$ 溶液	5mL
（9）5%$KMnO_4$溶液	5mL	（10）$3\ mol \cdot L^{-1}\ H_4SO_4$	5mL
（11）10%NaOH 溶液	10mL	（12）10%HCl 溶液	5mL
（13）1%$FeCl_3$溶液	5mL	（14）苯酚饱和水溶液	5mL
（15）饱和溴水	5mL	（16）5% $CuSO_4$ 溶液	5mL
（17）5%碘化钾-1%淀粉溶液	5mL	（18）蓝色石蕊试纸	若干

（19）金属钠

（20）Lucas 试剂（34g 无水氯化锌溶于 23mL 浓盐酸得溶液约 35mL）　10mL

2. 仪器

（1）试管	6 支	（2）镊子	1 把
（3）酒精灯	1 个		

四、操作步骤

1. 醇的性质

（1）醇钠的生成与水解

在 4 支干燥试管里分别加入 0.5～1mL 无水乙醇、伯丁醇、仲丁醇、叔丁醇，分别加入一小粒新鲜金属钠（用小镊子取），观察反应快慢的顺序，待所有钠反应完毕后，任取其中一管的几滴反应液滴在表面皿上，使多余的醇挥发，残留在表面皿上的固体就是醇钠盐。滴几滴水在醇钠上面，检查溶液的碱性。

（2）Lucas 试验　取伯丁醇、仲丁醇、叔丁醇 3 种样品各 0.5mL 分别放入 3 支干燥试管中。加 Lucas 试剂 1mL 充分摇动后静置。若溶液立即有浑浊，并且静置后分层为叔丁醇。如不见浑浊，则放在水浴中温热几分钟，静置，溶液慢慢出现浑浊，为仲丁醇。不起作用的为正丁醇。

（3）醇的氧化

取三支试管，各加入 10 滴 5% 的 $KMnO_4$ 溶液、5 滴 $3mol \cdot L^{-1}\ H_2SO_4$（1.5mL），然后分别加入 10 滴伯丁醇、仲丁醇、叔丁醇。充分摇动试管，观察溶液颜色变化情况，若无变化可微热后再观察。

（4）甘油与氢氧化铜反应

取 2 支试管各加入 10 滴 10% NaOH 溶液和 5% $CuSO_4$ 溶液，混匀后，分别加入乙醇、甘油各 10 滴，振摇，静置，观察现象并解释发生的变化。

2. 酚的性质

（1）酚的溶解性和弱酸性

取一支试管，加入液体苯酚 2～3 滴及水 5 滴，摇匀后得乳浊液，说明苯酚难溶于水。蘸取 1 滴于蓝色石蕊试纸上，观察颜色有何变化。向乳浊液中滴入 10% 的 NaOH 溶液至溶液澄清，此时生成什么？然后向澄清液中加入 10% HCl 溶液至浑浊。

（2）酚类与 $FeCl_3$ 溶液的反应

在试管中加入 0.5mL 苯酚的饱和水溶液，再加入 1% $FeCl_3$ 溶液 1～2 滴，观察颜色有何变化。

（3）酚的溴化

在试管中加入 2 滴苯酚饱和水溶液，用 1mL 水稀释至 2mL，再滴加饱和溴水，观察溴水不断褪色并有白色沉淀析出。

（4）酚的氧化

在试管中滴入 20 滴苯酚溶液，再滴 10 滴 10% NaOH 溶液，最后滴加 2～3 滴 0.03mol/L KMnO$_4$ 溶液，观察并解释所发生的变化。

3. 醚的性质

（1）乙醚与浓硫酸的作用（𨦡盐的生成）

取 2mL 浓硫酸放在试管里，在冰水中冷却到 0℃后，小心倒入事先用冰冷却好的乙醚 1mL，观察现象并嗅其气味。然后把试管内的液体倒入盛有 5mL 冰水的另一试管内，同时振荡和冷却，观察现象并嗅其气味。

（2）过氧化物的检验

取 2mL 乙醚于试管中，随即加入 5% 碘化钾-1% 淀粉试剂 1mL。如溶液变蓝，表示有过氧化物存在。

☞ **注意事项：** 钠与醇反应实验中，如果反应停止后溶液中仍有残余的钠，应该先用镊子将钠取出放在酒精中破坏，然后加水，否则金属钠遇水，反应剧烈，不但影响实验结果，而且造成不安全。

五、思考题

1. 用化学方法鉴别下列各组化合物：

（1）丙醇与异丙醇
（2）丙醇与丙三醇
（3）苯、环己醇、苄醇与苯酚
（4）乙醇与苯酚

2. 在配制卢卡斯试剂时应注意些什么？

3. 苯酚为什么能溶于氢氧化钠和碳酸钠溶液中，而不溶于碳酸氢钠溶液？

任务三
乙醛、丙酮及醛酮的识用

★ 实例分析

醛和酮分子中都含有羰基（$C=O$），因此统称为羰基化合物。醛分子中，羰基至少和一个氢原子相连，醛基（—CHO）是其官能团。酮分子中，羰基与 2 个烃基相连，其中的羰基也称酮基，酮基是其官能团。醛酮中乙醛和丙酮是常见的重要化工原料。

一、乙醛的性质和用途

乙醛的化学式为 C$_2$H$_4$O，构造式为 $\mathrm{H-\overset{\displaystyle H}{\underset{\displaystyle H}{C}}-\overset{\displaystyle O}{C}-H}$，构造简式为 CH$_3$—$\overset{\displaystyle O}{C}$—H 或 CH$_3$CHO。

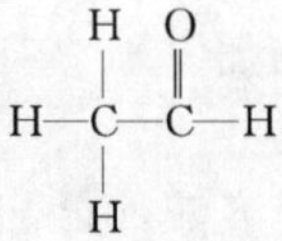

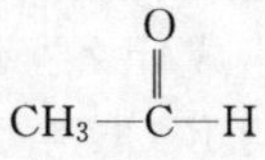

乙醛为无色易流动液体，有刺激性气味。熔点－121℃，沸点 20.8℃，相对密度小于1。能跟水、乙醇、乙醚、氯仿等互溶。易燃、易挥发，蒸气与空气能形成爆炸性混合物，爆炸极限 4.0%～57.0%（体积分数）。

乙醛容易聚合，常温时乙醛在少量硫酸存在下可聚合生成三聚乙醛。三聚乙醛是无色透明有特殊气味的液体。难溶于水，在医药上又称副醛，是比较安全的催眠药。

$$3CH_3CHO \underset{H_2SO_4}{\rightleftharpoons} 三聚乙醛结构$$

乙醛是有机合成的重要原料，主要用于制取乙酸和乙酸酐，也用于生产正丁醇、三氯乙醛等有机产品，还可用于合成丁二烯，作为合成橡胶的原料。

二、丙酮的性质和用途

丙酮的化学式为 C_3H_6O，构造式为 构造式，构造简式为 $CH_3-\overset{O}{\overset{\|}{C}}-CH_3$ 或 CH_3COCH_3，也称作二甲基酮，饱和脂肪酮系列中最简单的酮。

丙酮为无色、易挥发、易燃液体，熔点－95℃，沸点56℃。具有特殊的气味。与极性及非极性液体均能混溶，与水能以任何比例混溶。

丙酮是重要的有机溶剂，能溶解油脂、树脂、橡胶、蜡和赛璐珞等多种有机物，广泛用于炸药、油漆、电影胶片等生产中。丙酮是重要的有机合成原料，用于制造有机玻璃、环氧树脂、合成橡胶、氯仿、碘仿等产品。生活中将其用作某些家庭生活用品（如液体蚊香）的分散剂。化妆品中的指甲油含丙酮达35%。在精密铜管制造行业中，丙酮经常被用于擦拭铜管表面的黑色墨水。

三、醛、酮的分类和命名

1. 分类
① 据分子中含羰基的数目可分为：一元醛、酮；二元醛、酮；多元醛、酮。
② 据烃基的饱和程度可分为：饱和醛、酮；不饱和醛、酮。
③ 据烃基的种类可分为：脂肪醛、酮；芳香醛、酮；脂环醛、酮。
2. 命名
（1）普通命名法
醛的命名与伯醇相似，按照所连烃基的名称命名为某醛。例如：

CH₃CHO   CH₃CH₂CH₂CHO   苯甲醛结构

乙醛   正丁醛   苯甲醛

有些醛也常用俗名，它们是由相应酸的名称而来。例如：

$$CH_3(CH_2)_{10}CHO \qquad CH_3CH=CHCHO$$

月桂醛 巴豆醛 肉桂醛

酮的命名是按照酮基所连接的两个烃基的名称命名，根据"次序规则"称为某（基）某（基）酮，带有芳基的混酮要把芳基写在前面。末尾加上"甲酮"两个字，"甲"代表羰基中的碳原子，但烃基的"基"字和甲酮的"甲"字常省略。例如：

甲基乙基甲酮（甲乙酮）　　　甲基烯丙基甲酮（甲烯丙酮）　　　苯基乙基甲酮（苯乙酮）

（2）系统命名法

脂肪醛和酮的命名，选择含有羰基碳原子的最长碳链作为主链，称为某醛或某酮。支链作为取代基。主链编号从靠近羰基的一端开始，可以用阿拉伯数字表示，也可用希腊字母表示。取代基的位次和名称放在母体名称之前。若主链中含有不饱和键，要注明不饱和键的位次。其中醛基必在链端，命名时不必用数字标明其位置。酮基的位置则需用数字标明，写在"某酮"之前。例如：

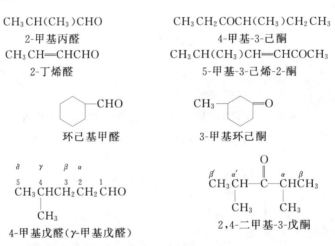

$$CH_3CH(CH_3)CHO$$
2-甲基丙醛

$$CH_3CH_2COCH(CH_3)CH_2CH_3$$
4-甲基-3-己酮

$$CH_3CH=CHCHO$$
2-丁烯醛

$$CH_3CH(CH_3)CH=CHCOCH_3$$
5-甲基-3-己烯-2-酮

环己基甲醛

3-甲基环己酮

4-甲基戊醛（γ-甲基戊醛）

2,4-二甲基-3-戊酮

芳香醛或酮是将芳基作为取代基来命名，例如：

苯甲醛

苯乙酮

3-苯基丁醛

4-苯基-2-丁酮

四、醛、酮结构及化学性质

1. 醛、酮的结构

醛酮的官能团是羰基。羰基中的碳原子为 sp^2 杂化。碳原子的三个 sp^2 杂化轨道相互对称地分布在一个平面上，其中之一与氧原子的 2p 轨道在键轴方向重叠构成碳氧 σ 键。碳原子未参加杂化的 2p 轨道垂直于碳原子三个 sp^2 杂化轨道所在的平面，与氧原子的另一个 2p 轨道平行重叠，形成 π 键，即碳氧双键是由一个 σ 键和一个 π 键组成。由于氧原子的电负性比碳原子大，羰基中的 π 电子云偏向氧原子，羰基碳原子带部分正电荷，而氧原子带部分负电荷。如图 5-3 所示。

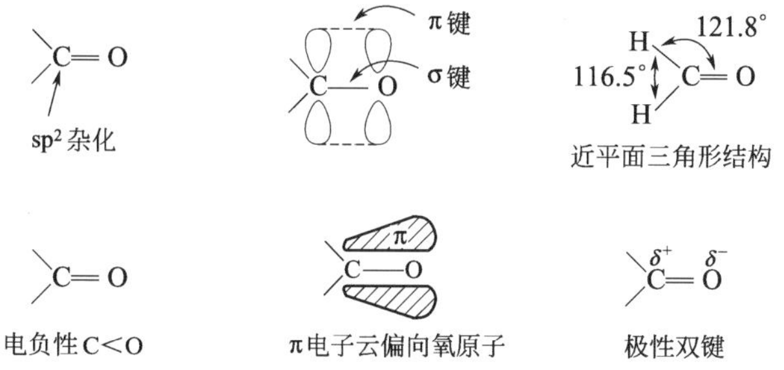

图 5-3 羰基结构示意图

2. 物理性质

甲醛在室温下为气体，市售的福尔马林是 40% 的甲醛水溶液。除甲醛外，12 个碳原子以下的脂肪醛、酮均为液体。高级脂肪醛、酮和芳香酮多为固体。醛、酮一般不能形成分子间氢键，其沸点低于相对分子质量相近的醇。由于 C=O 为强极性键，能与水形成氢键，低级的醛、酮易溶于水。当分子中烃基的部分增大时，水溶性迅速下降，含 6 个碳原子以上的醛、酮几乎不溶于水。

3. 化学性质及用途

醛、酮的化学性质由羰基决定，羰基碳氧双键中的 π 键易断裂，有较大的活泼性，能发生一系列的加成反应。另外，由于羰基氧的吸电子诱导效应，使醛基上的氢及 α-H 也有较高的反应活性，能发生某些反应。

醛、酮化学反应与结构的关系如下：

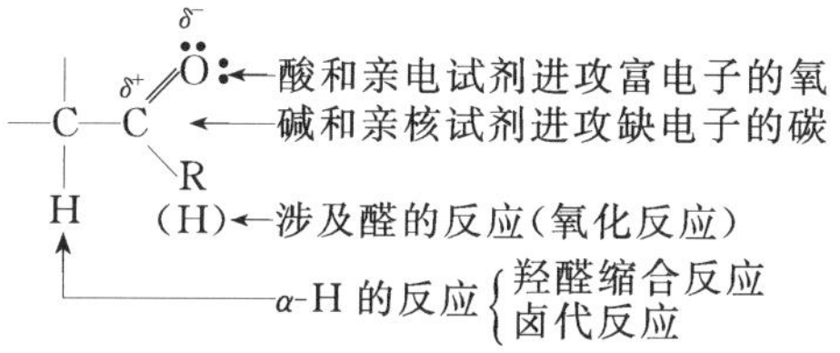

亲核加成反应和 α-H 的反应是醛、酮的两类主要化学性质。

相关链接

羰基的亲核加成

醛、酮羰基与碳碳双键一样也是由一个 σ 键和一个 π 键组成。由于羰基中氧原子的电负性比碳原子大，π 电子云偏向于电负性较大的氧原子，使得氧原子带上部分负电荷，碳原子带上部分正电荷。由于氧原子容纳负电荷的能力较碳原子容纳正电荷的能力大，故发生加成反应时，应是带有一对未共用电子对的亲核试剂（可以是负离子或带有未共用电子对的中性分子）提供一对电子进攻带部分正电荷的羰基碳原子，生成氧负离子。即羰基上的加成反应决定反应速率的一步是由亲核试剂进攻引起的，故羰基的加成反应称为亲核加成反应。

（1）羰基的加成反应

① 与氢氰酸的加成反应。在少量碱催化下，醛和脂肪族甲基酮及 8 个碳以下的脂环酮与氢氰酸加成生成 α-氰醇（或 α-羟基腈）。

$$\underset{(CH_3)H}{\overset{R}{C}}=O + H{-}CN \xrightarrow{OH^-} \underset{(CH_3)H}{\overset{R}{\underset{CN}{C\alpha}}}{-}OH$$

α-氰醇
（α-羟基腈）

产物氰醇比原来的醛或酮增加一个碳原子，是有机合成上增长碳链的方法之一。反应中加入微量碱，提高 CN^- 的浓度，可使反应加快。另外，氰醇是一类比较活泼的化合物，由于它能转变成多种化合物，因此该反应在有机合成中具有重要作用。

$$\underset{H}{\overset{CH_3}{C}}=O + H{-}CN \xrightarrow{OH^-} \underset{H}{\overset{CH_3}{\underset{CN}{C}}}{-}OH \xrightarrow{H^+} \underset{H}{\overset{CH_3}{\underset{COOH}{C}}}{-}OH$$

乙醛 　　　　α-羟基丙腈 　　　α-羟基丙酸

氢氰酸剧毒，易挥发，必须要注意安全。实验室操作时先把醛、酮与氰化钾或氰化钠混合，然后慢慢加入无机酸，这样可使产生的氢氰酸立即与醛、酮反应。

② 与亚硫酸氢钠的加成反应。醛、脂肪族甲基酮以及 8 个碳原子以下的环酮与过量的饱和亚硫酸氢钠作用，生成 α-羟基磺酸钠。

$$\underset{(CH_3)H}{\overset{R}{C}}=O + H{-}SO_3Na \rightleftharpoons \underset{(CH_3)H}{\overset{R}{\underset{SO_3Na}{C}}}{-}OH$$

（40%） 　　　　　　　　　　　α-羟基磺酸钠

α-羟基磺酸钠不溶于饱和亚硫酸氢钠溶液而析出无色晶体，使平衡向右移动。可用来鉴别、分离醛、脂肪族甲基酮和 C_8 以下的环酮。

α-羟基磺酸钠在稀酸或稀碱存在下能分解成原来的醛或酮。

$$\underset{(CH_3)H}{\overset{R}{\underset{SO_3Na}{C}}}{-}OH \quad
\begin{array}{l}
\xrightarrow{HCl} R{-}\overset{O}{\overset{\|}{C}}{-}H(CH_3) + NaCl + SO_2\uparrow + H_2O \\[2ex]
\xrightarrow{Na_2CO_3} RC{-}H(CH_3) + Na_2SO_3 + CO_2\uparrow + H_2O
\end{array}$$

利用这一性质可用来分离、精制醛和酮。

③ 与醇的加成反应。醛在微量干燥氯化氢的催化作用下与醇进行加成反应，生成半缩醛，进一步与过量的醇发生分子间的脱水反应，生成稳定的缩醛。

$$\underset{(R')}{\overset{R}{\underset{H}{C}}}=O + R''OH \underset{无水\ HCl}{\rightleftharpoons} \underset{(R')}{\overset{R}{\underset{H}{\underset{OR''}{C}}}}{-}OH \underset{干\ HCl}{\overset{R''OH}{\rightleftharpoons}} \underset{(R')}{\overset{R}{\underset{H}{\underset{OR''}{C}}}}{-}OR'' + H_2O$$

半缩醛 　　　　　　缩醛

在结构上，缩醛跟醚的结构相似，对氧化剂和还原剂稳定，但在稀酸中则分解为原来的醛和醇。因此，该反应在有机合成中用于保护醛基，使活泼的醛基在反应中不被破坏。例如：

$$CH_2=CHCH_2CHO \xrightarrow[\text{干 HCl}]{CH_3CH_2OH} CH_2=CH-CH_2-CH \begin{matrix} OC_2H_5 \\ \\ OC_2H_5 \end{matrix} \xrightarrow[Ni]{H_2}$$

$$CH_3CH_2CH_2CH(OC_2H_5)_2 \xrightarrow[H_2O]{H^+} CH_3CH_2CH_2CHO$$

酮较难与一元醇加成，但在酸催化下酮能与乙二醇等二元醇反应生成环状缩酮。

及时去掉反应体系中的水，使平衡向右移动。在有机合成中也常用这样的方法保护酮基。

④ 与水的加成反应。醛或酮与水生成偕二醇等水合物。

$$RCHO + H_2O \Longrightarrow R-HC \begin{matrix} OH \\ \\ OH \end{matrix}$$

偕二醇不稳定，只能存在于水溶液中，易脱水变为原来的醛或酮。某些醛或酮在羰基碳原子上连有吸电子基团时，可以形成稳定的偕二醇。例如，三氯乙醛可以与水加成生成稳定的水合物。

$$Cl_3CCHO + H_2O \longrightarrow CCl_3HC \begin{matrix} OH \\ \\ OH \end{matrix}$$

三氯乙醛水合物是稳定的结晶体，可以从溶液中析出，是安眠药的主要成分。

⑤ 与格氏试剂的加成反应。格氏试剂是较强的亲核试剂，醛、酮与格氏试剂加成，加成产物不必分离，而直接水解可制得相应的醇。

$$\overset{\delta^+}{}\overset{\delta^-}{C}=\overset{\delta^-}{O} + \overset{\delta^+}{R}MgX \xrightarrow{\text{无水乙醚}} C \begin{matrix} OMgX \\ \\ R \end{matrix} \xrightarrow{H_2O} R-C-OH + HOMgX$$

制备增加一个碳的一级醇用甲醛，合成二级醇用除甲醛之外的醛，合成三级醇用酮。

$$R-MgX + \begin{cases} HCHO \longrightarrow RCH_2OMgX \xrightarrow{H_2O} RCH_2OH \quad (\text{增加一个 C})\text{伯醇} \\ \\ R'CHO \longrightarrow R'CHOMgX \xrightarrow{H_2O} R'CHOH \quad \text{仲醇} \\ \qquad\qquad\qquad\quad | \qquad\qquad\qquad\quad | \\ \qquad\qquad\qquad\ R \qquad\qquad\qquad\ R \\ \\ R'C=O \longrightarrow R'-C-OMgX \xrightarrow{H_2O} R'-C-OH \quad \text{叔醇} \\ \ | \qquad\qquad\quad | \qquad\qquad\qquad | \\ R' \qquad\qquad\ R' \qquad\qquad\qquad R' \end{cases}$$

例如：

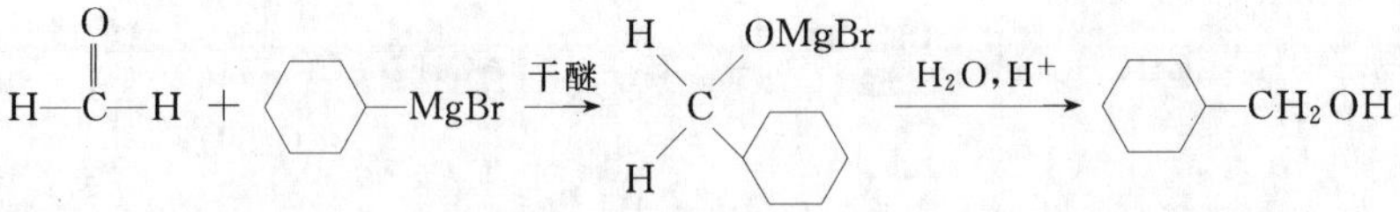

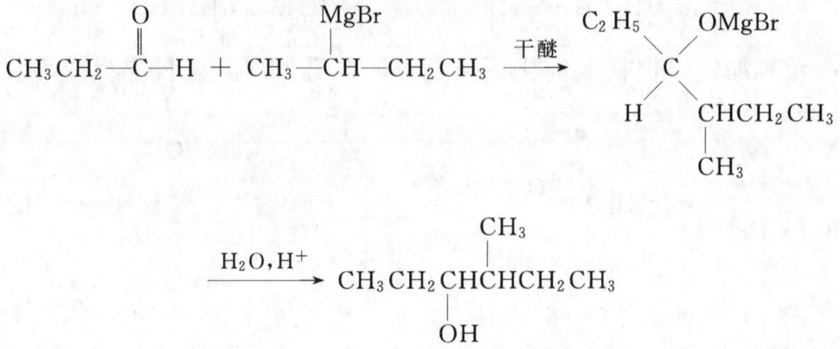

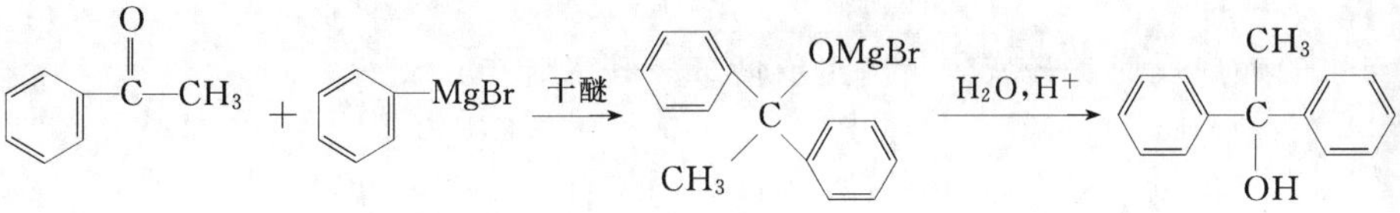

✎ **练一练**

选用合适的原料合成下列化合物。

（1） 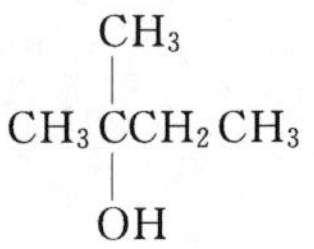
$$CH_3CCH_2CH_3$$
（CH₃，OH 取代，图示）

（2） 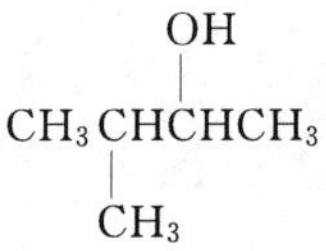
$$CH_3CHCHCH_3$$
（OH，CH₃ 取代，图示）

⑥ 与氨的衍生物的加成-消除反应。醛或酮可与氨的衍生物发生亲核加成反应，产物分子内脱水，生成含碳-氮双键的化合物，这种反应称为加成-消除反应。

反应生成的产物有良好的结晶或特殊的颜色，常用于鉴定羰基的存在。因此，氨的衍生物称为羰基试剂。常用氨的衍生物有：

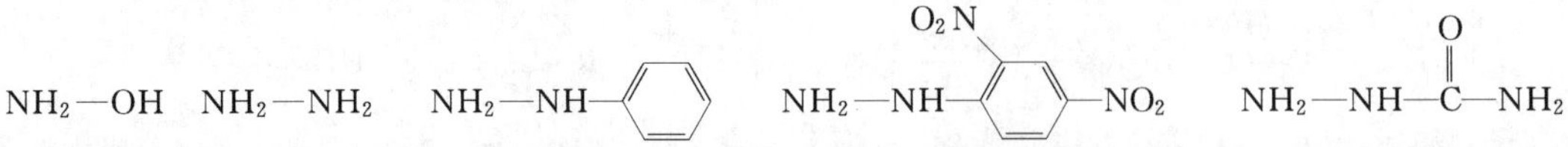

$NH_2—OH$　　$NH_2—NH_2$　　$NH_2—NH$（苯基）　　$NH_2—NH$（2,4-二硝基苯）　　$NH_2—NH—C(=O)—NH_2$

羟胺　　　　肼　　　　苯肼　　　　2,4-二硝基苯肼　　　　氨基脲

这些试剂都含有氨基，可用通式 $H_2N—B$ 表示。反应通式：

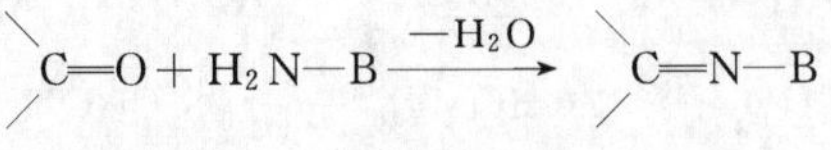

$$C=O + H_2N—B \xrightarrow{-H_2O} C=N—B$$

醛、酮与氨的衍生物反应，其产物均为固体且各有其特点。

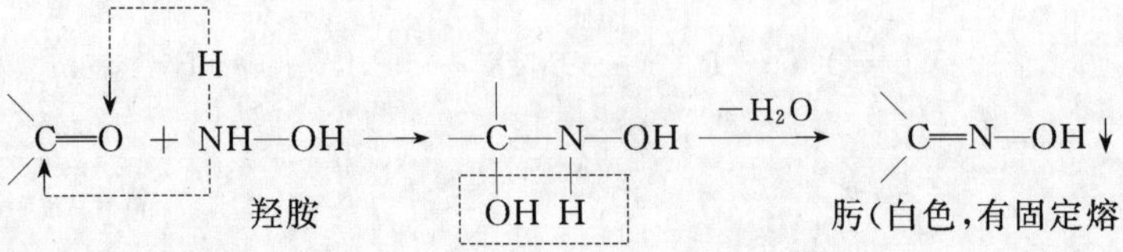

羟胺　　　　　　　　　　肟（白色，有固定熔点）

如乙醛肟的熔点为 47℃，环己酮肟的熔点为 90℃。

$$\begin{array}{c}\diagdown \\ \diagup\end{array}\!C{=}O + NH_2{-}NH_2 \longrightarrow \begin{array}{c}\diagdown \\ | \\ \diagup\end{array}\!\!\underset{\boxed{OH\ H}}{C}{-}\!N\!{-}NH_2 \xrightarrow{-H_2O} \begin{array}{c}\diagdown \\ \diagup\end{array}\!C{=}N\!{-}NH_2 \downarrow$$

肼　　　　　　　　　　　　　　　　　　　腙（白色，有固定熔点）

$$\begin{array}{c}\diagdown \\ \diagup\end{array}\!C{=}O + NH_2{-}NH{-}\!\!\bigcirc \longrightarrow \underset{\boxed{OH\ H}}{C}{-}N{-}NH{-}\!\!\bigcirc \xrightarrow{-H_2O} \begin{array}{c}\diagdown \\ \diagup\end{array}\!C{=}N\!{-}NH{-}\!\!\bigcirc \downarrow$$

苯肼　　　　　　　　　　　　　　　　　　苯腙（黄色，有固定熔点）

$$\begin{array}{c}\diagdown \\ \diagup\end{array}\!C{=}O + NH_2{-}NH{-}\!\!\bigcirc\!\!\begin{smallmatrix}O_2N\\ \\NO_2\end{smallmatrix} \xrightarrow{-H_2O} \begin{array}{c}\diagdown \\ \diagup\end{array}\!C{=}N\!{-}NH{-}\!\!\bigcirc\!\!\begin{smallmatrix}O_2N\\ \\NO_2\end{smallmatrix} \downarrow$$

2,4-二硝基苯肼　　　　　　　　　　　　2,4-二硝基苯腙（黄色）

$$\begin{array}{c}\diagdown \\ \diagup\end{array}\!C{=}O + NH_2NH\overset{O}{\overset{\|}{C}}NH_2 \xrightarrow{-H_2O} \begin{array}{c}\diagdown \\ \diagup\end{array}\!C{=}N\!{-}NH{-}\overset{O}{\overset{\|}{C}}{-}NH_2 \downarrow$$

氨基脲　　　　　　　　　　　　　　　缩氨脲（白色）

肟、腙、苯腙、缩氨脲多为不溶于水的白色或黄色结晶，具有固定的结晶形状和熔点。通过测定熔点，再与手册上的数据比较，就可确定是何种醛或酮，因此，常用来鉴别醛或酮。特别是 2,4-二硝基苯肼几乎能与所有的醛、酮迅速反应，生成橙黄色或橙红色的结晶。

肟、腙、苯腙以及缩氨脲在稀酸作用下，能水解为原来的醛和酮，可用于分离和提纯醛或酮。

（2）α-H 的反应

受官能团羰基的影响，醛酮分子中的 α-H 原子较活泼，可以发生卤代反应和羟醛缩合反应。

① 卤代和卤仿反应。在酸或碱的催化作用下，醛和酮分子中的 α-H 易被卤素原子取代，生成 α-卤代醛和 α-卤代酮。

在酸催化下，卤代反应速率较慢，可以控制在生成一卤代物阶段。例如：

$$CH_3\overset{O}{\overset{\|}{C}}CH_3 + Br_2 \xrightarrow[65℃]{CH_3COOH} CH_3\overset{O}{\overset{\|}{C}}CH_2Br + HBr$$

α-溴代丙酮

α-溴代丙酮有催泪性。

在碱（次卤酸盐溶液）催化下的卤代反应速率很快，较难控制在一卤代物阶段。若醛酮分子中含有 "$CH_3\overset{O}{\overset{\|}{C}}{-}$" 结构，则甲基上的三个氢原子都很容易被卤代，卤代产物在碱性条件下很不稳定，易分解生成羧酸盐和三卤甲烷（卤仿），所以又叫做卤仿反应。

$$R\overset{O}{\overset{\|}{C}}CH_3 + NaOH + X_2 \longrightarrow R\overset{O}{\overset{\|}{C}}CX_3 \xrightarrow{OH} CHX_3 + RCOONa$$

（H）　　　　　（NaOX）　　　　（H）　　　　卤仿

　　常用的卤素是碘，反应产物为碘仿，上述反应就称为碘仿反应。碘仿是淡黄色结晶，容易识别，故碘仿反应常用来鉴别乙醛和甲基酮。次碘酸钠也是氧化剂，可把乙醇及具有 $CH_3CH(OH)$ —结构的仲醇分别氧化成相应的乙醛或甲基酮，故也可发生碘仿反应。例如：

$$CH_3CH_2\overset{\underset{|}{OH}}{C}HCH_3 \xrightarrow{NaOI} CH_3CH_2\overset{\overset{O}{\|}}{C}CI_3 \xrightarrow{NaOH} \underset{\text{碘仿}}{CHI_3\downarrow} + CH_3CH_2COONa$$

　　卤仿反应是缩短碳链的反应之一，也可用于制备一些用其它方法难以制备的羧酸。例如：

$$\triangleright\!-\!\overset{\overset{O}{\|}}{C}\!-\!CH_3 + Br_2 + NaOH \longrightarrow \triangleright\!-\!COONa + CHBr_3$$
$$\xrightarrow{H^+} \triangleright\!-\!COOH$$

　　② 羟醛缩合反应。在稀碱溶液催化下，含有 α-H 的醛可以发生自身的加成作用，即一分子醛以其 α-碳对另一分子醛的羰基加成，形成 β-羟基醛，β-羟基醛在受热的情况下很不稳定，易脱水生成 α,β-不饱和醛，这种反应叫做羟醛缩合反应。羟醛缩合反应是有机合成中增长碳链的常用方法。

$$RCH_2\!-\!\overset{\overset{O}{\|}}{C}\!-\!H + HC\!-\!CHO \xrightarrow{5\% NaOH} RCH_2\!-\!\underset{\underset{R}{|}}{\overset{\overset{OH}{|}}{C}H}\!-\!\overset{\overset{H}{|}}{C}\!-\!CHO \xrightarrow{\triangle} RCH_2CH\!=\!\underset{\underset{R}{|}}{C}\!-\!CHO$$

β-羟基醛　　　　　　　α,β-不饱和醛

　　例如，工业上以乙醛为原料用羟醛缩合反应制取巴豆醛（2-丁烯醛）。

$$2CH_3CHO \xrightarrow{5\% NaOH} CH_3\!-\!\overset{\overset{OH}{|}}{C}H\!-\!CH_2CHO \xrightarrow{\triangle} CH_3\!-\!CH\!=\!CH\!-\!CHO$$

β-羟基丁醛　　　　　巴豆醛（2-丁烯醛）

　　凡 α-碳上有氢原子的 β-羟基醛都容易失去一分子水，生成烯醛。而 α-碳上无氢原子的 β-羟基醛不脱水。

$$2CH_3CH_2CHO \rightleftharpoons CH_3CH_2\!-\!\underset{\underset{OH}{|}}{CH}\!-\!\overset{\overset{CH_3}{|}}{C}H\!-\!CHO \underset{H_2O}{\overset{\triangle}{\rightleftharpoons}} CH_3CH_2\!-\!C\!=\!\overset{\overset{CH_3}{|}}{C}\!-\!CHO$$

$$2CH_3\overset{\overset{CH_3}{|}}{C}HCHO \rightleftharpoons CH_3\!-\!\underset{\underset{OH}{|}}{\overset{\overset{CH_3}{|}}{C}H}\!-\!\underset{\underset{CH_3}{|}}{C}H\!-\!\overset{\overset{CH_3}{|}}{C}\!-\!CHO \overset{\triangle}{\longrightarrow} \times \text{（无 α-H 不脱水）}$$

　　若用两种不同的且都含有 α-H 的醛进行羟醛缩合，会发生交错缩合，得到四种产物的混合物，分离困难，意义不大。

　　无 α-H 的醛不能发生羟醛缩合，但无 α-H 的醛可和另一分子有 α-H 的醛发生"交叉"羟醛缩合反应。由芳香醛和脂肪醛酮通过交叉缩合制得 α,β-不饱和醛酮，称克莱森-斯密特

反应。例如：

$$\text{C}_6\text{H}_5\text{—CHO} + \text{CH}_3\text{COCH}_3 \longrightarrow \text{C}_6\text{H}_5\text{—CH=CHCHO}$$
肉桂醛

羟醛缩合反应的意义是增长碳链，产生支链；制备 α,β-不饱和醛酮。

含有 α-H 原子的酮也能起类似反应，生成 α,β-不饱和酮，但比羟醛缩合难以进行。

$$\underset{\text{H}_3\text{C}}{\overset{\text{H}_3\text{C}}{\underset{}{\Big\rangle}}}\text{C=O} + \text{H—CH}_2\text{—CCH}_3 \underset{}{\overset{\text{OH}^-}{\rightleftharpoons}} \text{H}_3\text{C—}\underset{\underset{\text{CH}_3}{|}}{\overset{\overset{\text{OH}}{|}}{\text{C}}}\text{—CH}_2\text{—CCH}_3 \xrightarrow{\text{蒸馏}} \text{H}_3\text{C—}\underset{\underset{\text{CH}_3}{|}}{\text{C}}\text{=CH—CCH}_3$$

双丙酮醇   4-甲基-3-戊烯-2-酮

【例 5-2】 由 $\text{CH}_3\text{CH}_2\text{CH}_2\text{OH}$ 合成 $\text{CH}_3\text{CH}_2\text{CH}_2\overset{\overset{\text{CH}_3}{|}}{\text{CH}}\text{CH}_2\text{OH}$ 。

分析

产物与原料相比较，碳原子增加一倍，显然产物是通过缩合反应的方法增长碳链。

$$\text{CH}_3\text{CH}_2\text{CH}_2\overset{\overset{\text{CH}_3}{|}}{\text{CH}}\text{CH}_2\text{OH} \longrightarrow \text{CH}_3\text{CH}_2\text{CH}=\overset{\overset{\text{CH}_3}{|}}{\text{C}}\text{CHO} \longrightarrow 2\text{CH}_3\text{CH}_2\text{CHO} \longrightarrow \text{CH}_3\text{CH}_2\text{CH}_2\text{OH}$$

解

合成线路：$\text{CH}_3\text{CH}_2\text{CH}_2\text{OH} \xrightarrow[\text{H}_2\text{SO}_4]{\text{K}_2\text{Cr}_2\text{O}_7} \text{CH}_3\text{CH}_2\text{CHO} \xrightarrow[\triangle]{\text{稀 OH}^-}$

$$\text{CH}_3\text{CH}_2\text{CH}=\overset{\overset{\text{CH}_3}{|}}{\text{C}}\text{CHO} \xrightarrow{\text{H}_2/\text{Ni}} \text{CH}_3\text{CH}_2\text{CH}_2\overset{\overset{\text{CH}_3}{|}}{\text{CH}}\text{CH}_2\text{OH}$$

（3）氧化反应

① 与强氧化剂的氧化反应。在高锰酸钾或重铬酸钾等强氧化剂的作用下，醛可被氧化成相同碳原子数的羧酸。

$$\text{R—CHO} + \text{KMnO}_4 \xrightarrow{\text{H}^+} \text{R—}\overset{\overset{\text{O}}{\|}}{\text{C}}\text{—OH}$$

而酮发生碳链断裂，生成小分子羧酸的混合物，无制备意义。只有环己酮、环戊酮的氧化可用来制备二元羧酸。

$$\text{环己酮} \xrightarrow[\triangle]{\text{浓 HNO}_3} \begin{array}{l} \text{CH}_2\text{—CH}_2\text{—COOH} \\ \text{CH}_2\text{—CH}_2\text{—COOH} \end{array}$$
己二酸

这是工业上制备己二酸的常用方法。己二酸是制备尼龙-66 等的原料。

② 与弱氧化剂的氧化反应。由于醛的羰基上连有易被氧化的氢原子，所以易被氧化，弱的氧化剂即可将醛氧化为羧酸，而酮不能被氧化，因此可以用来区别醛和酮。常用的弱氧化剂有：托伦试剂、斐林试剂。

a. 托伦（Tollens）试剂。托伦试剂即硝酸银的氨溶液。托伦试剂可将醛氧化成羧酸，而银离子被还原成单质银。若在洁净的试管中反应，可在试管壁上形成光亮的银镜，这一反应称为银镜反应。

$$RCHO + 2[Ag(NH_3)_2]OH \xrightarrow[\triangle]{\text{水浴}} RCOONH_4 + 2Ag\downarrow + 3NH_3 + H_2O$$

b. 斐林（Fehling）试剂。斐林试剂由 A、B 两种溶液组成。斐林试剂 A 是硫酸铜溶液，斐林试剂 B 是氢氧化钠和酒石酸钾钠的混合溶液。斐林试剂不稳定，需在使用前临时配制。

脂肪醛与斐林试剂作用被氧化成相应的羧酸，铜离子被还原为氧化亚铜砖红色沉淀。

$$RCHO + 2Cu^{2+} + NaOH + H_2O \longrightarrow RCOONa + Cu_2O\downarrow + 4H^+$$

甲醛的还原性较强，与斐林试剂反应生成铜镜。

$$HCHO + Cu^{2+} + NaOH \longrightarrow HCOONa + Cu\downarrow + 2H^+$$

斐林试剂只氧化脂肪醛，不氧化芳香醛，因此可用斐林试剂区别脂肪醛和芳香醛，并可鉴定甲醛。

托伦试剂和斐林试剂对 C＝C 键、C≡C 键都没有氧化作用，同时也不能氧化 β-位或 β-位以远的羟基，是良好的选择性氧化剂。如工业上用来氧化不饱和醛制取不饱和酸。

$$CH_3—CH＝CH—CHO \xrightarrow{[Ag(NH_3)_2]OH} CH_3—CH＝CH—COOH$$
巴豆醛 巴豆酸

（4）还原反应

采用不同的还原剂，可将醛酮分子中的羰基还原成羟基，也可以脱氧还原成亚甲基。

① 羰基还原成醇羟基。醛酮羰基在催化剂铂、镉、镍等存在下，可催化加氢，将羰基还原成羟基。醛、酮分别被还原成伯醇和仲醇。

$$\begin{matrix} R \\ | \\ C=O \\ | \\ (R')H \end{matrix} \xrightarrow[Ni]{H_2} \begin{matrix} R \\ | \\ CH—OH \\ | \\ (R')H \end{matrix}$$

如果分子中同时含有 C＝C 键或 C≡C 键也一起被还原。例如：

$$CH_3CH＝CHCHO \xrightarrow[Ni]{H_2} CH_3CH_2CH_2CH_2OH$$

催化氢化的方法可用来制备饱和醇。

如果使醛基还原而使 C＝C 键、C≡C 键保留制备不饱和醇。必须使用化学还原剂。硼氢化钠（NaBH_4）和氢化铝锂（LiAlH_4）都不能还原 C＝C 键和 C≡C 键。例如：

$$\text{⬡}—CH＝CHCHO \xrightarrow[\text{或 NaBH}_4]{LiAlH_4} \text{⬡}—CH＝CHCH_2OH$$
肉桂醛 肉桂醇

LiAlH_4 是强还原剂，其特点：第一，选择性差，除不还原 C＝C、C≡C 外，其它不饱和键 $-\overset{O}{\underset{}{C}}-OH$、$-\overset{O}{\underset{}{C}}-OR$、$-N\overset{O}{\underset{O}{}}$、$-C≡N$ 都可被其还原；第二，不稳定，遇水剧烈反

应，通常只能在无水醚中使用。

$NaBH_4$ 还原性较缓和，不如 $LiAlH_4$ 的还原性强。其特点：第一，选择性强，只还原醛、酮、酰卤中的羰基，不还原其它基团；第二，稳定，不受水、醇的影响，可在水或醇中使用。

② 羰基还原成亚甲基。醛酮的羰基可以直接还原成亚甲基，也就是由羰基化合物直接还原成烃。下面介绍在不同介质中的两种还原方法。

a. 克莱门森（Clemmenson）还原法。用锌汞齐与浓盐酸可将醛、酮的羰基还原为亚甲基。

$$\diagdown C{=}O \xrightarrow[\triangle]{Zn\text{-}Hg/浓\ HCl} \diagdown CH_2$$

锌汞齐是用锌粒与汞盐（$HgCl_2$）在稀盐酸溶液中反应制得，锌把 Hg^{2+} 还原为 Hg，在锌表面上形成锌汞齐。

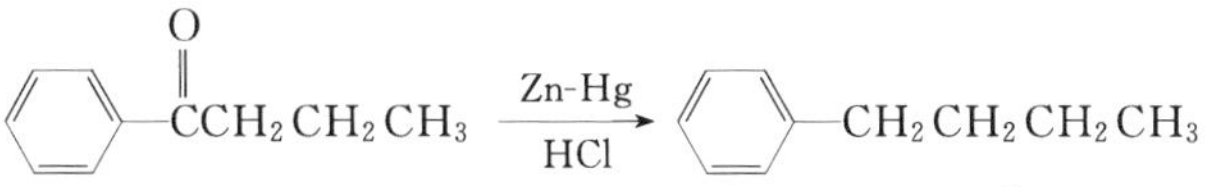

正丁基苯

b. 伍尔夫（Wolff）-凯惜纳（Kishner）-黄鸣龙还原法。醛酮在水合肼和高沸点溶剂（如二甘醇、三甘醇等）中与碱共热，羰基被还原成亚甲基。

$$\diagdown C{=}O \xrightarrow[(HOCH_2CH_2)_2O,\triangle]{H_2NNH_2,KOH} \diagdown CH_2$$

这一反应最初由俄国人伍尔夫、德国人凯惜纳发明，后经我国化学家黄鸣龙在 1946 年改进了反应条件。例如：

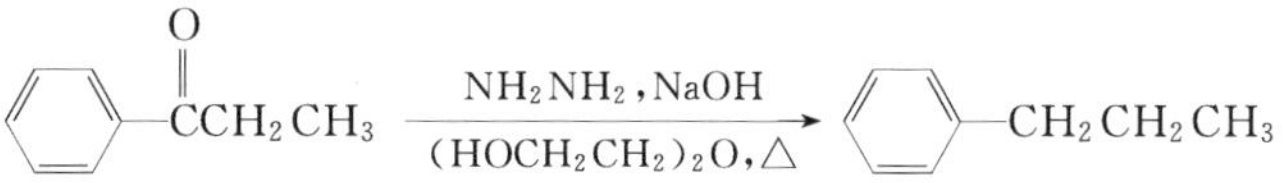

两种还原方法中，克莱门森还原法是在酸性条件下的还原，不适用于对酸敏感的化合物；伍尔夫-凯惜纳-黄鸣龙还原法是在碱性条件下的还原，不适用于对碱敏感的化合物。

先通过芳烃的酰基化在芳环上引入酰基，再经克莱门森还原方法，是在芳烃上引入直链烷基的方法。例如：

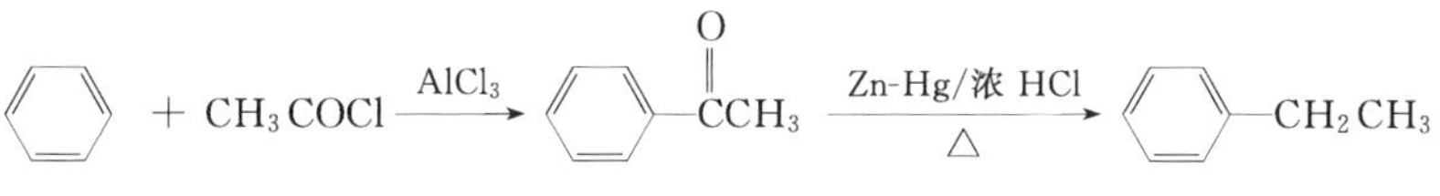

（5）歧化反应

不含 α-H 的醛，如 HCHO，在浓碱（如 40% NaOH）作用下发生自身氧化还原反应，一分子被氧化成羧酸，另一分子被还原成醇，这种反应叫歧化反应，也叫康尼查罗（Cannizzaro）反应。例如：

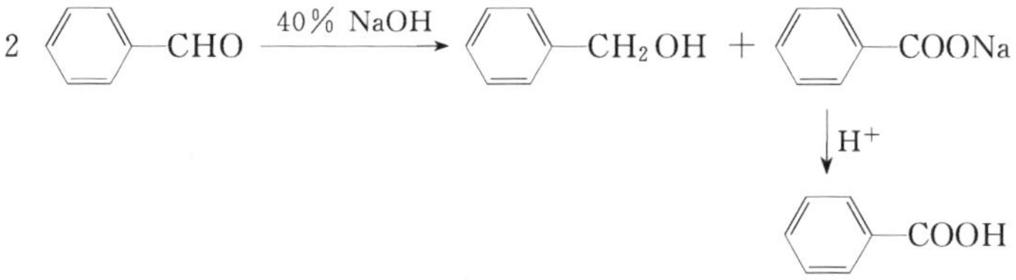

$$2HCHO \xrightarrow{40\%\ NaOH} CH_3OH + HCOONa$$

如果是两种不含 α-H 的醛在浓碱条件下作用，则进行交叉歧化反应，其产物复杂，不易分离，因此无实用意义。若两种醛其中一种是甲醛，由于甲醛是还原性最强的醛，所以总是甲醛被氧化成酸而另一醛被还原成醇。这一特性使得该反应成为一种有用的合成方法。

$$\text{⬡—CHO} + \text{HCHO} \xrightarrow{40\% \text{ NaOH}} \text{⬡—CH}_2\text{OH} + \text{HCOONa} \xrightarrow{\text{H}^+} \text{HCOOH}$$

上述类型的反应是制备 ArCH_2OH 型醇的有效手段。

利用甲醛还原性最强，与乙醛发生羟醛缩合反应以制备季戊四醇。

$$\text{HCHO} + \text{CH}_3\text{CHO} \underset{\overrightarrow{}}{\overset{OH^-}{\rightleftharpoons}} \underset{\underset{\text{OH}}{|}}{\text{CH}_2\text{CH}_2\text{CHO}}$$

β-羟基丙醛

$$\text{HOCH}_2\text{CH}_2\text{CHO} + 2\text{HCHO} \rightleftharpoons (\text{HOCH}_2)_3\text{CCHO}$$

三羟甲基乙醛

$$\text{HCHO} + (\text{HOCH}_2)_3\text{CCHO} \rightleftharpoons \underset{\text{HOH}_2\text{C}}{\overset{\text{HOH}_2\text{C}}{>}}\text{C}\underset{\text{CH}_2\text{OH}}{\overset{\text{CH}_2\text{OH}}{<}}$$

季戊四醇是白色或淡黄色粉末状固体，熔点 $262℃$，主要用在涂料工业中，可用以制造醇酸树脂涂料，能使涂料膜的硬度、光泽和耐久性得以改善。它也用作色漆、清漆和印刷油墨等所需的松香脂的原料，并可制干性油和航空润滑油等。还可用作扩张血管的药物。

☞ **知识链接**

几种重要的醛、酮的应用

(1) 甲醛　用于制酚醛树脂、脲醛树脂、维尼纶、季戊四醇和染料等，用作农药和消毒剂。
(2) 乙醛　用于制造醋酸、醋酸酐、醋酸乙酯、合成树脂等。
(3) 丙酮　用于制造氯仿、碘仿、环氧树脂、聚异戊二烯橡胶、有机玻璃等，大量用作溶剂。
(4) 苯甲醛　用作香料、有机合成的中间体。
(5) 苯乙酮　用作香料、多种药物合成的原料。
(6) 环己酮　用于制造树脂、合成纤维。
(7) 麝香酮　名贵香料。

【项目 22】　醛、酮的性质与鉴定

一、目的要求

1. 学会验证醛、酮的化学性质。
2. 能进行醛、酮的鉴定。

二、基本原理

醛、酮都是羰基化合物。羰基碳氧双键中的 π 键易断裂，有较大的活泼性，能发生一系列的亲核加成反应。醛、甲基酮及简单的环酮由于羰基加成活性较强，可与亚硫酸氢钠、苯

肼、格氏试剂反应，分别生成 α-羟基磺酸钠、苯腙及醇类。

醛分子中，醛基上的碳氢键受羰基影响，稳定性减弱，易被氧化剂氧化。如与托伦试剂作用产生银镜，与斐林试剂作用产生氧化亚铜的砖红色沉淀。脂肪醛与两种弱氧化剂都作用，酮无此反应，因此利用这个反应可进行脂肪醛、芳香醛和酮的鉴别。

当醛、酮分子中含有 $CH_3-\overset{\overset{\displaystyle O}{\|}}{C}-$ 结构时，甲基上的三个氢原子都很容易被卤代，卤代产物在碱性条件下很不稳定，易分解生成羧酸盐和三卤甲烷（卤仿），即卤仿反应。

在碱（次卤酸盐溶液）催化下，具有 $CH_3CH(OH)-$ 结构的化合物，能被氧化成相应的乙醛或甲基酮，故也可发生卤仿反应。

三、试剂与仪器

1. 试剂

（1）37％甲醛水溶液	10mL	（2）40％乙醛	10mL
（3）95％乙醇	10mL	（4）丙酮	10mL
（5）苯甲醛	5mL	（6）葡萄糖	5mL
（7）2,4-二硝基苯肼	5mL	（8）斐林（Fehling）溶液（A）	5mL
（9）斐林溶液（B）	5mL	（10）2％AgNO$_3$溶液	5mL
（11）5％NaOH溶液	10mL	（12）2％氨水	5mL
（13）碘溶液	5mL		

2. 仪器

（1）试管	若干	（2）镊子	1把
（3）酒精灯	1个	（4）温度计（150℃）	1支
（5）烧杯	300mL×1个	（6）电炉	1个

四、操作步骤

1. 与2,4-二硝基苯肼的反应

取4支试管各加2,4-二硝基苯肼溶液1mL，然后分别加入甲醛、乙醛、丙酮、苯甲醛各5滴，振摇试管，观察并解释发生的变化。

2. 与斐林试剂的反应

取3支试管，各加入10滴斐林溶液（A）和斐林溶液（B）摇匀。然后分别加入5滴甲醛、乙醛、丙酮，摇匀后放在沸水浴上加热，仔细观察溶液颜色变化过程和结果。

3. 与托伦（Tollens）试剂的反应

取1支洁净的试管，加入2％AgNO$_3$溶液2mL和5％NaOH溶液1～2滴，然后逐滴加入2％氨水，振摇，直至新生成的沉淀物恰好溶解为止。将此新配制的硝酸银氨溶液分装在3支洁净的试管中，现分别加入3～5滴甲醛、乙醛、丙酮、葡萄糖，振摇（摇匀后不能再摇）后，把试管放在50～60℃水溶液中静置几分钟，观察并解释发生的变化。

4. 碘仿反应

取4支试管，分别加入5滴甲醛、乙醛、丙酮、乙醇，再加碘溶液10滴，然后分别滴加5％NaOH溶液直到碘的颜色刚好消失、反应液为微黄色为止。观察并解释所发生的变化（如无沉淀，可在50～60℃水浴上加热数分钟）。

☞ **注意事项：**

　　1. 硝酸银溶液与皮肤接触立即形成难于洗去的黑色金属银，故滴加和振摇时应小心操作！

　　2. 配制银氨溶液时，切忌加入过量的氨水，否则将生成雷酸银（AgONC），受热后会引起爆炸，也会使试剂本身失去灵敏性。托伦试剂久置后会析出具有爆炸性的黑色氮化银（Ag_3N）沉淀，因此需在实验前配制，不可贮存备用。

　　3. 银镜反应所需试管必须十分清洁。可用铬酸洗液或硝酸洗涤，再用蒸馏水冲洗干净。试管若不干净，则还原生成的银是黑色细粒状银沉淀，无法形成银镜。因此试管必须清洗干净。做完银镜反应后，试管中的银镜，加少许浓硝酸即可洗去。

五、思考题

　　1. 醛和酮的性质有哪些异同之处？为什么？可用哪些简便方法鉴别它们？

　　2. 进行银镜反应时，应注意什么问题？

　　3. 进行碘仿反应时，为什么要控制碱的加入量？

　　4. 醛与托伦试剂的反应为什么要在碱性溶液中进行？在酸性溶液中可以吗？为什么？

任务四
乙酸及羧酸衍生物的识用

★ **实例分析**

　　烃分子中的氢原子被羧基（ $-\overset{\overset{\textstyle O}{\|}}{C}-OH$ ）取代后生成的衍生物，由于在水溶液中能电离出氢离子，具有明显的酸性，故称为羧酸。羧酸与醇脱水后生成酯，羧酸和酯都是重要的烃的含氧衍生物。

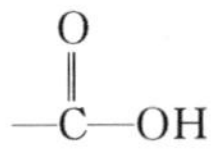

一、乙酸

　　乙酸，俗称醋酸，是食醋的主要成分。普通的食醋含 3%～5% 的乙酸。乙酸的化学式为 $C_2H_4O_2$，构造式为 $H-\overset{\overset{\textstyle H}{|}}{\underset{\underset{\textstyle H}{|}}{C}}-\overset{\overset{\textstyle O}{\|}}{C}-OH$ ，简写为 CH_3COOH，官能团为羧基。

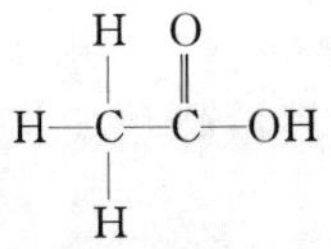

　　乙酸是无色液体，有刺激性臭味。熔点 16.6℃，沸点 117.9℃。纯乙酸在 16℃ 以下时能结成冰状的固体，所以常称为冰醋酸。易溶于水、乙醇、乙醚和四氯化碳。

　　乙酸是重要的有机溶剂，也是重要的化工原料。在照相器材、人造纤维、合成纤维、染料、香料、制药、橡胶、食品等工业中具有广泛用途。

二、羧酸

1. 分类

按羧基所连接烃基种类分为脂肪族羧酸、脂环族羧酸和芳香族羧酸。

按烃基是否饱和分为饱和羧酸和不饱和羧酸。

按所含羧基的数目分为一元羧酸、二元羧酸和三元羧酸等。例如：

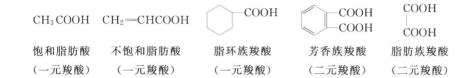

CH_3COOH	$CH_2\!=\!CHCOOH$	―COOH	―COOH ―COOH	COOH | COOH
饱和脂肪酸	不饱和脂肪酸	脂环族羧酸	芳香族羧酸	脂肪族羧酸
（一元羧酸）	（一元羧酸）	（一元羧酸）	（二元羧酸）	（二元羧酸）

2. 命名

（1）俗名

一些常见的羧酸多用俗名，即根据它们的来源命名。例如：

$$HCOOH \qquad CH_3COOH \qquad HOOC\!-\!COOH \qquad HOOC(CH_2)_4COOH$$
蚁酸　　　　　醋酸　　　　　草酸　　　　　　　肥酸

（2）系统命名法

脂肪族羧酸的系统命名原则与醛相同，即选择含有羧基的最长的碳链作主链，从羧基中的碳原子开始给主链上的碳原子编号。取代基的位次用阿拉伯数字标明。有时也用希腊字母来表示取代基的位次，从与羧基相邻的碳原子开始，依次为 α、β、γ 等。例如：

$$CH_3\!-\!CH\!-\!CH\!-\!COOH$$
$$| \qquad |$$
$$CH_3 \quad CH_3$$

2,3-二甲基丁酸
（α,β-二甲基丁酸）

$$CH_3\!-\!CH_2\!-\!CH\!-\!CH_2\!-\!COOH$$
$$|$$
$$CH\!-\!CH_3$$
$$|$$
$$CH_3$$

4-甲基-3-乙基戊酸
（γ-甲基-β-乙基戊酸）

不饱和脂肪酸，要选择含有羧基和不饱和键在内的最长碳链为主链，称为某烯酸或某炔酸。

$$CH_2\!=\!CH\!-\!COOH$$
丙烯酸

$$CH_3\!-\!CH\!=\!C\!-\!COOH$$
$$|$$
$$CH_2CH_3$$
2-乙基-2-丁烯酸

$$CH_3\!-\!CH\!=\!CH\!-\!COOH$$
2-丁烯酸

$$CH_3C\!\equiv\!CCHCH_2COOH$$
$$|$$
$$CH_3$$
3-甲基-4-己炔酸

芳香族羧酸和脂环族羧酸，可把芳基和脂环作为取代基来命名。若苯环上连有取代基，则以羧基所在碳原子开始编号，并使取代基位次最小。例如：

―CH_2CH_2COOH

3-苯丙酸

$CH\!=\!CH\!-\!COOH$

3-苯丙烯酸

CH_2COOH

α-萘乙酸

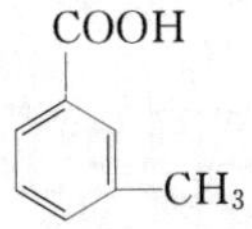

间甲基苯甲酸 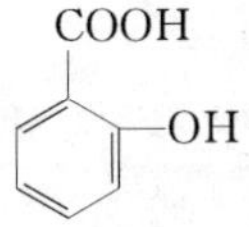　　邻羟基苯甲酸 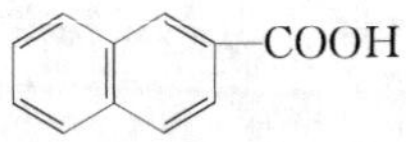　　β-萘甲酸

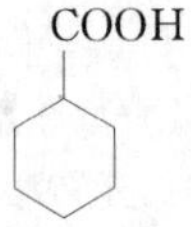

环己基甲酸 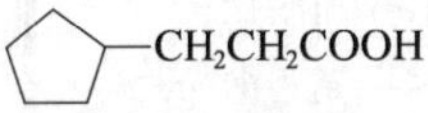　　　　3-环戊基丙酸

命名脂肪族二元羧酸时，则应选择包含两个羧基的最长碳链作主链，称为某二酸。例如：

COOH
|
COOH
乙二酸（草酸）

HOOC—CH$_2$—COOH
丙二酸（胡萝卜酸）

CHCOOH
‖
CHCOOH
顺丁烯二酸（马来酸）

HOOC—CH
‖
HC—COOH
反丁烯二酸（富马酸）

CH$_2$=CH—COOH
丙烯酸

CH$_3$—CH=CH—COOH
2-丁烯酸（巴豆酸）

芳香族二元羧酸则须注明两个羧基的位置。

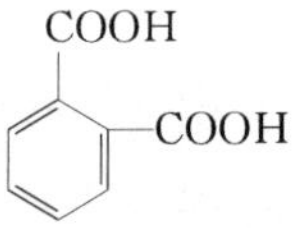

1,2-苯二甲酸
（邻苯二甲酸）

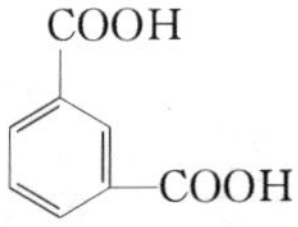

1,3-苯二甲酸
（间苯二甲酸）

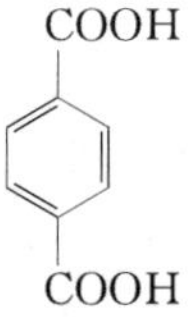

1,4-苯二甲酸
（对苯二甲酸）

3. 性质

（1）物理性质

甲酸、乙酸、丙酸是具有刺激性气味的液体，含4～9个碳原子的羧酸是有腐败恶臭气味的油状液体，含10个碳原子以上的羧酸为无味石蜡状固体。脂肪族二元酸和芳香酸都是结晶形固体。羧酸的沸点比相对分子质量相近的醇要高。这是由于羧酸分子间可以形成两个氢键而缔合成较稳定的二聚体。即使在气态时，羧酸分子也以二聚体的形式存在，所以，羧酸分子间的这种氢键比醇分子中的氢键要更稳定。例如甲酸。

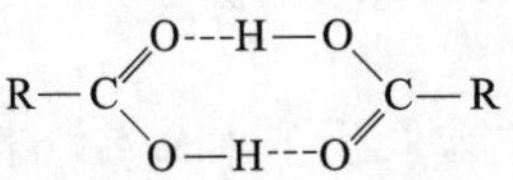

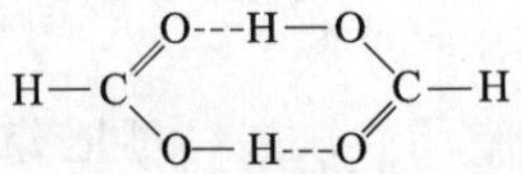

羧酸分子可与水形成氢键，所以低级羧酸能与水混溶，随着分子量的增加，非极性的烃基愈来愈大，使羧酸的溶解度逐渐减小，6个碳原子以上的羧酸则难溶于水而易溶于有机溶剂，芳香族羧酸的水溶性极微。芳香族羧酸一般可以升华，有些能随水蒸气挥发。利用这一特性可以从混合物中分离与提纯芳香酸。

（2）分子结构

羧基（ 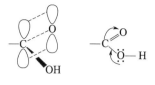 ）是羧酸的官能团。在羧酸分子中，羧基碳原子以 sp^2 杂化轨道与 3 个原子形成 3 个共平面的 σ 键，同时碳原子未杂化的 p 轨道与氧原子的一个与它平行的 p 轨道从侧面形成 π 键，—OH 氧原子上两对孤电子中的一对未共有电子占据的 p 轨道与 C=O 中 π 键的 p 轨道平行并从侧面重叠，形成 p-π 共轭体系。使得羧基碳的正电性减弱，不易发生亲核加成，但使—OH 上的氢酸性增强。如图 5-4 所示。

图 5-4 羧基结构

（3）化学性质及用途

羧酸的性质可从结构上分析，有以下几类：

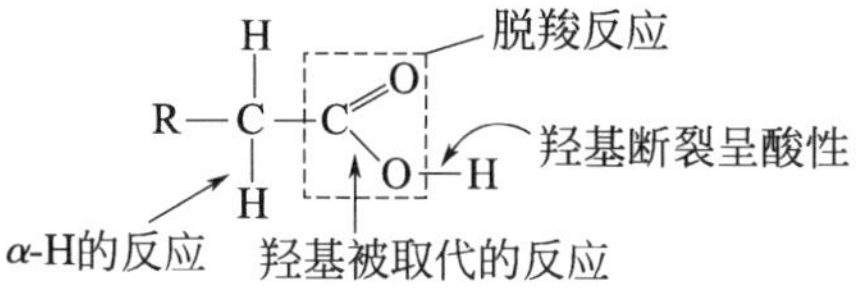

① 酸性与成盐。羧酸具有明显的酸性，在水溶液中能离解出 H^+，并使蓝色石蕊试纸变红。

羧酸是弱酸，酸性比碳酸强，不仅能与氢氧化钠和碳酸钠作用成盐，而且能与碳酸氢钠作用成盐。

$$CH_3COOH + NaHCO_3 \longrightarrow CH_3COONa + H_2O + CO_2 \uparrow$$

羧酸钠具有盐的一般性质，易溶于水，用硫酸或盐酸酸化后羧酸又重新析出。

$$CH_3COONa + HCl \longrightarrow CH_3COOH + NaCl$$

溶于水的羧酸可根据与 Na_2CO_3、$NaHCO_3$ 反应放出 CO_2 的性质加以鉴别，不溶于水的羧酸则可利用其羧酸盐的溶解性加以鉴别。工业上常利用羧酸的酸性和成盐用以分离、精制羧酸。例如，石油工业上用加碱使羧酸成盐而溶于碱层中来分离出石油中的环烷酸。

【例 5-3】 分离苯甲酸、苯酚的混合物。

解

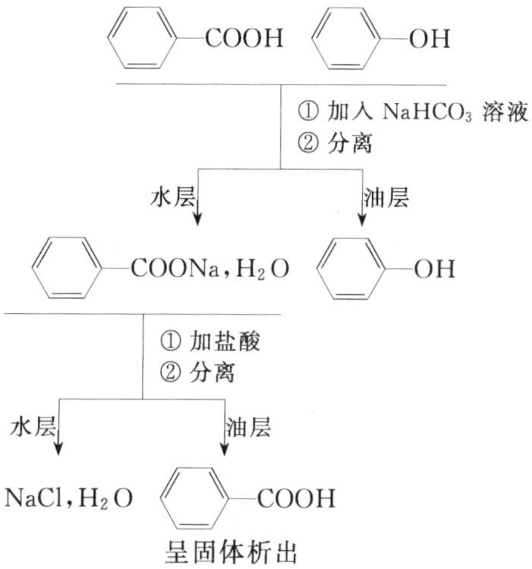

不同结构的羧酸，其酸性强弱不同。羧酸的酸性强弱和羧基上所连基团的性质密切相关。一般来说，羧基与吸电子基团相连时，能降低羧基中羧基氧原子的电子云密度，

从而增加了氢氧键的极性，氢原子易于离解而使其酸性增强。相反，若羧基与供电子基团相连时，酸性减弱。

在羧酸分子中，当与羧基相连的供电子基团越多或距离羧基越近，则酸性越弱。相反，吸电子基团越多或距离羧基越近，则酸性越强。一些常见吸电子基团和供电子基团的强弱顺序如下。

吸电子基团：$-NO_2 > -SO_3H > -CN > -COOH > -F > -Cl > -Br > -I > -OR > -OH > -C_6H_5 > -H$

供电子基团：$(CH_3)_3C- > (CH_3)_2CH- > CH_3CH_2- > -CH_3 > -H$

② 羟基的取代反应——羧酸衍生物的生成反应。在一定条件下，羧酸中的羟基被卤素、氨基、酰氧基和烃氧基取代，分别生成酰卤、酰胺、酸酐和酯，统称为羧酸衍生物。

a. 酰卤的生成。酰卤中最常用的是酰氯，可由羧酸与三氯化磷（PCl_3）、五氯化磷（PCl_5）或亚硫酰氯等试剂来制取。例如：

$$CH_3-\overset{O}{\overset{\|}{C}}-OH + PCl_3 \longrightarrow CH_3-\overset{O}{\overset{\|}{C}}-Cl + H_3PO_3$$

乙酰氯　　　亚磷酸

亚磷酸不易挥发，200℃分解，乙酰氯的沸点为51℃，反应结束后蒸出乙酰氯。此反应用来制备低沸点的酰氯。

$$R-\overset{O}{\overset{\|}{C}}-OH + PCl_5 \longrightarrow R-\overset{O}{\overset{\|}{C}}-Cl + POCl_3 + HCl$$

三氯氧磷

三氯氧磷沸点为107℃，反应结束后先蒸出较低沸点的$POCl_3$。此反应用来制备高沸点的酰氯。

$$R-\overset{O}{\overset{\|}{C}}-OH + SOCl_2 \longrightarrow R-\overset{O}{\overset{\|}{C}}-Cl + SO_2\uparrow + HCl\uparrow$$

用$SOCl_2$作卤化剂时，副产物都是气体，容易提纯，是制备酰氯最常用的试剂。例如：

$$\bigcirc\!\!\!-COOH + SOCl_2 \longrightarrow \bigcirc\!\!\!-COCl + SO_2\uparrow + HCl\uparrow$$

苯甲酰氯

苯甲酰氯的沸点为197℃。苯甲酰氯和乙酰氯都是重要的酰基化试剂。

b. 酸酐的生成。两分子羧酸在加热和脱水剂（乙酸酐或五氧化二磷）作用下，分子间脱水生成酸酐。

$$\begin{array}{c} CH_3-\overset{O}{\overset{\|}{C}}-OH \\ CH_3-\overset{O}{\overset{\|}{C}}-OH \end{array} \xrightarrow[\triangle]{(CH_3CO)_2O} \begin{array}{c} CH_3-\overset{O}{\overset{\|}{C}} \\ CH_3-\overset{O}{\overset{\|}{C}} \end{array}\!\!\!O + CH_3COOH$$

乙酸酐

乙酸酐为无色透明液体，低毒，有腐蚀性，吸湿性较强，其蒸气为催泪毒气。溶于氯仿和乙醚，缓慢地溶于水形成乙酸。相对密度1.080，熔点-73℃，沸点139℃。

乙酸酐是重要的乙酰化试剂，用于制造纤维素乙酸酯；乙酸塑料；不燃性电影胶片；在医药工业中用于制造合霉素、痢特灵、地巴唑、咖啡因和阿司匹林、磺胺药物等；在香料工业中用于生产香豆素、乙酸龙脑酯、葵子麝香、乙酸柏木酯、乙酸松香酯、乙酸苯乙酯、乙酸香叶酯等。

c. 酯的生成。羧酸与醇作用，分子间脱水生成酯和水的反应，叫做酯化反应。

$$R-\overset{\overset{\displaystyle O}{\|}}{C}-OH \ +HOR' \rightleftharpoons R-\overset{\overset{\displaystyle O}{\|}}{C}-OR' \ +H_2O$$

在浓硫酸存在并加热的条件下，乙酸与乙醇发生反应生成乙酸乙酯和水。浓硫酸起催化剂和脱水剂作用。

$$CH_3-\overset{\overset{\displaystyle O}{\|}}{C}-\boxed{OH+H}O-CH_2CH_3 \ \underset{\triangle}{\overset{\text{浓 } H_2SO_4}{\rightleftharpoons}} \ CH_3-\overset{\overset{\displaystyle O}{\|}}{C}-O-CH_2CH_3+H_2O$$

酯化反应是可逆反应，必须在酸的催化及加热下进行，否则反应速率很慢。酯化反应中，使反应物之一过量，或在反应过程中不断除去生成的水，可提高酯的产率。例如，在实验室中采用分水器装置，用过量的乙酸和异戊醇反应制取乙酸异戊酯。

$$CH_3-\overset{\overset{\displaystyle O}{\|}}{C}-\boxed{OH+H}-O-CH_2CH_2CHCH_3 \ \overset{H_2SO_4}{\rightleftharpoons} \ CH_3-\overset{\overset{\displaystyle O}{\|}}{C}-O-CH_2CH_2CHCH_3+H_2O$$
$$\qquad\qquad\qquad\qquad\qquad\quad | \qquad\qquad\qquad\qquad\qquad\qquad\qquad\quad |$$
$$\qquad\qquad\qquad\qquad\qquad\quad CH_3 \qquad\qquad\qquad\qquad\qquad\qquad\qquad\quad CH_3$$

乙酸（过量）　　　　　异戊醇　　　　乙酸异戊酯（不溶于水）　　　水（移去）

d. 酰胺的生成。羧酸与氨作用生成铵盐，干燥的羧酸铵受热脱水后生成酰胺。

$$CH_3-\overset{\overset{\displaystyle O}{\|}}{C}-OH+NH_3 \longrightarrow CH_3-\overset{\overset{\displaystyle O}{\|}}{C}-ONH_4 \ \underset{\triangle}{\overset{-H_2O}{\longrightarrow}} \ CH_3-\overset{\overset{\displaystyle O}{\|}}{C}-NH_2$$
$$\qquad\qquad\qquad\qquad\qquad\qquad\qquad\qquad\qquad\qquad\qquad\qquad\qquad\qquad\quad 乙酰胺$$

乙酰胺为无色透明针状结晶，具有老鼠分泌物般的气味，易潮解，可燃，低毒。熔点81℃，沸点221℃（100kPa）、120℃（0.266kPa），相对密度1.159（20/4℃）。溶于水、乙醇、三氯甲烷、吡啶和甘油，微溶于乙醚。乙酰胺具有高的介电常数，是许多有机物和无机物的优良溶剂，广泛用于各种工业。可用作对水溶解度低的一些物质在水中溶解时的增溶剂，例如纤维工业中用作染料的溶剂和增溶剂，在合成氯霉素等抗生素中用作溶剂。乙酰胺具有微弱的碱性，可作清漆、炸药和化妆品的抗酸剂。乙酰胺具有吸湿性，可作染色的润湿剂；还可作塑料的增塑剂。乙酰胺也是制造药物和杀菌剂的原料。

③ 脱羧反应。在一定条件下，羧酸脱去二氧化碳的反应称为脱羧反应。如羧酸的碱金属盐与碱石灰（NaOH＋CaO）共热，则发生脱羧反应，生成比原料少一个碳原子的烷烃。

$$CH_3COONa+NaOH \overset{\text{热熔}}{\longrightarrow} CH_4\uparrow+Na_2CO_3$$
$$\qquad\qquad\qquad\qquad (99\%)$$

无水醋酸钠和碱石灰混合后热熔生成甲烷，是实验室制取甲烷的方法。高级脂肪酸脱羧时，副反应多，产物复杂，在合成上无使用价值。

一元羧酸的 α-碳原子上连有强吸电子基团时，受热易脱羧。例如：

$$CCl_3COOH \xrightarrow{\triangle} CHCl_3 + CO_2 \uparrow$$

$$\underset{O}{CH_3CCH_2COOH} \xrightarrow{\triangle} \underset{O}{CH_3CCH_3} + CO_2 \uparrow$$

对于二元羧酸，随着两个羧基的相对位置不同，受热后发生的反应和生成的产物也不同。

乙二酸和丙二酸加热则失去 CO_2，发生脱羧反应。

$$\underset{COOH}{\overset{COOH}{|}} \xrightarrow{\triangle} CO_2 \uparrow + HCOOH$$

$$\underset{COOH}{\overset{COOH}{\underset{|}{CH_2}}} \xrightarrow{\triangle} CO_2 \uparrow + CH_3COOH$$

β 位有羰基的化合物都能发生类似于丙二酸的脱羧反应。例如：

$$\underset{O}{CH_3-C-CH_2COOH} \xrightarrow{\triangle} CO_2 \uparrow + \underset{O}{CH_3-C-CH_3}$$

丁二酸及戊二酸加热，则分子内脱水形成环状酸酐。例如：

$$\underset{CH_2-COOH}{\overset{CH_2-COOH}{|}} \xrightarrow{\triangle} \underset{CH_2-C}{\overset{CH_2-C}{|}} \underset{O}{\overset{O}{}} O + H_2O$$

丁二酸酐

$$\xrightarrow{\triangle} + H_2O$$

邻苯二甲酸酐

己二酸、庚二酸在氢氧化钡存在下加热则同时脱水、脱羧而生成环酮。

$$\underset{CH_2-CH_2-COOH}{\overset{CH_2-CH_2-COOH}{\underset{CH_2}{|}}} \xrightarrow[\triangle]{Ba(OH)_2} \underset{CH_2-CH_2}{\overset{CH_2-CH_2}{\underset{CH_2}{|}}} C=O + CO_2 \uparrow + H_2O$$

环己酮

以上事实证明，在有可能形成环状化合物的条件下，总是比较容易形成比较稳定的五元环和六元环。

④ α-H 的卤代反应。受羧基的影响，α-H 有一定的活泼性。

在少量催化剂（红磷、碘或硫）存在下，羧酸的 α-H 可以被氯或溴逐步取代。例如：

$$CH_3COOH \xrightarrow[I_2]{Cl_2} \underset{Cl}{\overset{}{CH_2-COOH}} \xrightarrow[I_2]{Cl_2} \underset{Cl}{\overset{Cl}{CH-COOH}} \xrightarrow[I_2]{Cl_2} \underset{Cl}{\overset{Cl}{Cl-C-COOH}}$$

一氯乙酸　　　　　　　二氯乙酸　　　　　　　三氯乙酸

反应可控制在一元取代或二元取代阶段。

α-卤代酸中的卤素与卤代烃中的卤素性质相似，如在强碱存在下可发生消除反应，还可发生醇解、氨解和氰解等反应，因此可用 α-卤代酸制备 α,β-不饱和酸或其它 α-取代羧酸。

一氯乙酸、三氯乙酸是无色晶体，二氯乙酸是无色液体，三者都是重要的有机化工原料，广泛应用于有机合成和制药工业。如一氯乙酸主要用于染料、医药、农药、树脂以及其它有机合成的中间体。

⑤ 羧基的还原反应。在一般情况下，羧酸很难被还原。实验室中常用强还原剂氢化铝锂（$LiAlH_4$）将羧酸还原成醇。此方法不仅产率高，而且分子中的碳碳双键不受影响。例如：

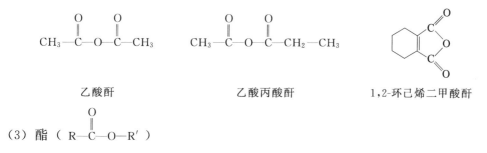

由于 $LiAlH_4$ 价格昂贵，仅限于实验室使用。

三、羧酸衍生物

1. 分类和命名

羧酸衍生物在结构上都含有酰基（ $R{-}\overset{\displaystyle O}{\underset{\displaystyle \|}{C}}{-}$ ），所以又称为酰基化合物。重要的羧酸衍生物有：酰卤、酸酐、酯和酰胺。

（1）酰卤（ $R{-}\overset{O}{\underset{\|}{C}}{-}X$ ）

酰卤是酰基和卤素原子结合形成的化合物。其命名方法是在酰基名称后面加上卤素原子的名称，称为"某酰卤"。

$$CH_3{-}\overset{O}{\underset{\underset{\textstyle Cl}{|}}{C}}\qquad CH_2{=}CH{-}\overset{O}{\underset{\underset{\textstyle Br}{|}}{C}}$$

乙酰氯　　　　　丙烯酰溴　　　　　苯甲酰氯

（2）酸酐（ $R{-}\overset{O}{\underset{\|}{C}}{-}O{-}\overset{O}{\underset{\|}{C}}{-}R'$ ）

酸酐是由羧酸脱水后得到的化合物，命名的方法是在相应羧酸的名称之后加上"酐"字，称为"某酸酐"。

$$CH_3{-}\overset{O}{\underset{\|}{C}}{-}O{-}\overset{O}{\underset{\|}{C}}{-}CH_3 \qquad CH_3{-}\overset{O}{\underset{\|}{C}}{-}O{-}\overset{O}{\underset{\|}{C}}{-}CH_2{-}CH_3$$

乙酸酐　　　　　　　乙酸丙酸酐　　　　　　1,2-环己烯二甲酸酐

（3）酯（ $R{-}\overset{O}{\underset{\|}{C}}{-}O{-}R'$ ）

酯是羧酸和醇（酚）脱水形成的产物，根据形成酯的酸和醇的名称，称为"某酸某酯"。

$$\underset{\text{乙酸烯丙酯}}{CH_3-\overset{\overset{O}{\|}}{C}-O-CH_2CH=CH_2} \qquad \underset{\text{乙酸甲酯}}{CH_3-\overset{\overset{O}{\|}}{C}-O-CH_3} \qquad \underset{\text{丙烯酸甲酯}}{CH_2=CH-\overset{\overset{O}{\|}}{C}-OCH_3}$$

（4）酰胺（ $R-\overset{\overset{O}{\|}}{C}-NH_2$ ）

酰胺是由酰基和氨基（包括取代氨基—NHR，—NR$_2$）结合形成的化合物，其命名方法是在酰基后面加上"胺"字，称为"某酰胺"。

$$\underset{\text{乙酰胺}}{CH_3-\overset{\overset{O}{\|}}{C}-NH_2} \qquad \underset{\text{苯甲酰胺}}{\text{（苯环）}-\overset{\overset{O}{\|}}{C}-NH_2}$$

对于含有取代氨基的酰胺，命名时把氮原子上所连的烃基作为取代基，用"N"表示该取代基的位次。例如：

$$\underset{N\text{-甲基乙酰胺}}{CH_3-\overset{\overset{O}{\|}}{C}-NHCH_3} \qquad \underset{N,N\text{-二甲基乙酰胺}}{CH_3-\overset{\overset{O}{\|}}{C}-N(CH_3)_2}$$

2. 物理性质

低级的酰卤和酸酐都具有强烈的刺激性气味，对眼睛和鼻黏膜有刺激作用，而许多酯却有愉快的香味，且易挥发。酰胺除了甲酰胺外，几乎都是固体。酰卤和低级酸酐遇水分解，高级酸酐和酯不溶于水，酰胺溶解度较大。酰卤、酯和酸酐的熔点比相应羧酸低，而酰胺比相应羧酸高。

3. 化学性质及应用

羧酸衍生物都含有酰基，所以它们的化学性质很相似，能发生许多相似的化学反应。

（1）水解反应

羧酸衍生物都能发生水解反应，生成相应的羧酸。

从反应条件可以看出，羧酸衍生物的水解反应活性顺序是：

酰氯＞酸酐＞酯＞酰胺

其中，酰氯的水解最容易发生，特别是低级酰氯。如乙酰氯与空气接触，立刻吸湿分解，能见到白色雾滴（HCl），酰氯必须密封贮存。

酯在酸催化下的水解，是酯化反应的逆反应。在碱作用下水解时，生成的盐从平衡体系中移走，可使反应进行到底。油脂是高级脂肪酸的甘油酯，将油脂在氢氧化钠作用下水解，得到的高级脂肪酸的钠盐（$C_{12} \sim C_{18}$）就是肥皂。因此，酯在碱溶液中的水解又叫皂化。

$$
\begin{array}{c}
CH_2-O-\overset{\displaystyle O}{\overset{\|}{C}}-R \\
CH-O-\overset{\displaystyle O}{\overset{\|}{C}}-R \quad +3NaOH \xrightarrow{\triangle} \quad \begin{array}{c} CH_2-OH \\ CH-OH \\ CH_2-OH \end{array} \quad + \quad 3R-\overset{\displaystyle O}{\overset{\|}{C}}-ONa \\
CH_2-O-\overset{\displaystyle O}{\overset{\|}{C}}-R
\end{array}
$$

羧酸衍生物常用其水解反应生成不同的水解产物来鉴定。酰卤与 $AgNO_3$ 溶液生成 AgX 沉淀。酸酐加热水解再加 $NaHCO_3$ 有 CO_2 生成。酰胺与 $NaOH$ 溶液加热，有 NH_3 放出，再用湿润的红色石蕊试纸鉴定。

（2）醇解反应

羧酸衍生物与醇（或酚）反应，主要产物是相应的酯。反应活性顺序与水解相同。

$$
\left.\begin{array}{l}
RCOCl \\
(RCO)_2O \\
RCOOR'' \\
RCONH_2
\end{array}\right\} \overset{R'OH}{\underset{醇解}{\longrightarrow}} \xrightarrow{酯交换}
\begin{array}{l}
\longrightarrow RCOOR' + HCl \\
\longrightarrow RCOOR' + RCOOH \\
\longrightarrow RCOOR' + R''OH \\
\longrightarrow RCOOR' + NH_3\uparrow
\end{array}
$$

因为酯的醇解生成另一种酯和醇，这种反应称为酯交换反应。此反应在有机合成中可用于由低沸点醇的酯制备高沸点醇的酯。例如，工业上生成涤纶（的确良）的原料对苯二甲酸二乙二醇酯就是由酯交换反应制得的。

$$
\begin{array}{c}
\underset{COOCH_3}{\overset{COOCH_3}{\bigcirc}} + 2HOCH_2CH_2OH \xrightarrow[\triangle]{H^+} \underset{COOCH_2CH_2OH}{\overset{COOCH_2CH_2OH}{\bigcirc}} + 2CH_3OH
\end{array}
$$

$$
\underset{缩聚}{\Big\downarrow}
$$

$$
\left[\overset{\displaystyle O}{\overset{\|}{C}}-\bigcirc-\overset{\displaystyle O}{\overset{\|}{C}}-OCH_2CH_2O\right]_n + HOCH_2CH_2OH
$$

酯交换反应还可以用廉价的低级醇制备高级醇。例如，用甲醇和白蜡（$C_{25}H_{51}COOC_{26}H_{53}$）制取 $C_{26}H_{53}OH$（蜜蜡醇）。

（3）氨解

除酰胺外，酰氯、酸酐和酯都能与氨作用生成相应的酰胺。这是制取酰胺的重要方法。

$$
\left.\begin{array}{l}
R-\overset{\displaystyle O}{\overset{\|}{C}}-Cl \\
R-\overset{\displaystyle O}{\overset{\|}{C}}-O-\overset{\displaystyle O}{\overset{\|}{C}}-R' + H-NH_2 \\
R-\overset{\displaystyle O}{\overset{\|}{C}}-OR'
\end{array}\right\} \longrightarrow R-\overset{\displaystyle O}{\overset{\|}{C}}-NH_2 + \begin{array}{l} NH_4Cl \\ R-\overset{\displaystyle O}{\overset{\|}{C}}-ONH_4 \\ R'-OH \end{array}
$$

酰胺与过量的胺作用可得到 N-取代酰胺。

$$R-\overset{\underset{\displaystyle O}{\parallel}}{C}-NH_2 + R'NH_2 \longrightarrow R-\overset{\underset{\displaystyle O}{\parallel}}{C}-NHR' + NH_3$$

　　羧酸衍生物的水解、醇解和氨解反应相当于在水、醇、氨分子中引入酰基，因此上述反应都属于酰基化反应。由于酰氯、酸酐的反应活性较强，所以是最常用的酰基化剂。

　　（4）还原反应

　　羧酸衍生物都可被还原剂 LiAlH₄ 还原，酰氯、酸酐和酯还原后生成相应的伯醇，酰胺还原后生成胺。

$$R-\overset{\underset{\displaystyle O}{\parallel}}{C}-L \xrightarrow{LiAlH_4} RCH_2OH（伯醇）\quad (L= -Cl, -OCR, -OR')$$

$$R-\overset{\underset{\displaystyle O}{\parallel}}{C}-NH_2 \xrightarrow{LiAlH_4} RCH_2NH_2 \quad （伯胺）$$

$$R-\overset{\underset{\displaystyle O}{\parallel}}{C}-NHR' \xrightarrow{LiAlH_4} RCH_2NHR' \quad （仲胺）$$

$$R-\overset{\underset{\displaystyle O}{\parallel}}{C}-NR'_2 \xrightarrow{LiAlH_4} RCH_2NR'_2 \quad （叔胺）$$

　　酯的还原应用最为普遍。常采用催化加氢法和缓和的化学还原剂（如醇钠）都能使酯还原成醇。

$$R-\overset{\underset{\displaystyle O}{\parallel}}{C}-OR' \xrightarrow{Na+C_2H_5OH} RCH_2OH+R'OH$$

　　不饱和酯用醇钠还原，不影响分子中的 C＝C 键，而且操作简便，是有机合成中常用的方法。

$$CH_3(CH_2)_7CH=CH(CH_2)_7COOC_4H_9 \xrightarrow[C_4H_9OH]{Na} CH_3(CH_2)_7CH=CH(CH_2)_7CH_2OH+C_4H_9OH$$

油酸丁酯　　　　　　　　　　　　　　　　　　　　　油醇

　　（5）酰胺的特殊反应

　　酰胺除具有以上通性外，因结构中含有 $-\overset{\underset{\displaystyle O}{\parallel}}{C}-NH_2$ 基团，还能表现出一些特殊性质。

　　① 脱水反应。酰胺在 P_2O_5、$SOCl_2$、$(CH_3CO)_2O$ 等脱水剂作用下，可发生分子内脱水生成腈。例如：

$$CH_3-\underset{\underset{\displaystyle CH_3}{|}}{CH}-\overset{\underset{\displaystyle O}{\parallel}}{C}-NH_2 \xrightarrow[\triangle]{P_2O_5} CH_3-\underset{\underset{\displaystyle CH_3}{|}}{CH}-CN+H_2O$$

异丁酰胺　　　　　　　　　　　　　异丁腈

　　异丁腈是有机磷杀虫剂二嗪农的中间体。为无色有恶臭的液体，沸点 107～108℃。难溶于水，易溶于乙醇和乙醚。

② 霍夫曼（Hofmann）降级反应。酰胺与次溴酸钠或次氯酸钠的碱性溶液作用生成少一个碳原子的伯胺，这个反应叫做霍夫曼降级反应。例如：

$$R-\overset{\overset{\displaystyle O}{\|}}{C}-NH_2 + NaOBr \xrightarrow{NaOH} RNH_2 + Na_2CO_3 + NaBr + H_2O$$

2-甲基-3-苯基丙酰胺　　　　　　　　苯异丙胺

苯异丙胺又名苯齐巨林或安非他明。它的硫酸盐为无色粉末，味微苦随后有麻感。由于其对中枢神经有兴奋作用，可用于治疗发作性睡眠、中枢抑制药中毒和精神抑郁症。在安眠药等中毒时可服用本品急救。

【项目 23】　羧酸及其衍生物的性质与鉴定

一、目的要求

1. 学会验证羧酸及衍生物的主要性质。
2. 能进行羧酸及衍生物的鉴定。

二、基本原理

羧酸最典型的化学性质是具有酸性，酸性比碳酸强，故羧酸不仅溶于氢氧化钠溶液，而且也溶于碳酸氢钠溶液。以此作为鉴定羧酸的重要依据。

饱和一元羧酸中，以甲酸酸性最强，而低级饱和二元羧酸的酸性又比一元羧酸强。羧酸能与碱作用成盐，与醇作用成酯。甲酸和草酸还具有较强的还原性，甲酸能发生银镜反应，但不与裴林试剂反应。草酸能被高锰酸钾氧化，此反应用于定量分析。

羧酸衍生物都含有酰基结构，具有相似的化学性质。在一定条件下，都能发生水解、醇解、氨解反应，其活泼性为：酰卤＞酸酐＞酯＞酰胺。

三、试剂与仪器

1. 试剂

（1）甲酸溶液	10mL	（2）乙酸溶液	10mL
（3）草酸	1g	（4）冰乙酸溶液	10mL
（5）苯甲酸	1g	（6）3mol·L^{-1} H_2SO_4溶液	5mL
（7）乙酰氯	5mL	（8）6mol·L^{-1} HCl 溶液	5mL
（9）乙酸乙酯	5mL	（10）乙酸酐	5mL
（11）乙酰胺	1g	（12）浓 H_2SO_4	5mL
（13）无水乙醇	10mL	（14）饱和 Na_2CO_3 溶液	5mL
（15）NaOH（10%，20%）	5mL	（16）（1:1）氨水	5mL
（17）苯胺（新蒸）	5mL	（18）$AgNO_3$溶液（5%，2%）	5mL

（19）刚果红试纸　　　　　　若干

2. 仪器

（1）试管　　　　　　若干　　　　　　（2）镊子　　　　　　1 把

（3）酒精灯　　　　　1 个　　　　　　（4）温度计（100℃）　1 支

（5）烧杯　　　　　300mL×1 个　　　（6）电炉　　　　　　1 个

四、操作步骤

1. 羧酸的性质

（1）酸性试验　　在 3 支试管中，分别加入 5 滴甲酸、5 滴乙酸、0.2g 草酸，各加入 1mL 蒸馏水，振摇使其溶解。然后用洗净的玻璃棒分别蘸取少许酸液，在同一条刚果红试纸上划线。比较各线条颜色和深浅程度，并比较三种酸的酸性强弱。

（2）成盐反应　　取 0.2g 苯甲酸晶体，加入 1mL 蒸馏水，振摇后观察溶解情况。然后滴加几滴 20％NaOH 溶液，振摇后观察有什么变化。再滴加几滴 6 mol·L^{-1} 盐酸溶液，振摇后再观察现象。

（3）成酯反应　　在干燥试管中，加入 1mL 无水乙醇和 1mL 冰乙酸，滴加 3 滴浓 H_2SO_4，摇匀后放入 70～80℃水浴中，加热 10min（也可直接加热，微沸 2～3min）。放置冷却后，再滴加约 3mL 饱和 Na_2CO_3 溶液，中和反应液至出现明显分层，并可闻到特殊香味。

（4）甲酸的还原性（银镜反应）　　准备 3 支洁净试管，在第 1 支试管中加入 1mL 20％ NaOH 溶液，并滴加 5～6 滴甲酸溶液。在第 2 支试管中，加入 1mL（1∶1）氨水，并滴入 5～6 滴 5％AgNO₃溶液。再取第 3 支洁净试管，将上述两种溶液一并倒入其中，并摇匀。若产生沉淀，则补加几滴氨水，直至沉淀完全消失，形成无色透明溶液。然后，将试管放入 90～95℃水浴中，加热 10min，观察银镜的析出。

2. 羧酸衍生物的性质

（1）水解反应

①乙酰氯的水解　　在试管中加入 1mL 蒸馏水，沿管壁慢慢滴加 3 滴乙酰氯，略微振摇试管，乙酰氯与水剧烈作用，并放出热（用手摸试管底部）。待试管冷却后，再滴加 1～2 滴 2％AgNO₃溶液，观察溶液有何变化。

②乙酸酐的水解　　在试管中加入 1mL 水，并滴加 3 滴乙酸酐，由于它不溶于水，呈珠粒状沉于管底。再略微加热试管，这时乙酸酐的珠粒消失，可嗅到何种气味？说明乙酸酐受热发生水解，生成了何种物质。

③酯的水解　　在三支试管中，分别加入 1mL 乙酸乙酯和 1mL 水，然后在第 1 支试管中，再加入 0.5mL 3mol·L^{-1} H_2SO_4，在第 2 支试管中再加入 0.5mL 20％ NaOH，将三支试管同时放入 70～80℃的水浴中，一边振摇，一边观察并比较酯层消失的快慢。

④酰胺的水解

碱性水解：在试管中加入 0.2g 乙酰胺和 2mL 20％NaOH 溶液，小火加热至沸，嗅氨的气味并可在试管口用润湿的试纸检验。

酸性水解：在试管中加入 0.2g 乙酰胺和 2mL 3mol·L^{-1} H_2SO_4 小火加热至沸，闻一闻有无乙酸的气味。冷却后加入 10％NaOH 溶液至碱性，再加热并嗅其气味（或用试纸检验）。

（2）醇解反应

①乙酰氯的醇解　在干燥的试管中加入 1mL 无水乙醇，在冷却与振摇下沿试管壁慢慢滴入 1mL 乙酰氯。反应进行剧烈并放热，待试管冷却后，再慢慢加入约 3mL 饱和 Na_2CO_3 溶液中和至出现明显的分层，并可闻到特殊香味。

②乙酸酐的醇解　在干燥的试管中加入 1mL 无水乙醇和 1mL 乙酸酐，混匀后，再加 3～4 滴浓 H_2SO_4。振摇下在小火上微沸。放置冷却后，慢慢加入约 3mL 饱和 Na_2CO_3 溶液中和至析出酯层，并可闻到特殊香味。

（3）氨解反应

①干燥试管中加入 0.5mL 新蒸苯胺，再滴加 0.5mL 乙酰氯，振摇后，用手摸试管底部有无放热，然后加入 2～3mL 水，观察有无结晶析出。

②在干燥试管中加入 0.5mL 新蒸苯胺，再滴加 0.5mL 乙酸酐，振摇，并用小火加热几分钟，冷却后，加入 2～3mL 水，观察有无结晶析出。

注意事项：　1. 刚果红试纸与弱酸作用呈棕黑色，与中强酸作用呈蓝黑色，与强酸作用呈稳定的蓝色。

2. 甲酸的酸性较强，假使直接加到弱碱性的银氨溶液中，银氨配离子将被破坏，无法析出银镜，故需用碱液中和甲酸。

3. 乙酰氯与醇反应十分剧烈，并有爆破声。滴加时要慢，一滴一滴加入，防止液体从试管内溅出。

五、思考题

1. 在羧酸及其衍生物与乙醇反应中，为什么在加入饱和碳酸钠溶液后，乙酸乙酯才分层浮在液面上？

2. 为什么酯化反应中要加浓硫酸？为什么碱性介质能加速酯的水解反应？

3. 甲酸具有还原性，能发生银镜反应。其它羧酸是否也有此性质？为什么？

4. 根据实验事实，比较各种羧酸衍生物的化学活泼性。

任务五
苯胺及胺、硝基苯及硝基化合物的识用

实例分析

分子中含有 C—N 键的有机化合物都可称为含氮有机化合物，它们可以看作是烃分子中的氢原子被各种含氮原子的官能团取代而生成的化合物。种类很多，有硝基化合物、亚硝基化合物、胺、重氮化合物、偶氮化合物等。这里主要以苯胺和硝基苯为代表来学习胺和硝基化合物。

一、苯胺

苯胺可看作苯分子中的一个氢原子被氨基取代而生成的化合物。化学式 $C_6H_5NH_2$。构

造式为 ，构造简式为 ，是最简单的一级芳香胺。

1. 分子结构

苯环上的碳原子以 sp^2 杂化轨道成键，氮原子上一对未共用电子对具有较多的 p 轨道成分，与芳环上的 π 电子轨道可以部分重叠，发生共轭形成 p-π 共轭体系。氮原子上的电子云密度降低，接受质子的能力减弱，使其碱性比氨弱。

2. 物理性质

苯胺存在于煤油中，无色油状液体。熔点 $-6.3℃$，沸点 184℃，加热至 370℃分解。有特殊气味，有毒，苯胺对血液和神经的毒性非常强烈，可经皮肤吸收或经呼吸道引起中毒。微溶于水，易溶于苯、乙醇、乙醚等有机溶剂。暴露于空气中或日光下变为棕色。工业上苯胺主要由硝基苯还原制得。

苯胺是重要的化工原料，主要用于医药和橡胶硫化促进剂，也是制造树脂和涂料的原料。

3. 化学性质及用途

（1）碱性

苯胺与酸发生中和反应生成盐而溶于水，生成的弱碱盐与强碱作用时，苯胺又重新游离出来。

利用这一性质可分离、提纯和鉴别苯胺。

【例 5-4】　如何分离以下化合物：

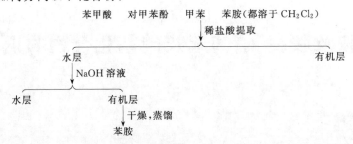

练一练

请用化学方法分离苯胺与硝基苯的混合物。

（2）烷基化反应

苯胺与卤代烷或醇等烷基化试剂作用，氨基上的氢原子被烷基取代。例如，工业上利用苯胺与甲醇在硫酸催化下，加热、加压制取 N-甲基苯胺和 N,N-二甲基苯胺。

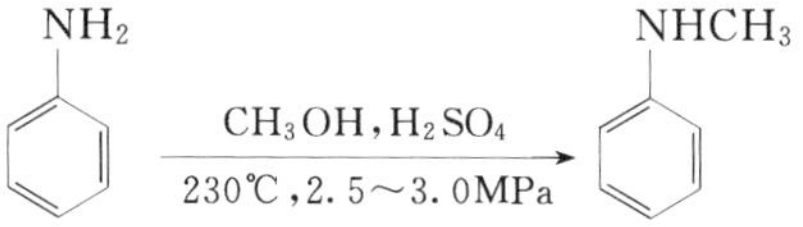

N-甲基苯胺

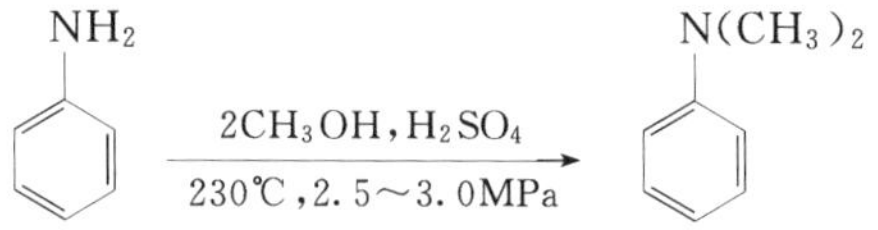

N,N-二甲基苯胺

当苯胺过量时，主要产物是 N-甲基苯胺。如果甲醇过量，则产物主要为 N,N-二甲基苯胺。

N-甲基苯胺为无色液体，沸点 195.5℃，用于提高汽油的辛烷值及有机合成，也可作溶剂。N,N-二甲基苯胺为淡黄色油状液体，沸点 193℃，用于制备偶氮染料和三苯甲烷燃料等。

（3）酰基化反应

苯胺与酰卤、酸酐等酰基化试剂作用，氨基上的氢原子被酰基取代生成胺的酰基衍生物。例如，工业上利用苯胺或 N-甲基苯胺与酸酐反应制得相应的酰胺。

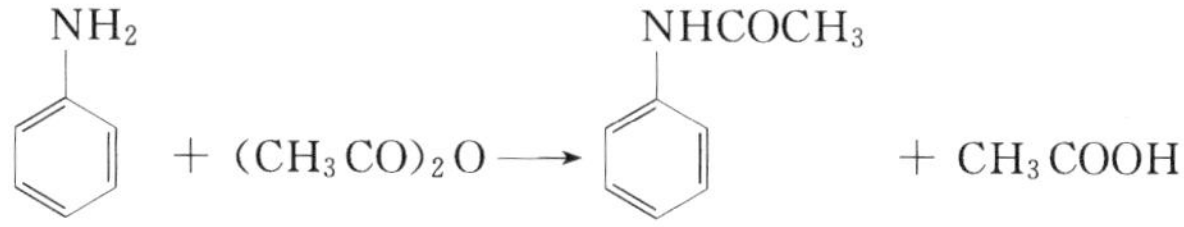

乙酰苯胺

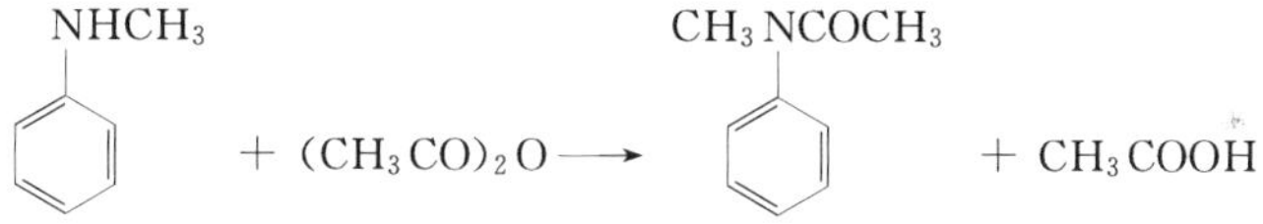

N-甲基乙酰苯胺

乙酰苯胺、N-甲基乙酰苯胺不易被氧化，又容易由苯胺制得，经水解可变为原来的苯胺。其它芳胺也具有这一特性。因此在有机合成中常利用酰基化反应来保护氨基。

例如，由对甲基苯胺合成普鲁卡因的中间体——对氨基苯甲酸时，为防止氨基被氧化，需先将活泼的氨基转变成较稳定的酰胺基，再进行氧化反应。氧化反应结束后，再加稀碱水解使氨基复原。

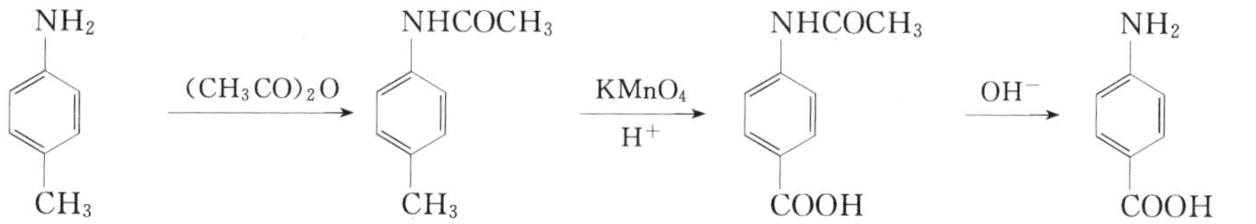

对甲基苯胺　　　　　对甲基乙酰苯胺　　　　对乙酰胺基苯甲酸　　　对氨基苯甲酸

（4）亚硝酸反应

苯胺与亚硝酸在低温及强酸溶液中反应，生成重氮盐。这一反应叫做重氮化反应。在有机合成中具有重要作用。

$$\underset{\text{（重氮苯盐酸盐）}}{\underset{\text{氯化重氮苯}}{}}$$

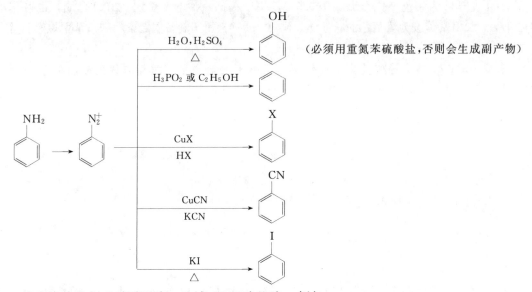

反应式：

苯胺 $+ NaNO_2 + 2HCl \xrightarrow{0\sim5℃}$ 氯化重氮苯（重氮苯盐酸盐）$+ NaCl + H_2O$

苯胺 $+ NaNO_2 + H_2SO_4 \longrightarrow$ 硫酸氢重氮苯（重氮苯硫酸盐）$+ Na_2SO_4 + H_2O$

重氮盐在 $0℃$ 左右的水溶液中可短时间保存，温度升高则分解放出氮气而得到酚。

芳香重氮盐很活泼，可以发生许多反应，在有机合成中非常有用。

$\xrightarrow[\triangle]{H_2O,H_2SO_4}$ OH（必须用重氮苯硫酸盐，否则会生成副产物）

$\xrightarrow{H_3PO_2 \text{ 或 } C_2H_5OH}$

$\xrightarrow[HX]{CuX}$ X

$\xrightarrow[KCN]{CuCN}$ CN

$\xrightarrow[\triangle]{KI}$ I

芳香族仲胺与亚硝酸反应，生成 N-亚硝基胺。例如：

苯胺（NHCH$_3$）$+ HNO_2 \longrightarrow$ N-亚硝基-N-甲基苯胺（CH$_3$N—NO）

N-亚硝基-N-甲基苯胺为致癌物质，是黄色油状液体或固体，与稀盐酸共热则分解成原来的仲胺，因此该反应可用于鉴别、分离和提纯仲胺。

芳香族叔胺与亚硝酸反应，生成对亚硝基胺。

苯胺（N(CH$_3$)$_2$）$+ NaNO_2 + HCl \longrightarrow$ 对亚硝基-N,N-二甲基苯胺 $+ NaCl$

对亚硝基-N,N-二甲基苯胺为绿色晶体，熔点为 $87℃$。用于制造噁嗪染料、噻嗪染料等。

由于不同的胺与亚硝酸的反应现象不同，可用于不同胺的鉴别。

（5）芳环上的取代反应

在芳胺中，氨基直接与苯环相连，由于氨基是很强的邻、对位定位基，可活化苯环，使其邻、对位上的氢原子变得非常活泼，容易被取代。

① 卤代反应。苯胺与溴水反应，立即生成 2,4,6-三溴苯胺白色沉淀。

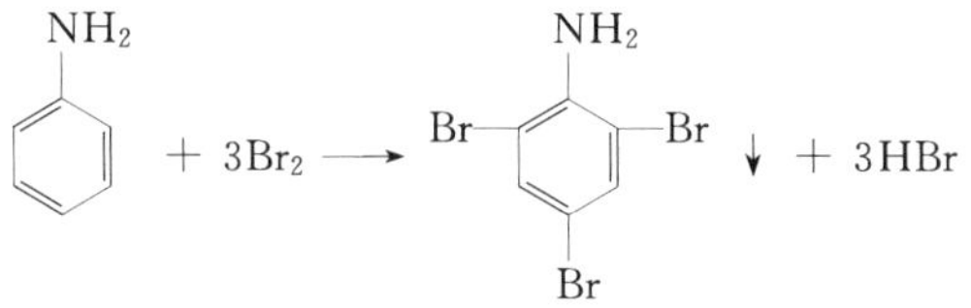

此反应非常灵敏，可用于苯胺的定性和定量分析。

② 硝化反应。苯胺很容易被氧化，而硝酸具有强氧化性，因此苯胺硝化时，常伴有氧化反应发生。为防止苯胺被氧化，通常先发生酰基化反应"保护氨基"，再于不同的溶剂中进行硝化反应，最后将氨基恢复。

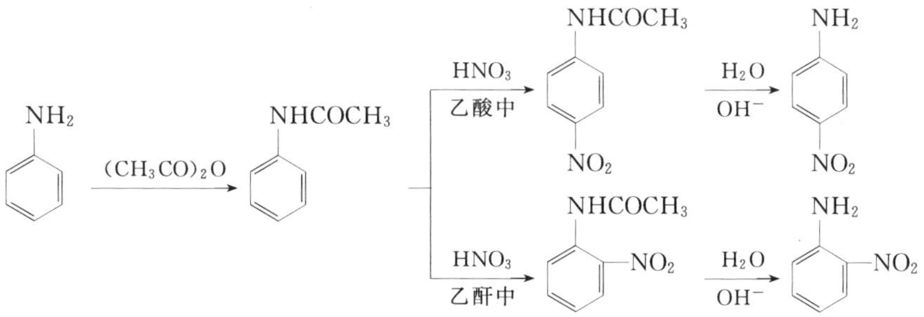

也可将苯胺溶于浓硫酸中，先生成硫酸盐后再硝化，得到间位硝化产物。

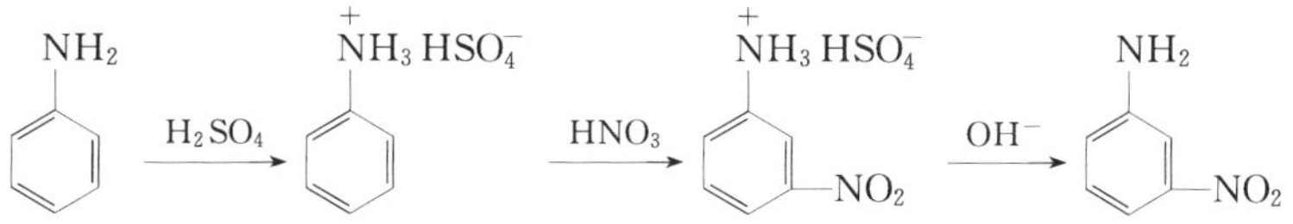

③ 磺化反应。苯胺在常温下与浓硫酸反应，生成苯胺硫酸盐，在加热下失水并重排为对氨基苯磺酸。

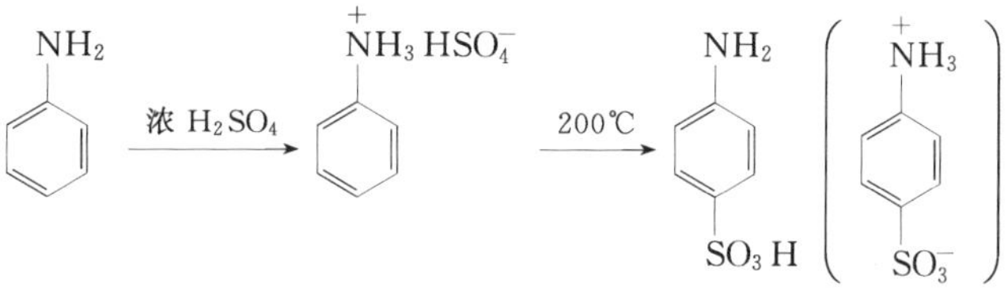

这是工业上生产对氨基苯磺酸的方法。对氨基苯磺酸主要用于制造偶氮染料。其钠盐俗名为敌锈钠，可防止小麦锈病发生。

对氨基苯磺酸分子中既有碱性的氨基，又有酸性的磺酸基，因此可在分子内形成盐。这种由分子自身的酸性基团与碱性基团作用生成的盐称为内盐。

（6）氧化反应

胺很容易发生氧化反应。尤其是芳香族伯胺更容易被氧化。苯胺放置时，因空气氧化而颜色加深。

苯胺的氧化反应很复杂。氧化剂和反应条件不同，产物也不同。例如，苯胺遇漂白粉溶液即呈明显的紫色，可用来检验苯胺。若用重铬酸钠或氯化铁等氧化剂氧化苯胺可得黑色染料——苯胺黑。用二氧化锰及硫酸氧化苯胺，则主要生成对苯醌。

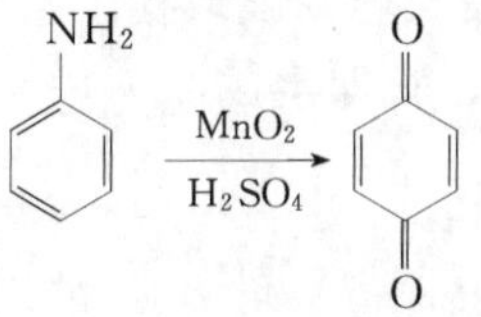

对苯醌为黄色晶体，熔点为 116℃，能升华。用于制备对苯二酚和染料。

二、胺的分类、命名和性质

胺可以看作是氨的烃基衍生物，即氨分子中的一个或几个氢原子被烃基取代后的化合物。

1. 分类

① 根据氨分子氢原子被取代的个数（或氮原子上连接烃基的数目），将胺分成伯胺（1°胺）、仲胺（2°胺）和叔胺（3°胺）。NH_4^+ 的四个氢全被烃基取代所成的化合物叫做季铵碱和季铵盐。

伯胺 $CH_3CH_2NH_2$ 仲胺 $(CH_3CH_2)_2NH$ 叔胺 $(CH_3CH_2)_3N$

应当注意的是：伯、仲、叔胺与伯、仲、叔醇的分级依据不同。胺的分级着眼于氮原子上烃基的数目；醇的分级立足于羟基所连的碳原子的级别。例如，叔丁醇是叔醇而叔丁胺属于伯胺。

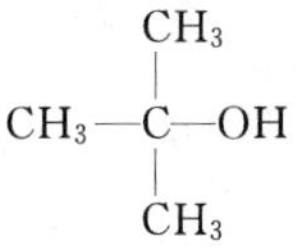

叔丁醇(3°醇) 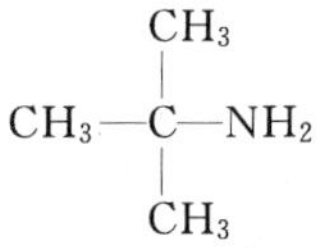   叔丁胺(1°胺)

② 根据氨基所连的烃基不同可分为脂肪胺（$R—NH_2$）和芳（香）胺（$Ar—NH_2$）。

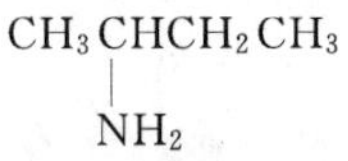

脂肪胺 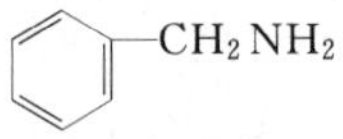   脂肪胺 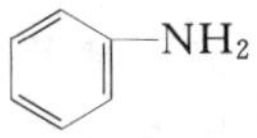   芳胺 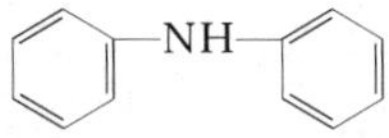   芳胺 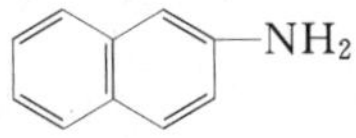   芳胺

③ 根据分子中氨基的数目不同，可分为一元胺、二元胺和多元胺。

$NH_2CH_2CH_2CH_2CH_2NH_2$ $H_2N—\!\!\!\!\!—NH_2$

脂肪族二元胺   芳香族二元胺

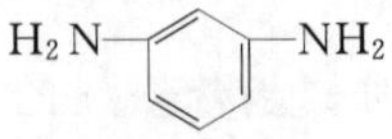

④ 季铵碱和季铵盐。氢氧化铵和氯化铵的四烃基衍生物，称为季铵化合物。

$R_4N^+OH^-$ $R_4N^+Cl^-$
季铵碱   季铵盐

2. 命名

（1）习惯命名法

对于简单的胺，命名时在"胺"字之前加上烃基的名称即可。仲胺和叔胺中，当烃基相同时，在烃基名称之前加词头"二"或"三"。例如：

| CH_3NH_2 | 甲胺 | $(CH_3)_2NH$ | 二甲胺 | $(CH_3)_3N$ | 三甲胺 |
| $C_6H_5NH_2$ | 苯胺 | $(C_6H_5)_2NH$ | 二苯胺 | $(C_6H_5)_3N$ | 三苯胺 |

而仲胺或叔胺分子中烃基不同时，命名时选最复杂的烃基作为母体伯胺，小烃基作为取代基，并在前面冠以"N"，表明它是连在氮原子上。例如：

$CH_3CH_2CH_2N(CH_3)CH_2CH_3$ N-甲基-N-乙基丙胺（或甲乙丙胺）

$C_6H_5CH(CH_3)NHCH_3$ N-甲基-1-苯基乙胺

$C_6H_5N(CH_3)_2$ N,N-二甲基苯胺

季铵盐和季铵碱，如4个烃基相同时，其命名与卤化铵和氢氧化铵的命名相似，称为卤化四某铵和氢氧化四某铵；若烃基不同时，烃基名称由小到大依次排列。例如：

$(CH_3)_4N^+Cl^-$ 氯化四甲铵

$(CH_3)_4N^+OH^-$ 氢氧化四甲铵

$[HOCH_2CH_2N^+(CH_3)_3]OH^-$ 氢氧化三甲基-2-羟乙基铵（胆碱）

$[C_6H_5CH_2N^+(CH_3)_2C_{12}H_{25}]Br^-$ 溴化二甲基十二烷基苄基铵（新洁尔灭）

（2）系统命名法

以烃为母体，氨基及取代氨基作为取代基，命名规则与烷烃相似。

$$CH_3CH_2\underset{\underset{NH_2}{|}}{C}HCH_2\underset{\underset{CH_3}{|}}{C}HCH_2CH_3$$

3-甲基-5-氨基庚烷

$$CH_3CH_2\underset{\underset{(H_3C)_2N}{|}}{C}HCH_2\underset{\underset{CH_3}{|}}{C}HCH_3$$

2-甲基-4-二甲氨基己烷

3. 性质

低级脂肪胺，如甲胺、二甲胺和三甲胺等，在常温下是气体，丙胺以上是液体，十二胺以上为固体。芳香胺是无色高沸点的液体或低熔点的固体，并有毒性。同分异构体的伯、仲、叔胺，其沸点依次降低。这是因伯、仲胺分子之间可形成氢键，叔胺则不能。例如丙胺、甲乙胺和三甲胺的沸点分别为 48.7℃、36.5℃ 和 2.5℃。低级的伯、仲、叔胺都有较好的水溶性。因为它们都能与水形成氢键。随着分子量的增加，其水溶性迅速减小。

胺的主要化学性质与苯胺相似。

三、硝基苯

硝基苯是硝基（—NO_2）和苯环直接相连的硝基化合物，构造简式为 。

1. 物理性质

硝基苯为淡黄色油状液体，沸点 210℃。不溶于水，可溶于苯、乙醇和乙醚等有机溶

剂，相对密度为 1.203，具有苦杏仁味。有毒，是重要的化工原料，主要用于制造苯胺、联苯胺、偶氮苯、染料等。

2. 化学性质及用途

化学性质比较稳定，其化学反应主要发生在官能团硝基以及被硝基钝化的苯环上。

（1）硝基上的还原反应

硝基苯在不同的还原条件下得到不同的还原产物。例如，在酸性介质中以铁粉还原，生成苯胺；在中性条件下以锌粉还原得到氢化偶氮化合物；在碱性条件中以锌粉还原得到联苯胺。

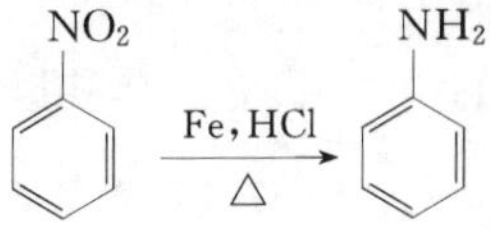

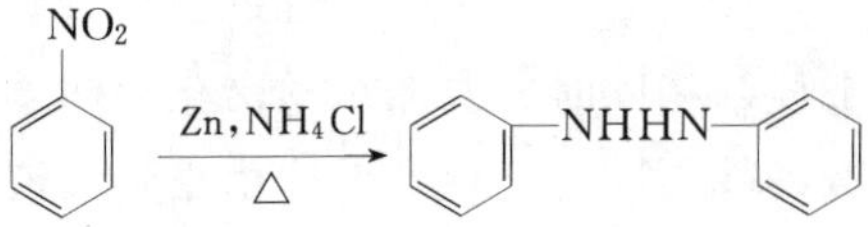

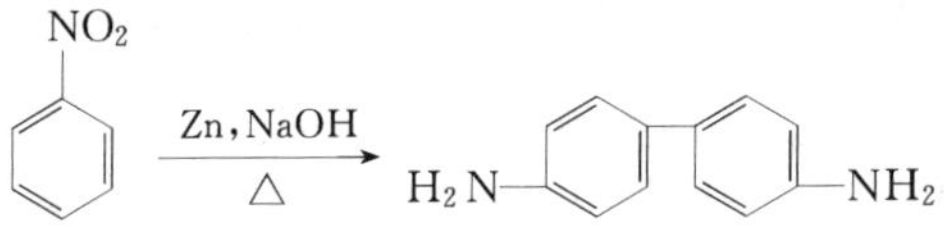

在一定的温度和压力下，硝基还可发生催化加氢反应，还原为氨基。

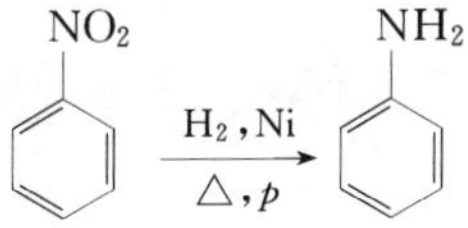

由于催化加氢法在产品质量和收率等方面均优于化学还原法，因此是目前生产苯胺的常用方法。

（2）苯环上的取代反应

硝基是间位定位基，可使苯环钝化。硝基苯的环上取代反应主要发生在间位而且比较难于进行。

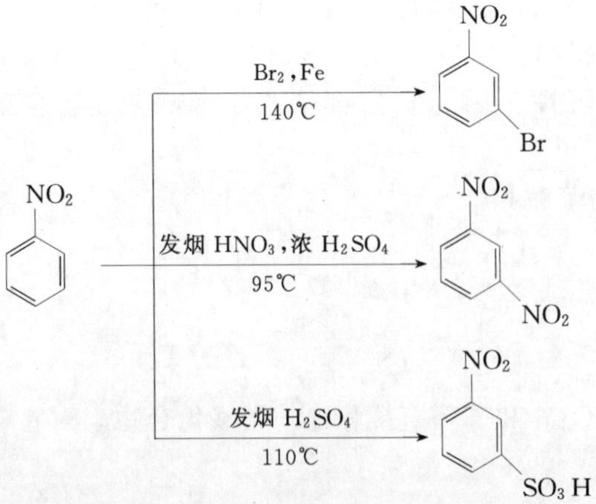

由于硝基对苯环的强烈钝化作用，硝基苯不能发生烷基化和酰基化反应。

四、硝基化合物分类、命名和性质

1. 分类

硝基（—NO₂）取代烃分子中的氢原子所形成的化合物称为硝基化合物，硝基是官能团。

（1）按烃基的不同分类

脂肪族硝基化合物（R—NO₂），例如，硝基甲烷（CH_3NO_2）、硝基乙烷（$CH_3CH_2NO_2$）。

芳香族硝基化合物（Ar—NO₂），例如，硝基苯（$C_6H_5NO_2$）。

（2）根据硝基所连的碳原子不同分类

伯硝基化合物，例如，硝基乙烷（$CH_3CH_2NO_2$）。

仲硝基化合物，例如，2-硝基丙烷[$CH_3CH(NO_2)CH_3$]。

叔硝基化合物，例如，2-甲基-2-硝基丙烷（ $CH_3 \!-\! \underset{\underset{CH_3}{|}}{\overset{\overset{CH_3}{|}}{C}} \!-\! NO_2$ ）。

（3）根据硝基的个数不同分类

一元硝基化合物，例如，硝基乙烷（$CH_3CH_2NO_2$）。

多元硝基化合物，例如，二硝基乙烷（$NO_2CH_2CH_2NO_2$）。

2. 命名

命名硝基化合物时以烃为母体，硝基作为取代基，其命名与卤代烃相似。例如：

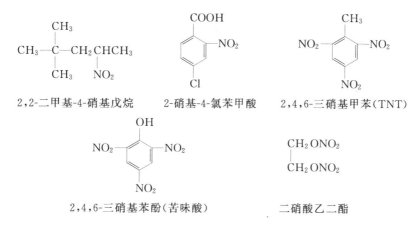

2,2-二甲基-4-硝基戊烷　　2-硝基-4-氯苯甲酸　　2,4,6-三硝基甲苯(TNT)

2,4,6-三硝基苯酚(苦味酸)　　　　二硝酸乙二酯

3. 物理性质

脂肪族硝基化合物多数是油状液体，芳香族硝基化合物除了硝基苯是高沸点液体外，其余多是淡黄色固体，有苦杏仁气味，味苦。多硝基化合物为黄色晶体，具有爆炸性，可用作炸药。

硝基化合物由于具有较高的极性，分子间吸引力大，因此，其沸点比相应的卤代烃高。

硝基化合物的相对密度均大于 1，比水重，不溶于水，易溶于有机溶剂和浓硫酸。有毒。其蒸气能透过皮肤被机体吸收而中毒。有的硝基化合物具有麝香香味，可用作香料。

4. 硝基对苯环上其它基团的影响

硝基不仅钝化苯环，使苯环上的取代反应难于进行，而且对苯环上其它取代基的性质也会产生显著影响。

（1）使卤素原子活化

在通常情况下，氯苯很难发生水解反应。例如，氯苯的水解需要在高温、高压、有催化剂存在下，与强碱作用才能发生。

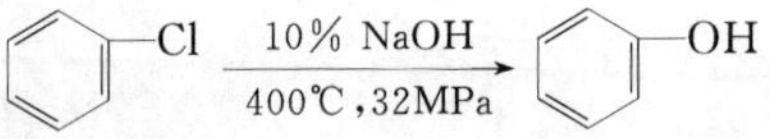

但当其邻位或对位上有硝基时，由于硝基具有较强的吸电子作用，使得与氯原子直接相连的碳原子电子云密度降低，从而带有部分正电荷，有利于负电性试剂 OH⁻ 的进攻，因此，水解反应变得容易发生。硝基越多，反应越容易进行。而硝基氯苯的水解反应条件则大大缓和，在常压和较低温度下，用较弱的碱溶液就可发生。

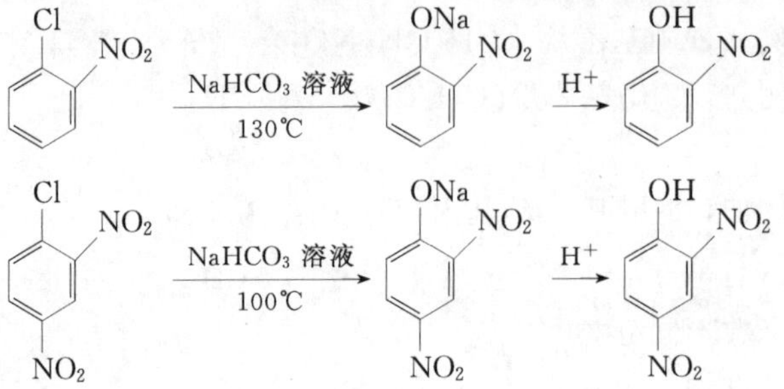

此反应可用于制备硝基苯酚。2,4-二硝基苯酚为黄色晶体，熔点 112～115℃，是合成染料、苦味酸和显像剂的原料。

（2）使酚的酸性增强

当酚羟基的邻位或对位上有硝基时，由于硝基的吸电子作用，使酚羟基氧原子上的电子云密度大大降低，对氢原子的吸引力减弱，容易变成质子离去，因而使酚的酸性增强。硝基越多，酸性越强。

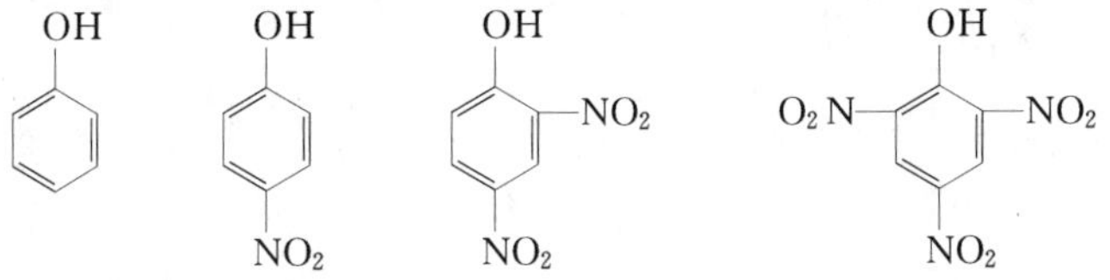

| pK_a | 9.89 | 7.15 | 4.09 | 0.38 |

其中，2,4-二硝基苯酚的酸性与甲酸接近，2,4,6-三硝基苯酚的酸性与强无机酸接近，能使刚果红试纸由红色变成蓝紫色，可用于鉴别。

其它主要化学性质与硝基苯相似。

任务六
有机化合物的分离与提纯

实例分析

有机化合物的分离是利用混合物各成分的密度不同、熔沸点不同、对溶剂溶解性的不同等，通过过滤、萃取、蒸馏（分馏）等方法将各成分一一分离。

有机化合物的提纯是利用被提纯物质的性质（包括物理性质和化学性质）不同，采用物理方法和化学方法除去物质中的杂质，从而得到纯净的物质。

有机化合物的分离与提纯方法一般有萃取、蒸馏、分馏和重结晶等。提纯固体有机物常采用重结晶法，提纯液体有机物常采用蒸馏操作，也可以利用有机物与杂质在某种溶剂中溶解性的差异，采用萃取方法来提纯。

一、萃取

萃取是物质从一相向另一相转移的操作过程。它是有机化学实验中用来分离或纯化有机化合物的基本操作之一。应用萃取可以从固体或液体混合物中提取出所需的物质，也可以用来洗去混合物中的少量杂质。通常称前者为"萃取"（或"抽提"），后者称为"洗涤"。

随着被提取物质状态的不同，萃取分为两种：一种是用溶剂从液体混合物中提取物质，称为液-液萃取；另一种是用溶剂从固体混合物中提取物质，称为液-固萃取。

1. 液-液萃取

如果在两种互不相溶的液体混合物（α 相及 β 相）中，加入一种既溶于 α 相又溶于 β 相的组分，在一定温度下达到平衡时，溶质 B 在两液层中浓度之比为一常数，这种规律称为分配定律。数学表达式为：

$$\frac{c_\alpha(B)}{c_\beta(B)} = K$$

式中　$c_\alpha(B)$，$c_\beta(B)$ ——溶质 B 在 α 相，β 相中的浓度；

K——分配系数，它与平衡时的温度及溶质、溶剂的性质有关。

例如，在水和苯互不相溶的液体混合物中，加入能同时溶于水和苯的 $HgBr_2$。在一定温度下，当溶解达到平衡时，$HgBr_2$ 在两液层中的浓度之比为一常数。如果保持温度不变，再增加 $HgBr_2$，则在水层和苯中 $HgBr_2$ 都会增加，但比值不变。若增加其中一种液体（例如苯）的量，则因苯的加入使苯层中 $HgBr_2$ 浓度变小，破坏了平衡，从而引起水层中一部分 $HgBr_2$ 向苯层转移，当达到新的平衡时，两液层的平衡浓度之比仍为常数。

经验表明，溶液越稀，分配定律越符合实际。分配定律的适用条件：两种共存的溶剂互不相溶，且能分别与溶质形成溶液；溶质在两相中分子存在形态相同。

如果经过多次萃取就可使该物质从水中有效地分离出来。

设原溶液的体积为 V_1(mL)，含溶质 m_0(g)，如果每次用 V_2(mL) 溶剂萃取 n 次，最后在残液内剩余的溶质的量为 m_n(g)，这时

$$m_n = m_0 \left(\frac{KV_1}{KV_1 + V_2} \right)^n$$

一般从水溶液中萃取有机物时，选择合适萃取溶剂的原则是：要求溶剂在水中溶解度很小或几乎不溶；被萃取物在溶剂中要比在水中溶解度大；溶剂与水和被萃取物都不反应；萃取后溶剂易于和溶质分离开，因此最好用低沸点溶剂，萃取后溶剂可用常压蒸馏回收。此外，价格便宜、操作方便、毒性小、不易着火也应考虑。

经常使用的溶剂有：乙醚、苯、四氯化碳、氯仿、石油醚、二氯甲烷、二氯乙烷、正丁醇、醋酸酯等。一般水溶性较小的物质可用石油醚萃取；水溶性较大的可用苯或乙醚萃取；水溶性极大的用乙酸乙酯萃取。

常用的萃取操作包括：

① 用有机溶剂从水溶液中萃取有机物；

② 通过水萃取，从反应混合物中除去酸碱催化剂或无机盐类；

③ 用稀碱或无机酸溶液萃取有机溶剂中的酸或碱，使之与其它有机物分离。

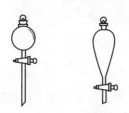

(a) 球形分液漏斗　(b) 锥形分液漏斗

图 5-5　分液漏斗

液-液萃取常用仪器是分液漏斗（见图 5-5）。用普通玻璃制成，有球形、锥形和筒形等多种式样，规格有 50mL、100mL、150mL、250mL 等。球形分液漏斗的颈较长，多用作制气装置中滴加液体的仪器。锥形分液漏斗的颈较短，常用作萃取操作的仪器。

分液漏斗在使用前要将漏斗颈上的旋塞芯取出，涂上凡士林，插入塞槽内转动使油膜均匀透明，且转动自如。然后关闭旋塞，往漏斗内注水，检查旋塞处是否漏水，不漏水的分液漏斗方可使用。漏斗内加入的液体量最多不能超过容积的 3/4。为防止杂质落入漏斗内，应盖上漏斗上口的塞子。分液漏斗不能加热。漏斗用后要洗涤干净。长时间不用的分液漏斗要把旋塞处擦拭干净，塞芯与塞槽之间放一纸条，以防磨砂处粘连。

2. 液-固萃取

从固体混合物中萃取所需要的物质是利用固体物质在溶剂中的溶解度不同来达到分离、提取的目的。通常是用长期浸出法或采用 Soxhlt 提取器（脂肪提取器，图 5-6）来提取物质。前者是用溶剂长期的浸润溶解而将固体物质中所需物质浸出来，然后用过滤或倾泻的方法把萃取液和残留固体分开。这种方法效率不高，时间长，溶剂用量大，实验室不常采用。Soxhlt 提取器是利用溶剂加热回流及虹吸原理，使固体物质每一次都能为纯的溶剂所萃取，因而效率较高并节约溶剂，但对受热易分解或易变色的物质不宜采用。Soxhlt 提取器由三部分构成，上面是冷凝管，中部是带有虹吸管的提取管，下面是烧瓶。萃取前应先将固体物质研细，以增加液体浸溶的面积。然后将固体物质放入滤纸套内，并将其置于中部，内装物不得超过虹吸管，溶剂由上部经中部虹吸加入到烧瓶中。

图 5-6　Soxhlt 提取器

当溶剂沸腾时，蒸气通过通气侧管上升，被冷凝管凝成液体，滴入虹吸管中。当液面超过虹吸管的最高处时，产生虹吸、萃取液自动流入烧瓶中，因而萃取出溶于溶剂的部分物质。再蒸发溶剂，如此循环多次，直到被萃取物质大部分被萃取为止。固体中可溶物质富集于烧瓶中，然后用适当方法将萃取物质从溶液中分离出来。

固体物质还可用热溶剂萃取，特别是有的物质冷时难溶，热时易溶，则必须用热溶剂萃取。一般采用回流装置进行热提取，固体混合物在一段时间内被沸腾的溶剂浸润溶解，从而将所需的有机物提取出来。为了防止有机溶剂的蒸气逸出，常用回流冷凝装置，使蒸气不断地在冷凝管内冷凝，返回烧瓶中。回流的速度应控制在溶剂蒸气上升的高度不超过冷凝管的 1/3 为宜。

二、蒸馏与分馏

1. 基本原理

当液态物质受热时蒸气压增大，待蒸气压与大气压或所给压力相等时液体沸腾，即达到沸点。每种液态有机化合物在一定的压力下均有固定的沸点。

分馏与蒸馏，基本原理是一样的，即利用有机物质的沸点不同，在蒸馏过程中低沸点的组分先蒸出，高沸点的组分后蒸出，从而达到分离提纯的目的。

蒸馏是将液态物质加热到沸腾变为蒸气，又将蒸气冷凝为液体的联合操作过程。用蒸馏方法分离混合组分时要求被分离组分的沸点差在 30℃ 以上。蒸馏是分离和提纯液态有机物常用方法之一。

分馏在装置上比蒸馏多了一个分馏柱。在分馏柱内，当上升的蒸气与下降的冷凝液互凝相接触时，上升的蒸气部分冷凝放出热量使下降的冷凝液部分汽化，两者之间发生了热量交换，其结果：上升蒸气中易挥发组分增加，而下降的冷凝液中高沸点组分（难挥发组分）增加，如此多次，就等于进行了多次的汽-液平衡，即达到了多次蒸馏的效果。结果是在接近分馏柱顶部易挥发物质的组分比率高，而在蒸馏烧瓶里高沸点组分（难挥发组分）的比率高。也就是说在分馏柱内反复进行汽化-冷凝-回流过程，能把沸点相近的互溶液体混合物（甚至沸点仅相差 1～2℃）得到分离和纯化。

2. 蒸馏与分馏实验装置

蒸馏与分馏实验装置见图 5-7。

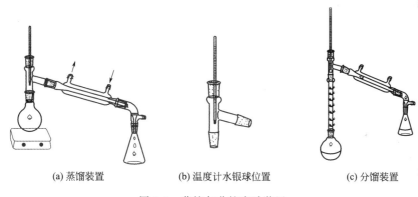

(a) 蒸馏装置　　　　(b) 温度计水银球位置　　　　(c) 分馏装置

图 5-7　蒸馏与分馏实验装置

三、水蒸气蒸馏

水蒸气蒸馏也是分离提纯液体有机化合物的一种方法。它是将水蒸气通入不溶或难溶于水、有一定挥发性的有机物中，使该有机物随水蒸气一起蒸馏出来的操作过程。水蒸气蒸馏法特别适用于分离那些在其沸点附近易分解的物质；也适用于从难挥发物质或不需要的树脂状物质中分离出所需的组分。使用水蒸气蒸馏法可方便和有效地从植物的叶子中提取出植物精油。

使用水蒸气蒸馏，被提纯化合物应具备以下特点：

① 不溶或难溶于水，如溶于水则蒸气压显著下降，例如，丁酸比甲酸在水中的溶解度小，所以丁酸比甲酸易被水蒸气蒸馏出来，虽然纯甲酸的沸点（101℃）较丁酸的沸点（162℃）低得多；

② 在沸腾下与水不起化学反应；

③ 在 100℃ 左右，该化合物应具有一定的蒸气压（一般不小于 13.33kPa）。

1. 基本原理

当水和不（或难）溶于水的化合物一起存在时，根据道尔顿分压定律，整个体系的蒸气压力应为各组分蒸气压之和，即 $p = p_A + p_B$，其中 p 为总的蒸气压，p_A 为水的蒸气压，p_B 为不溶于水的化合物的蒸气压。当混合物中各组分的蒸气压总和等于外界大气压时，混合物开始沸腾。这时的温度即为它们的沸点。所以混合物的沸点比其中任何一组分的沸点都要低些。因此，常压下应用水蒸气蒸馏，能在低于 100℃ 的情况下将高沸点组分与水一起蒸出来。蒸馏时混合物的沸点保持不变，直到其中一组分几乎全部蒸出（因为总的蒸气压与混合物中二者相对量无关）。混合物蒸气压中各气体分压之比（p_A，p_B）等于它们的摩尔比。即

$$\frac{p_A}{p_B} = \frac{n_A}{n_B}$$

式中　n_A——蒸汽中含有 A 的物质的量；

　　　n_B——蒸汽中含有 B 的物质的量。

而

$$n_A = \frac{m_A}{M_A} \qquad n_B = \frac{m_B}{M_B}$$

式中　m_A，m_B——A，B 在容器中蒸汽的质量；

　　　M_A，M_B——A，B 的摩尔质量。因此

$$\frac{m_A}{m_B} = \frac{n_A M_A}{n_B M_B} = \frac{p_A M_A}{p_B M_B}$$

两种物质在馏出液中相对质量（也就是在蒸汽中的相对质量）与它们的蒸气压和摩尔质量成正比。以溴苯为例，溴苯的沸点为 156.12℃，常压下与水形成混合物于 95.5℃ 时沸腾，此时水的蒸气压力为 86.1kPa，溴苯的蒸气压为 15.2kPa。馏出液中二物质之比为：

$$\frac{m_{水}}{m_{溴苯}} = \frac{p_{水}}{p_{溴苯}} \frac{M_{水}}{M_{溴苯}} = \frac{86.1 \times 18}{15.2 \times 157} = \frac{10}{15.4}$$

就是说馏出液中有水 10g，溴苯 15.4g；溴苯占馏出物为 15.4/(10+15.4)＝60.6%。

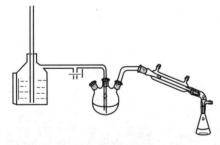

这是理论值，实际蒸出的水量要多一些，因为上述关系式只适用于不溶于水的化合物，但在水中完全不溶的化合物是没有的，所以这种计算只是个近似值。

在实际操作中，过热蒸汽还应用在 100℃ 时仅具有 0.133~0.666kPa 蒸气压的化合物。例如，在分离苯酚的硝化产物中，邻硝基苯酚可用水蒸气蒸馏出来，在蒸馏完邻位异构体以后，再提高蒸汽温度也可以蒸馏出对位产物。

图 5-8　水蒸气蒸馏实验装置

2. 水蒸气蒸馏实验装置

装置包括蒸馏、水蒸气发生器、冷凝和接收器四个部分（见图 5-8）。

四、重结晶

重结晶是利用混合物中多组分在某种溶剂中的溶解度不同，或在同一溶剂中不同温度时的溶解度不同，而使它们相互分离的方法，它是提纯固体有机物常用方法之一。

1. 基本原理

固体有机物在溶剂中的溶解度一般随温度升高而增大。利用溶剂对被提纯物质及杂质的

溶解度不同，把固体溶解在热的溶剂中达到饱和，冷却时由于溶解度降低而变成过饱和，使被提纯物质从过饱和溶液中析出，从而达到提纯目的。

重结晶只适宜杂质含量在5％以下的固体有机混合物的提纯。从反应粗产物直接重结晶是不适宜的，必须先采取其它方法初步提纯，然后再重结晶提纯。

2. 溶剂的选择

正确地选择溶剂对重结晶操作很重要。选择溶剂条件：不与重结晶的物质发生化学反应；高温时重结晶物质在溶剂中的溶解度较大，低温时则反之；杂质的溶解度或是很大或是很小，容易和重结晶物质分离。常用溶剂及其沸点见表5-2。

表 5-2 常用溶剂及其沸点

溶剂	沸点/℃	溶剂	沸点/℃	溶剂	沸点/℃
水	100	乙酸乙酯	77	氯仿	61.7
甲醇	65	冰醋酸	118	四氯化碳	76.5
乙酸	78	二硫化碳	46.5	苯	80
乙醚	34.5	丙酮	56	粗汽油	90～150

五、升华

当加热时，物质自固态不经过液态而直接汽化为蒸气，蒸气冷却又直接凝固为固态物质，这个过程称为升华。

图5-9为常用的升华装置示意图。其中（a）、（b）为常压升华装置；（c）为减压升华装置。

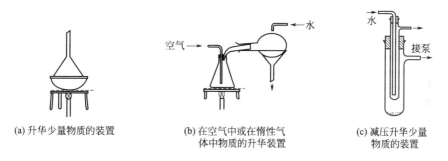

(a) 升华少量物质的装置　　　(b) 在空气中或在惰性气体中物质的升华装置　　　(c) 减压升华少量物质的装置

图 5-9 升华装置示意图

升华是纯化固体物质的另外一种方法，特别适用于纯化在熔点温度以下蒸气压较高（高于2.7kPa）的固体物质，利用升华可除去不挥发性杂质或分离不同挥发度的固体混合物。升华的产品具有较高的纯度，但操作时间长、损失较大，因此在实验室里一般用于较少量（1～2g）化合物的提纯。

与液体相同，固体物质亦有一定的蒸气压，并随温度而变。一个固体物质在熔点温度以下具有足够大的蒸气压，则可用升华方法来提纯。显然，欲纯化物中杂质的蒸气压必须很低，分离的效果才好。但在常压下具有适宜升华蒸气压的有机物不多，常常需要减压以增加固体的汽化速率，即采用减压升华。这与对高沸点液体进行减压蒸馏是同一道理。

如果是少量物质的升华，一般是把待升华的物质放入蒸发皿中，用一张穿有若干小孔的圆滤纸把锥形漏斗的口包起来，把此漏斗倒盖在蒸发皿上，漏斗颈部塞一团棉花。加热蒸发皿，逐渐地升高温度，使待升华的物质汽化。蒸气通过滤纸孔，遇到漏斗的内壁冷凝为晶体，附在漏斗的内壁和滤纸上。在滤纸上穿小孔可防止升华后形成的晶体落回到下面的蒸发皿中。

较大量物质的升华，可在烧杯中进行。烧杯上放置一个通冷水的烧瓶，使蒸气在烧瓶底部凝结成晶体并附在瓶底上。升华前，必须把待升华的物质充分干燥。

【项目 24】　重结晶法提纯苯甲酸

一、目的要求

1. 能正确利用重结晶法提纯固体有机物。
2. 会进行溶解、加热、热过滤与减压过滤等基本操作。

二、基本原理

苯甲酸（ $\bigcirc$ —COOH ）俗称安息香酸，无色片状结晶，粗品因含杂质而呈微黄色。熔点：122.13℃。沸点：249℃。$\rho = 1.2659$（15℃/4℃）。微溶于水，溶于乙醇、乙醚、氯仿、苯、二硫化碳、四氯化碳和松节油。在 100℃ 时迅速升华，能随水蒸气同时挥发。苯甲酸常以游离酸、酯的形式存在。在香精油中以甲酯形式存在。在食品添加剂中，苯甲酸与苯甲酸钠属于常用的酸性环境防腐剂。其衍生物对羟基苯甲酸异丁酯、对羟基苯甲酸丁酯、对羟基苯甲酸异丙酯、对羟基苯甲酸丙酯、对羟基苯甲酸乙酯等均为非离解性防腐剂。

苯甲酸在水中的溶解度随温度变化差异较大（如 18℃ 时为 0.27g，100℃ 时为 5.7g）。将苯甲酸粗品溶于沸水中并加活性炭脱色，不溶性杂质与活性炭在热过滤时除去，可溶性杂质在冷却后，苯甲酸析出结晶时留在母液中，从而达到提纯目的。

如果在重结晶时加入的溶剂量过多，则溶解在溶剂中的苯甲酸量也会增加，而使析出的产物量减少，但对于提高苯甲酸的纯度是有利的。

如果在重结晶时加入的溶剂量明显不足，则会造成部分可溶性杂质不能溶解于溶剂而被除去，使析出的产物中夹带杂质，色泽加重，质量明显下降，但苯甲酸的产量会有所增加。

如果在重结晶时，迅速放入冰水浴中，则会加速析晶，使晶形细小，夹有大量杂质，产物纯度下降。

重结晶的一般步骤：高温溶解、趁热过滤、低温结晶。装置见图 5-10。

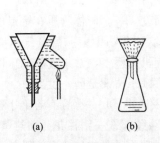

图 5-10　热滤（a）及减压过滤（b）装置

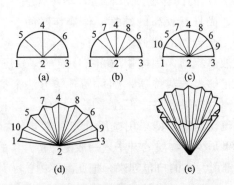

图 5-11　菊花滤纸的折叠方法

三、试剂与仪器

1. 试剂

（1）苯甲酸　　3g　　　（2）活性炭　　0.2g

2. 仪器

（1）烧杯	150mL×2	（2）表面皿	9cm×1
（3）量筒	100mL×1	（4）保温漏斗	1支
（5）玻璃棒	1支	（6）短颈玻璃漏斗	1支
（7）减压过滤装置	1套	（8）托盘天平	1台
（9）铁架台	1套	（10）酒精灯	1个
（11）石棉网	1块	（12）三脚铁架	1只

四、操作步骤

1. 热溶解

在托盘天平上称取 3g 粗苯甲酸置于 150mL 烧杯中，加入 60mL 水和几粒沸石，在石棉网上加热至沸，并用玻璃棒搅动，使固体物质溶解。这里若尚有未溶解的固体，可继续加入少量的热水，直至全部溶解为止。

2. 脱色

移去火源，稍冷后加入少许活性炭稍加搅拌后继续加热至微沸 5～10min。

3. 热过滤

将保温漏斗固定在铁架台上，夹套中充注热水，并在侧管处用酒精灯加热。将短颈玻璃漏斗置于已准备妥当的保温漏斗内，同时在短颈玻璃漏斗中放入折叠好的菊花滤纸（见图 5-11）。待短颈玻璃漏斗和滤纸预热后将上述热溶液倒入漏斗中，滤入150mL 烧杯内，待所有溶液过滤完毕后，再用少量热水洗涤烧杯和滤纸，将滤液合并在一起。

4. 结晶

所得滤液在室温放置、冷却 10min 后，再在冰水浴中冷却 15min，以使结晶完全。

5. 抽滤

待结晶析出完全后，减压过滤，用玻璃塞挤压晶体，尽量将母液抽干。暂时停止抽气，用 10mL 冷水分两次洗涤晶体，并重新压紧抽干。

6. 干燥

将晶体转移至表面皿，摊开呈薄层，自然晾干或于 100℃以下烘干。

7. 称量

干燥后称重，计算收率。

注意事项： ① 不可在沸腾的溶液中加入活性炭。以免引起溶液爆沸与冲料。一定要等溶液稍微冷却后才能加入。

② 在过滤中应保持溶液的温度，为此，应将待过滤的部分继续用小火加热，以防止冷却。

每次倒入漏斗中的液体不要太满，也不要等到溶液全部滤完后再加。

③ 迅速冷却时苯甲酸呈小结晶析出。

慢慢冷却，析出的苯甲酸形成美丽的大薄片状晶体。

五、探究冷却速度对晶体析出的差异

① 用表面皿将盛放滤液的烧杯盖好，稍冷后，用冷水冷却以便结晶完全，然后将滤液析出的结晶重新加热溶解，把滤液分成两份。

② 将一份盛有滤液的烧杯浸在冷水中，加以振荡使溶液迅速冷却，观察苯甲酸结晶析出形状。

③ 把另一份滤液于室温下慢慢冷却，观察苯甲酸结晶析出形状。

六、思考题

1. 重结晶时，为什么要加入稍过量的溶剂？

2. 热过滤时若保温漏斗夹套中的水温不够高会有什么后果？

【项目 25】   粗萘的升华操作

一、目的要求

1. 能正确理解升华的原理和意义。

2. 会进行实验室的升华操作。

二、基本原理

萘为白色片状晶体，熔点 $80℃$，沸点 $218℃$，蒸气压为 $0.13kPa/52.6℃$。当萘被加热时，可不经熔化就直接变成蒸气，蒸气遇冷，重新凝聚成固体。萘具有煤焦油臭味，有灭菌性，常用卫生球即是粗萘。可通过升华进行提纯。

三、试剂与仪器

1. 试剂

粗萘   2g

2. 仪器

(1) 漏斗	1 支	(2) 蒸发皿	1 个
(3) 圆形滤纸	1 张	(4) 脱脂棉	少许
(5) 酒精灯	1 只	(6) 石棉网	1 块
(7) 三脚铁架	1 只	(8) 托盘天平	1 台

四、操作步骤

将 2g 粗萘粉碎后放入蒸发皿中，在漏斗和蒸发皿之间夹一剪成很多孔如黄豆大小的滤纸。并将漏斗颈用脱脂棉疏松地塞住，同时用湿抹布包裹漏斗，以冷却之。注意切不可弄湿滤纸。小心加热，控制浴温低于萘的熔点，使其慢慢升华。升华结束后，冷却，称量，计算回收率。

五、思考题

1. 升华适合哪些物质的提纯？

2. 升华的温度如何控制？

3. 升华操作时，应注意哪些事项？

【项目 26】 碘液的萃取操作

一、目的要求

1. 能正确了解萃取的意义。

2. 会进行萃取操作。

二、基本原理

萃取就是利用化合物在两种互不相溶（或微溶）的溶剂中溶解度或分配系数的不同，使化合物从一种溶剂中转移到另外一种溶剂中。

CCl_4 和 I_2 的水溶液互不相溶，也不发生反应。I_2 在 CCl_4 中的溶解度较大。用 CCl_4 作萃取剂，静置后碘会溶于 CCl_4，溶液显紫色。萃取后碘基本都在四氯化碳中。

I_2 和 CCl_4 沸点不同。I_2 沸点 $184℃$，CCl_4 沸点 $77℃$，沸点相差 $107℃$，可以通过蒸馏的方法把 CCl_4 蒸馏出去，从而与碘分离。

三、试剂与仪器

1. 试剂

（1）碘的水溶液	30mL	（2）四氯化碳	25 mL

2. 仪器

（1）分液漏斗	1 支	（2）锥形瓶	250 mL×1
（3）铁架台	1 套	（4）铁圈	1 只

四、操作步骤

1. 检查分液漏斗

萃取常用的仪器是分液漏斗。使用前应先检查下口活塞和上口塞子是否有漏液现象。若有漏液，则需在活塞处涂少量凡士林，旋转几圈将凡士林涂均匀。在分液漏斗中加入一定量的水，将上口塞子塞好，上下摇动分液漏斗中的水，检查是否漏水。确定不漏水后再使用。

2. 装液

将碘的水溶液 30mL 倒入分液漏斗中，再加入四氯化碳 5～8mL，将塞子塞紧，用右手的拇指和中指拿住分液漏斗，食指压住上口塞子，左手的食指和中指夹住下口管，同时，食指和拇指控制活塞。

3. 振摇

将漏斗平放，前后摇动或做圆周运动，使液体振动起来，两相充分接触［见图 5-12(a)］。在振动过程中应注意不断放气，以免萃取时，内部压力过大，造成漏斗的塞子被顶开，使液体喷出，严重时会引起漏斗爆炸，造成伤人事故。放气时，将漏斗的下口向上倾斜，使液体集中在下

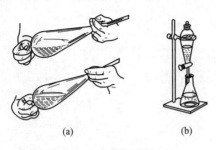

图 5-12　分液漏斗的振摇
和静置分液

面，用控制活塞的拇指和食指打开活塞放气，注意不要对着人，一般振摇两三次就要放一次气。

4. 静置分液

经几次振摇放气后，将漏斗放在铁架台的铁圈上，将塞子上的小槽对准漏斗上的通气孔，静置 2～5min。待液体分层后将下层液体（即有机相）放入一个干燥好的锥形瓶中［见图 5-12（b）］，剩余的部分（水相）再加入四氯化碳 5～8mL 继续萃取，重复以上操作过程 3～5 次，直至萃取完全。

五、思考题

1. 萃取的原理是什么？

2. 使用分液漏斗前必须做好哪些检查？使用分液漏斗时应注意什么？分液漏斗使用后应该怎样处理？

3. 如何判断哪一层是有机物？哪一层是水层？

【项目 27】　工业乙醇的蒸馏

一、目的要求

1. 能正确理解蒸馏提纯液体有机物的原理、用途。
2. 会进行蒸馏的装置安装及操作步骤。
3. 会鉴定液体有机化合物纯度的方法——沸点及折射率的测定。

二、基本原理

液态物质受热沸腾转化为蒸气，蒸气经冷凝又转化为液体，这两个过程的联合操作称为蒸馏。当液态混合物受热时，由于低沸点物质易挥发，首先被蒸出，而高沸点物质因不易挥发或挥发出的少量气体易被冷凝而滞留在蒸馏瓶中，从而使混合物得以分离。蒸馏是纯化和分离液态混合物的一种常用方法。

乙醇又称酒精，无色透明液体，易挥发，沸点为 78.5℃，能与水以任意比例混溶。

乙醇和水形成恒沸化合物（沸点 78.1℃），通过蒸馏，收集 77～79℃ 馏分，可提纯到 95％的乙醇。

在蒸馏过程中，当温度达到液体沸点时，假如在液体中有许多小空气泡或其它的汽化中心时，液体就可平稳地沸腾。如果液体中几乎不存在空气，瓶壁又非常洁净和光滑，形成气泡就非常困难。这样加热时，液体的温度可能上升到超过沸点很多而不沸腾，这种现象称为"过热"，一旦有一个气泡形成，则上升的气泡增大得非常快，甚至将液体冲溢出瓶外，这种不正常沸腾，称为"爆沸"。为了防止过热现象发生，在加热前应加入助沸物以帮助引入汽化中心，保证沸腾平稳。助沸物一般是表面疏松多孔、吸附有空气的物体，如素瓷片、沸石或玻璃沸石等。在实验操作中，切忌将助沸物加至已受热接近沸腾的液体中，否则因突然放出大量蒸气而将液体从蒸馏瓶口喷出造成危险。如果加热前忘记加入助沸物，补加时必须先移去热源，待加热液体冷至沸点以下后方可加入。

三、蒸馏装置

蒸馏装置主要由蒸馏、冷凝和接收三部分组成（见图 5-13）。安装仪器顺序一般为自下
而上、从左到右，要正确端正、横平竖直。无论
从正面或侧面观察，全套仪器装置的轴线都要在
同一平面内。铁架应整齐地置于仪器的后面。将
安装仪器概括为四个字，即稳、妥、端、正。

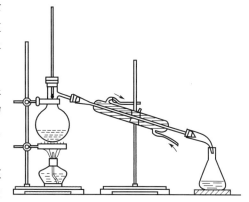

（1）选择蒸馏瓶。安装仪器之前，首先要根
据蒸馏物的量，选择大小合适的蒸馏瓶。蒸馏物
液体的体积，一般不要超过蒸馏瓶容积的 2/3，
也不要少于 1/3。

（2）选择冷凝管。当待蒸馏液体的沸点在
140℃以下时，应选用直形冷凝管；沸点在 140℃
以上时，就要选用空气冷凝管。

图 5-13　蒸馏装置示意图

（3）选择温度计。根据被蒸馏液体的沸点进行选择，低于 100℃，可选用 100℃水银温
度计；高于 100℃，应选用 150～200℃水银温度计或 250～300℃水银温度计。

（4）热源选择。蒸馏低沸点易燃液体（如乙醚）时，千万不可用明火加热，此时可用热
水浴加热。在蒸馏沸点较高的液体时，可以用明火加热。明火加热时，烧瓶底部一定要置放
石棉网，以防因受热不匀而炸裂。

（5）安装仪器。一般是先从热源开始，根据热源的高低依次安装铁圈（或三脚架）、石棉网
（或水浴、油浴），然后安装蒸馏瓶。注意瓶底应距石棉网 1～2mm，不要触及石棉网；用水浴或
油浴时，瓶底应距水浴（或油浴）锅底 1～2cm。蒸馏瓶用铁夹垂直夹好，插上蒸馏头和温度计。

安装冷凝管时应先调整位置使之与已装好的蒸馏瓶高度相适应并与蒸
馏头的侧管同轴，然后旋开固定冷凝管的铁夹，使冷凝管沿此轴移动与蒸
馏瓶连接。铁夹不应夹得太紧或太松，以夹住后稍用力尚能转动为宜。铁
夹内通常垫以橡皮等软性物质，以免夹破仪器。在冷凝管尾部通过接液管
连接接收瓶（用锥形瓶或圆底烧瓶）。接收馏液的接收瓶应事先干燥、称
重并做记录。

（6）安装要求。温度计水银球的上限应和蒸馏头侧管的下限在同
一水平线上（见图 5-14）。冷凝水应从冷凝管的下口流入、上口流出，
保证冷凝管的套管中始终充满水。用不带支管的接液管时，接液管与
接收瓶之间不可用塞子连接，以免造成封闭体系，使体系压力过大而
发生爆炸。所用仪器必须清洁干燥，规格合适。

图 5-14　温度计水银
球位置示意图

四、试剂与仪器

1. 试剂

乙醇水溶液（乙醇：水为 60：40）　　　　　80mL

2. 仪器

（1）圆底烧瓶　　　　100mL×1 支　　　（2）蒸馏头　　　　　　1 个

（3）温度计	100℃×1 支	（4）直形冷凝管	300mm×1 个
（5）接液管	1 只	（6）锥形瓶（干燥）	2 个
（7）量筒	100 mL×1 支	（8）长颈漏斗	1 支
（9）电热套	1 个		

五、操作步骤

1. 安装装置

选择100mL蒸馏瓶、直形冷凝管、100℃温度计、电热套，按照图5-13安装仪器，并检查仪器各部分连接是否紧密和妥善。

2. 加料

将60％乙醇水溶液80mL通过长颈漏斗小心加入蒸馏瓶中。加入几粒沸石，塞好带温度计的塞子。

3. 加热

用水冷凝管时，先打开冷凝水龙头缓缓通入冷水，然后开始加热。加热时可见蒸馏瓶中液体逐渐沸腾，蒸气逐渐上升，温度计读数也略有上升。当蒸气的顶端达到水银球部位时，温度计读数急剧上升。这时应适当调整热源温度，使升温速度略为减慢，蒸气顶端停留在原处，使瓶颈上部和温度计受热，让水银球上液滴和蒸气温度达到平衡。然后再稍稍提高热源温度，进行蒸馏（控制加热温度以调整蒸馏速度，通常以每1～2s 1滴为宜）。在整个蒸馏过程中，应使温度计水银球上常有被冷凝的液滴。此时的温度即为液体与蒸气平衡时的温度。温度计的读数就是馏出液的沸点。

4. 收集馏分

在温度计读数上升至77℃时，换一个已干燥的接收瓶，收集77～79℃的馏分。并记录下这部分液体开始馏出时和最后一滴的温度，即是该馏分的沸点范围（简称"沸程"）。

5. 停止蒸馏

当蒸馏瓶内只剩下少量液体（0.5～1mL）时，若维持原来的加热速度，而温度计的读数会突然下降，即可停止蒸馏。

6. 拆除装置

蒸馏完毕，应先撤出热源，然后停止通水，最后拆除蒸馏装置。拆除仪器的顺序与安装顺序相反，即先取下接收瓶，然后拆下接液管、冷凝管、蒸馏头和蒸馏瓶等。

☞ **注意事项**：① 仪器装配符合规范。安装仪器顺序一般都是自下而上、从左到右，要正确端正、横平竖直。

② 装置安装好后，要用玻璃漏斗加料。

③ 注意加沸石。几小粒足已，应在加热之前加入。若已经加热而忘记加沸石，一定要将温度降下来后才能补加。

④ 温度计安装位置为水银球上沿与支管口下沿平行。

⑤ 热源温控适时调整得当。

⑥ 冷却水的流速以能保证蒸气充分冷凝为宜。通常只需保持缓慢水流即可。

⑦ 无论何时，都不要使蒸馏瓶蒸干，以防意外。

7. 量取馏分体积，计算回收率。

8. 产品纯度分析

由蒸馏得到的乙醇，用阿贝折光仪测定折射率来检验其纯度。

测定样品前，对折光仪的读数先进行校正。校正完后，才可进行测定。测定的方法步骤如下。

（1）打开棱镜，用擦镜纸蘸少量乙醚或丙酮，顺同一方向轻轻擦拭上、下棱镜面（注意切勿用滤纸），晾干后，取乙醇 2～3 滴滴加在辅助棱镜的磨砂面上（注意，滴管不要磕、碰、触及磨砂面），迅速关闭棱镜并锁紧。

（2）调节反光镜，使两镜筒内视场明亮。

（3）旋转棱镜转动手轮，直到望远镜内可观察到明暗分界线。若出现色散光带，转动消色散棱镜手轮，消除色散，使明暗分界线清晰。再转动棱镜转动手轮，使明暗分界线恰好落在"十"字交叉点上，记录读数（注意，打开小反光镜），重复测定 2～3 次，求其平均值，即为所测样品的折射率（注意，要同时记录测定时的温度，因为温度对折射率有一定的影响）。

共耗时约 4h。

六、思考题

1. 什么是蒸馏，其意义是什么？
2. 怎样防止爆沸？怎样添加助沸物？

【项目 28】　丙酮-水混合物的分馏

一、目的要求

1. 能正确理解分馏的原理与意义。
2. 会进行常压分馏的实验室操作。

二、基本原理

分馏即为反复多次的简单蒸馏，在实验室常采用分馏柱来实现。简单蒸馏只能使液体混合物得到初步的分离。为了获得高纯度的产品，理论上可以采用多次部分汽化和多次部分冷凝的方法，即将简单蒸馏得到的馏出液再次部分汽化和冷凝，以得到纯度更高的馏出液。而将简单蒸馏剩余的混合液再次部分汽化，则得到易挥发组分更低、难挥发组分更高的混合液。只要上面这一过程足够多，就可以将两种沸点相差很近的有机溶液分离成纯度很高的易挥发组分和难挥发组分两种产品。

丙酮为无色、易挥发、易燃液体，具有特殊的气味，与水能以任何比例混溶。实验室常压条件下，丙酮沸点 56.2℃，通过分馏可进行丙酮与水的分离。

三、试剂与仪器

1. 试剂

丙酮水溶液（丙酮：水为 1∶1）　　　　30mL

2. 仪器

（1）圆底烧瓶　　　　50mL×1　　　　（2）分馏柱　　　　1 支

（3）冷凝管 1支 （4）量筒 15mL×3

（5）电热套 1套 （6）温度计 100℃×1

四、操作步骤

1. 按图 5-15 简单分馏装置安装仪器。

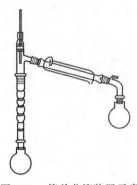

图 5-15 简单分馏装置示意

2. 准备接收器

用三只 15mL 的量筒作为接收器，分别注明 A、B、C。

3. 分馏

在 50mL 圆底烧瓶内放置 30mL 丙酮水溶液（丙酮：水为 1：1），加入 1～2 粒沸石。开始缓慢加热，并尽可能精确地控制加热，使馏出液以每 1～2s 1 滴的速度蒸出。将初馏出液收集于量筒 A，注意并记录柱顶温度及接收量筒 A 的馏出液总体积。继续蒸馏，记录每增加 1mL 馏出液时的温度及总体积。温度达 62℃ 换量筒 B 接收，98℃ 时用量筒 C 接收，直至蒸馏烧瓶中残液为 1～2mL，停止加热。

A：50～62℃，B：62～98℃，C：98～100℃。

注意事项：① 应根据待分馏液体的沸点范围，选用合适的热浴加热，不要在石棉网上用直接火加热。用小火加热热浴，以便使浴温缓慢而均匀地上升。

② 待液体开始沸腾，蒸气进入分馏柱中时，要注意调节浴温，使蒸气缓慢而均匀地沿分馏柱壁上升。一定要小心防止液体在柱中"液泛"，即上升的蒸气能将下降的液体顶上去，破坏了汽-液平衡，降低了分离效率。

4. 记录三个馏分的体积

待分馏柱内液体流到烧瓶时测量并记录残留液体积，以柱顶温度（℃）为纵坐标，馏出液体积（mL）为横坐标，将实验结果绘成温度-体积曲线，讨论分离效果。

五、思考题

1. 分馏和蒸馏在原理、装置和操作上有哪些不同？

2. 分馏柱顶上温度计水银球位置偏高、偏低有什么影响？

3. 分馏时，若给蒸馏烧瓶加热太快，分离两种液体的能力会显著下降，为什么？

思考与习题

任 务 一

1. 用系统命名法命名下列化合物。

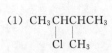

(1) $CH_3CHCHCH_3$
     Cl CH$_3$

(2) $CH_3CCH_2CH_2CH_3$
     Cl （上方Cl）

(3) $CH_2CH_2CHCH_2CH_2CH_3$
     Br   CH$_2$CH$_3$

(4) $CH_2\!=\!CCH_2CH_2Cl$
            $\underset{CH_2CH_3}{|}$

(5) $CH_3CH\!=\!CHCHCH_2Cl$
                    $\underset{CH_3}{|}$

(6) 邻甲基氯苯（CH_3，Cl）

2. 写出下列化合物的构造式。

(1) 2-甲基-2-氯丁烷

(2) 异丙基氯

(3) 3-甲基-2,3-二溴戊烷

(4) 2-甲基-3-氯-1-己烯

3. 写出氯乙烷与下列化合物反应所得到的主要产物。

(1) NaOH 水溶液，共热

(2) KOH 乙醇溶液，共热

(3) NH_3 乙醇溶液，共热

(4) C_2H_5ONa 乙醇溶液，共热

(5) NaCN 乙醇溶液，共热

(6) $AgNO_3$ 乙醇溶液，共热

4. 写出下列反应的主要产物。

(1) $CH_3CH_2CH_2Br \xrightarrow[\triangle]{NaOH/H_2O}$

(2) $CH_3CH_2CH_2CH_2Br + CH_3CH_2ONa \xrightarrow[\triangle]{乙醇溶液}$

(3) $CH_3CH_2CH_2CH_2Br + NaCN \xrightarrow[\triangle]{乙醇溶液}$

(4) $CH_3CH_2CHCH_3 \xrightarrow[\triangle]{NH_3/乙醇}$
          $\underset{Cl}{|}$

(5) $CH_3CH_2CH_2CH_2Cl \xrightarrow[\triangle]{KOH/C_2H_5OH}$

(6) $CH_3CHCHCH_3 \xrightarrow[\triangle]{KOH/C_2H_5OH}$
     $\overset{CH_3}{|}$
          $\underset{Br}{|}$

(7) $CH_3CH\!-\!\overset{\overset{CH_3}{|}}{\underset{\underset{Br}{|}}{C}}\!-\!CH_3 \xrightarrow[\triangle]{KOH/C_2H_5OH}$
     $\underset{CH_3}{|}$

(8) $CH_3CH_2CH_2Br + Mg \xrightarrow{绝对乙醚}$

(9) $CH_3CHCH_2CH_2Br + Mg \xrightarrow{绝对乙醚}$
     $\underset{CH_3}{|}$

(10) （$\bigcirc\!-\!Cl$） $+ Mg \xrightarrow{绝对乙醚}$

(11) $CH_3CHCH_2CH_3 + Mg \xrightarrow{绝对乙醚}$
      $\underset{Cl}{|}$

5. 用化学方法鉴别下列化合物。

$CH_3CH_2CH_2CH_2Cl$ $CH_3CH_2CHCH_3$ $CH_3\!-\!\overset{\overset{CH_3}{|}}{\underset{\underset{CH_3}{|}}{C}}\!-\!Cl$
                                              $\underset{Cl}{|}$

任 务 二

1.命名下列化合物。

(1) $CH_3CHCH_2CH_2OH$ （带甲基取代基）

(2) $CH_3-\overset{CH_3}{\underset{CH_3}{C}}-OH$

(3) $CH_3CH_2CH_2CH_2CHCH_2CH_3$ （带CH_2OH取代基）

(4) $CH_3-\overset{OH}{\underset{CH_3}{C}}-CH_2CH_3$ （带CH_3）

(5) $CH_3CH=CCH_2OH$ （带CH_3）

(6) 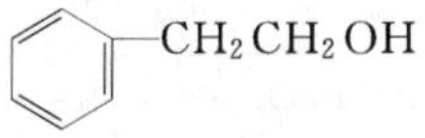 苯环$-CH_2CH_2OH$

(7) 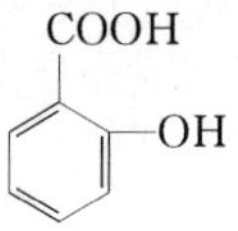 苯环，$COOH$，OH

(8) 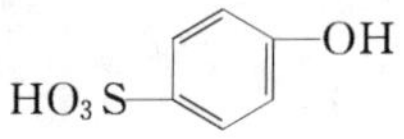 HO_3S-苯环$-OH$

(9) $CH_3CH_2-O-CH_2CH_3$

(10) $CH_3CH_2-O-CH(CH_3)_2$

(11) 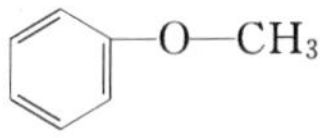 苯环$-O-CH_3$

(12) 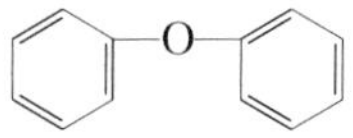 苯环$-O-$苯环

2.写出下列化合物的构造式。

(1) 3-甲基-2-丁醇

(2) 叔丁醇

(3) 3-甲基-2-戊烯-1-醇

(4) 环己醇

(5) 2,4-二硝基苯酚

(6) 2,4,6-三溴苯酚

(7) 5-甲基-2-异丙基苯酚

(8) 甲醚

(9) 异丙醚

(10) 苯乙醚

3.比较下列化合物沸点高低。

(1) $CH_3CH_2CH_2CH_2OH$

(2) CH_3CHCH_2OH （带CH_3）

(3) $CH_3-\overset{CH_3}{\underset{CH_3}{C}}-OH$

4.比较下列化合物水溶性大小。

(1) $CH_3CH_2CH_2CH_2OH$

(2) $CH_3(CH_2)_4CH_2OH$

(3) $CH_3(CH_2)_7CH_2OH$

5.写出下列反应的主要产物。

(1) $CH_3(CH_2)_3OH+HBr \xrightarrow[\triangle]{浓\ H_2SO_4}$

(2) $CH_3CH_2-\overset{CH_3}{\underset{OH}{C}}-CH_3 \xrightarrow[室温]{浓\ HCl-无水\ ZnCl_2}$

(3) $CH_3CH_2CH-CH_2$ （带H和OH） $\xrightarrow[170℃]{浓\ H_2SO_4}$

(4) $CH_3CH_2CH_2OH \xrightarrow{Al_2O_3,\ 240℃}$

(5) CH_3CHCH_3 $\xrightarrow[400\sim500℃]{Cu}$

       $|$
      OH

(6) $CH_3CH_2CH_2CH_2OH$ $\xrightarrow[\triangle]{K_2Cr_2O_7+H_2SO_4}$ $\xrightarrow[\triangle]{K_2Cr_2O_7+H_2SO_4}$

(7) ⬡—OH + $NaOH$ $\longrightarrow$

(8) ⬡—OH + $CH_3\overset{\overset{O}{\|}}{C}{-}Cl$ $\xrightarrow{NaOH}$

(9) ⬡—OH + Br_2 $\xrightarrow{H_2O}$

(10) $CH_3CH_2{-}O{-}CH_3$ + 浓 HI（过量）$\longrightarrow$

(11) ⬡—$O{-}CH_3$ + 浓 HI $\longrightarrow$

6. 写出 2-丁醇与下列试剂反应的主要产物。

(1) Na (2) 浓 H_2SO_4，140℃   (3) 浓 H_2SO_4，170℃

(4) $K_2Cr_2O_7+H_2SO_4$ (5) HNO_3 (6) 无水 $ZnCl_2$ + 浓 HCl

7. 用化学方法鉴别下列各组化合物。

(1)
          CH_3
          $|$
  $CH_3CH_2{-}C{-}CH_3$ $CH_3CH_2CH_2CHCH_3$ $CH_3CH_2CH_2CH(CH_3)OH$
          $|$ $|$
          OH OH

(2) 1-丁醇、苯酚、丁醚

8. 提纯下列化合物。

(1) 乙醚中含有少量乙烷   (2) 环己醇中含有少量苯酚

9. 推断题

(1) 一芳香化合物 A 的分子式为 $C_8H_{10}O$，A 不与 Na 反应，与氢碘酸反应生成化合物 B 和 C。B 能溶于 NaOH 并与 $FeCl_3$ 溶液作用呈紫色。C 与硝酸银的乙醇溶液作用生成黄色碘化银沉淀。试推测 A、B、C 的构造式，并写出有关反应式。

(2) 有 A、B 两种液态化合物，它们的分子式都是 $C_4H_{10}O$，在室温下它们分别与卢卡斯试剂作用时，A 能迅速地生成 2-甲基-2-氯丙烷，B 却不能发生反应；当分别与浓的氢碘酸充分反应后，A 生成 2-甲基-2-碘丙烷，B 生成碘乙烷，试写出 A、B 的结构式，并写出各步反应式。

任　务　三

1. 用系统命名法命名下列化合物。

(1) $CH_3{-}CH_2{-}\overset{\overset{O}{\|}}{C}{-}H$ (2) $CH_3CH_2CHCH_2\overset{\overset{O}{\|}}{C}{-}H$ (3) ⬡—$CH_2CH_2\overset{\overset{O}{\|}}{C}{-}H$

                                    $|$
                                  CH_3

(4) $CH_3CH{=}CHCHO$ (5) $CH_3CH_2{-}\overset{\overset{O}{\|}}{C}{-}CH_2CH_3$ (6) ⬡—$CH_2CH_2{-}\underset{\underset{O}{\|}}{C}CH_3$

2. 写出下列化合物的构造式。

(1) 丙醛   (2) 2-乙基丁醛   (3) 苯甲醛

（4）4-甲基-2 己酮　　　　　　　（5）丙酮　　　　　　　　　　（6）3-己酮

3. 用化学方法鉴别下列各组化合物。

（1）2-己酮和 3-己酮　　　　　　　　　（2）甲醛、乙醛和丙酮

（3）苯甲酮和苯乙酮　　　　　　　　　（4）甲醇、甲醇和乙醛

4. 选择适当的醛（酮）原料与相应的格氏试剂反应合成下列化合物。

（1）$CH_3CHCH_2CH_2OH$　　　　　　　　（2）2-丁醇
　　　　|
　　　CH_3

5. 指出下列化合物中，哪个可以进行自身的羟醛缩合。

（1）⬡—CHO　　　　　　　　　　　（2）HCHO

（3）$(CH_3CH_2)_2CHCHO$　　　　　　　　（4）$(CH_3)_3CCHO$

6. 指出下列化合物中，哪个能发生碘仿反应。

（1）ICH_2CHO　　　　　　　　　　　　（2）CH_3CH_2CHO

（3）$CH_3CH_2CHCH_3$　　　　　　　　　（4）⬡—$COCH_3$
　　　　　　|
　　　　　 OH

7. 指出下列化合物中，哪个能发生银镜反应，哪个能与斐林试剂反应？

（1）$CH_3COCH_2CH_3$　　　　　　　　　（2）⬡—CHO

（3）CH_3CHCHO　　　　　　　　　　　（4）⬡—CHO
　　　|
　　 CH_3

8. 写出下列反应的主要产物。

（1）$CH_3CH_2\overset{O}{\overset{\|}{-}}CCH_3 + HCN \xrightarrow{OH^-}$

（2）$CH_3CH_2\overset{O}{\overset{\|}{-}}CH + HSO_3Na \longrightarrow$

（3）$H\overset{O}{\overset{\|}{-}}CH + CH_3CH_2MgBr \xrightarrow{干醚} \xrightarrow{H_2O,\ H^+}$

（4）$CH_3CH_2\overset{O}{\overset{\|}{-}}CH + CH_3MgBr \xrightarrow{干醚} \xrightarrow{H_2O,\ H^+}$

（5）$CH_3CH_2\overset{O}{\overset{\|}{-}}C\text{-}CH_3 +$ ⬡—$MgBr \xrightarrow{干醚} \xrightarrow{H_2O,\ H^+}$

（6）$CH_3CHO + NH_2-NH_2 \longrightarrow$

（7）$CH_3CHO \xrightarrow{NaOI} \xrightarrow{NaOH}$

（8）$CH_3\overset{OH}{\overset{|}{C}}HCH_3 \xrightarrow{NaOI} \xrightarrow{NaOH}$

（9）$CH_3CH_2CH_2CH_2\overset{O}{\overset{\|}{-}}C\text{-}CH_3 \xrightarrow{NaOI} \xrightarrow{NaOH}$

（10）$2CH_3CH_2\overset{O}{\overset{\|}{-}}C\text{-}H \xrightarrow{5\%NaOH} \xrightarrow[\triangle]{H_2O}$

(11) $CH_3CH_2\overset{\overset{\displaystyle O}{\|}}{C}-H \xrightarrow[\triangle]{Ag(NH_3)_2OH}$

(12) $CH_3CH=CHCHO \xrightarrow[\triangle]{Ag(NH_3)_2OH}$

(13) $CH_3CH=CHCHO \xrightarrow[Ni]{H_2}$

(14) $CH_3CH=CHCHO \xrightarrow[\text{或 } NaBH_4]{LiAlH_4}$

(15) $CH_3CH_2\overset{\overset{\displaystyle O}{\|}}{C}-CH=CH_2 \xrightarrow[Ni]{H_2}$

(16) $CH_3CH_2\overset{\overset{\displaystyle O}{\|}}{C}-CH=CH_2 \xrightarrow[\text{或 } NaBH_4]{LiAlH_4}$

(17) $CH_3CH_2\overset{\overset{\displaystyle O}{\|}}{C}-$⬡$\xrightarrow[\text{二甘醇，}\triangle]{H_2NNH_2，KOH}$

(18) $CH_3CH_2\overset{\overset{\displaystyle O}{\|}}{C}-H \xrightarrow[\triangle]{Zn-Hg，浓 HCl}$

(19) ⬡$+CH_3CH_2COCl \xrightarrow{AlCl_3} \xrightarrow[\triangle]{Zn-Hg，浓 HCl}$

9. 推断题

化合物 A 和 B，分子式均为 C_3H_6O，它们都能与亚硫酸氢钠作用生成白色结晶。A 能与托伦试剂作用产生银镜，但不能发生碘仿反应。B 能发生碘仿反应，但不能与托伦试剂作用。试推测 A 和 B 的构造式。

任　务　四

1. 用系统命名法命名下列化合物。

(1) $CH_3-CH_2-\underset{\underset{\displaystyle CH_3}{|}}{CH}-COOH$

(2) $CH_3-\underset{\underset{\underset{\displaystyle CH_3}{|}}{\underset{\displaystyle CH_2}{|}}}{CH}-\underset{\underset{\displaystyle CH_3}{|}}{CH}-CH_2-COOH$

(3) ⬡$-COOH$

(4) CH_3CH_2COOH

2. 写出下列化合物的构造式。

(1) 蚁酸　　　　　　(2) 草酸　　　　　　　(3) 2,3-二甲基己酸

(4) 邻羟基苯甲酸　　(5) 对苯二甲酸　　　　(6) 正丁酸

3. 用化学方法鉴别下列化合物。

乙醛和乙酸

4. 请从 1-己醇和己酸的混合物中分离出己酸。

5. 乙酰氯（$CH_3-\overset{\overset{\displaystyle O}{\|}}{C}-Cl$）和苯甲酰氯（⬡$-COCl$）都是重要的酰基化试剂。其中乙酰氯的沸点为 51℃，苯甲酰氯的沸点为 197℃，试选择适当的原料和试剂制备这两种化合物。

6. 写出下列反应的主要产物。

(1) $CH_3CHCH_2COOH \xrightarrow{NaOH} \xrightarrow{HCl}$
$\quad\quad\ |$
$\quad\quad CH_3$

(2) $CH_3CH_2COOH + CH_3CH_2OH \xrightarrow[\triangle]{H^+}$

(3) $CH_3CH_2COOH + NH_3 \longrightarrow \xrightarrow[\triangle]{-H_2O}$

(4) $CH_3CHCOOH + \begin{array}{l}\xrightarrow{PBr_3} \\ \\ \xrightarrow{SOCl_2}\end{array}$
$\quad\quad\ |$
$\quad\quad CH_3$

(5) $CH_3CH=CHCHCOOH \xrightarrow{LiAlH_4,干醚}$
$\quad\quad\quad\quad\ \ |$
$\quad\quad\quad\quad CH_3$

(6) $CH_3-\overset{\overset{\displaystyle O}{\|}}{C}-Cl + H_2O \longrightarrow$

(7) $CH_3-\overset{}{\underset{\underset{\displaystyle CH_3}{|}}{CH}}-\overset{\overset{\displaystyle O}{\|}}{C}-NH_2 \begin{array}{l}\xrightarrow{LiAlH_4} \\ \xrightarrow[\triangle]{P_2O_5} \\ \xrightarrow{NaOBr} \\ \xrightarrow{NaOH}\end{array}$

7. 推断题

化合物 A 和 B，分子式均为 $C_3H_6O_2$，A 能与碳酸钠作用放出二氧化碳，B 在氢氧化钠溶液中水解，B 的水解产物之一能发生碘仿反应。试推测 A 和 B 的构造式。

任　务　五

1. 用系统命名法命名下列化合物。

(1) $CH_3-\overset{\overset{\displaystyle CH_3}{|}}{\underset{\underset{\displaystyle CH_3}{|}}{C}}-CH_2CHCH_3$
$\quad\quad\quad\quad\quad\quad\quad\ \ |$
$\quad\quad\quad\quad\quad\quad\quad NO_2$

(2) 苯酚环，OH 顶部，2,6位 NO_2，4位 NO_2

(3) 甲苯环，CH_3 顶部，2,6位 NO_2，4位 NO_2

(4) $CH_3CH_2NO_2$

(5) CH_3NH_2

(6) 二苯胺（$N-H$ 连两个苯环）

(7) $CH_3CH_2CHCH_2CHCH_2CH_3$
$\quad\quad\quad\ \ |\quad\quad\ \ |$
$\quad\quad\quad NH_2\quad CH_3$

(8) 对甲基苯胺（苯环，CH_3 顶部，NH_2 底部）

2. 写出下列化合物的构造式。

(1) 硝基甲烷　　　(2) 硝基苯　　　(3) 2-甲基-2-硝基丙烷
(4) 丙胺　　　(5) N-甲基苯胺　　　(6) N,N-二乙基苯胺

3. 分离苯胺和硝基苯的混合物。

4. 写出下列反应的主要产物。

(1) 苯胺 $\xrightarrow{HCl} \xrightarrow{NaOH}$

(2) 苯胺 $\xrightarrow[230℃]{CH_3OH,\ H_2SO_4}$

(3) 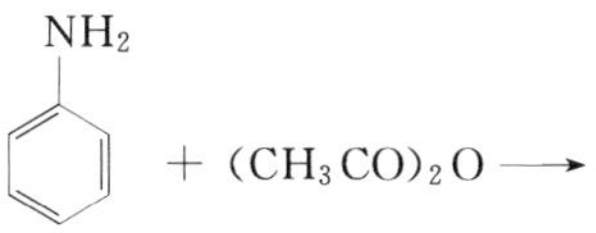 + (CH₃CO)₂O ⟶

(4) 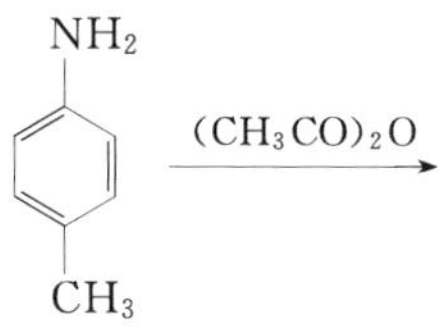 →(CH₃CO)₂O

(5) 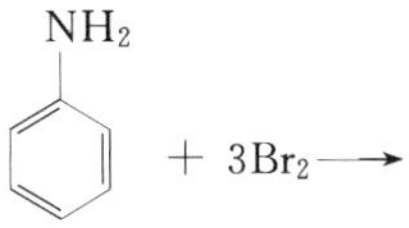 + 3Br₂⟶

(6) 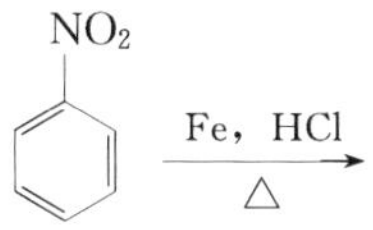 →Fe，HCl △

(7) 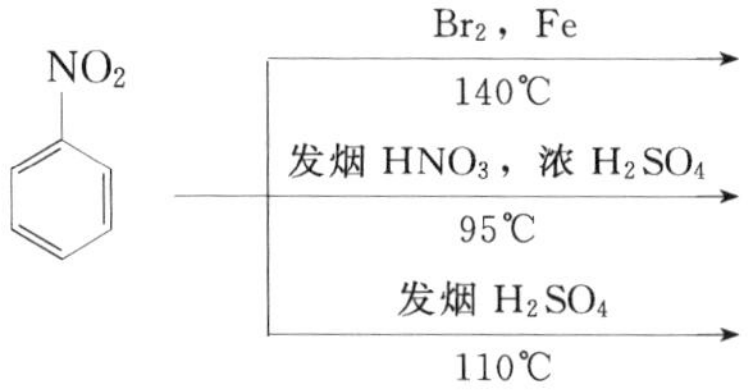
Br₂，Fe / 140℃ →
发烟 HNO₃，浓 H₂SO₄ / 95℃ →
发烟 H₂SO₄ / 110℃ →

糖类和脂类

- 任务一　葡萄糖及糖类的识用
- 任务二　油脂及脂类的识用
- 任务三　有机化合物旋光度和折射率的测定

● **知识目标**

    1. 了解糖类的组成和分类，掌握葡萄糖的结构式、化学性质和用途。

    2. 了解脂类的概念、分类及特点。

    3. 掌握油脂的组成、结构、皂化、氢化，并了解皂化、氢化性质的简单应用。

● **技能目标**

    1. 掌握葡萄糖旋光度和折射率的测定方法。

    2. 能正确使用旋光仪和阿贝（Abbe）折光仪。

任务一
葡萄糖及糖类的识用

实例分析

葡萄糖又称为玉米葡糖、玉蜀黍糖，甚至简称为葡糖，是自然界分布最广且最为重要的一种单糖。在糖果制造业和医药领域有着广泛应用。食品、医药工业上可直接使用，印染制革工业中用作还原剂，制镜工业和热水瓶胆镀银工艺中也常用葡萄糖作还原剂。工业上还大量用葡萄糖为原料合成维生素 C（抗坏血酸）。发酵工业中葡萄糖作为最基础的营养基，是发酵培养基的主料，同时也可用作微生物多聚糖和有机溶剂的原料，如抗生素、味精、维生素、氨基酸、有机酸、酶制剂等都需大量使用葡萄糖。

一、葡萄糖的物理性质

葡萄糖为白色晶体，易溶于水，微溶于乙醇，不溶于乙醚和烃类，熔点 146℃，是自然界分布最广泛的单糖。

二、葡萄糖的结构和变旋现象

葡萄糖是己醛糖，分子式 $C_6H_{12}O_6$，结构简式 $HOCH_2—(CHOH)_4—CHO$。

1. 葡萄糖的构型

构型是指一个分子由于不对称碳原子上各原子或原子团特有并固定的空间排列，使该分子具有特定的立体化学形式。任何分子的构型改变，都必须通过共价键的断裂和再形成而实现。不对称碳原子是指连接四个不同原子或基团的碳原子，形象地称为手性碳原子（常以 * 标记手性碳原子）。分子中因有不对称碳原子，可形成互为镜像关系的两种异构体，被称为一对"对映异构体"，这两种构型至今仍采用 D/L 名称进行标记。它以甘油醛为标准来确定。人们规定在甘油醛中，—OH 写在右边的为右旋构型，记为 D-甘油醛；相反，—OH 写在左边的为左旋构型，记为 L-甘油醛。

凡在理论上可由 D-甘油醛衍生出来的单糖皆为 D 型糖，由 L 型甘油醛衍生出来的单糖皆为 L 型糖。醛糖和酮糖的构型是由分子中离羰基最远（即编号最大）的不对称碳原子上的羟基方向来决定的。葡萄糖中离羰基最远的不对称碳原子上 OH 在右边的为 D 型，OH 在左边的为 L 型。

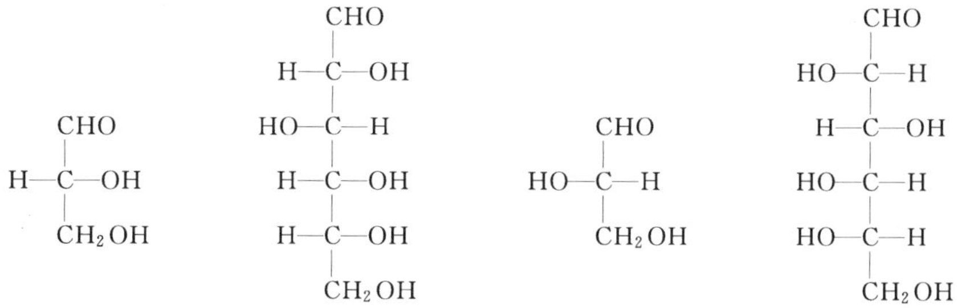

D-甘油醛　　　　D-葡萄糖　　　　L-甘油醛　　　　L-葡萄糖

2. 葡萄糖的结构

单糖的骨架采用链式结构表示时称为开链式。为了能够正确表示单糖分子中氢原子和羟基的空间排布情况，开链式一般采用费歇尔（Fischer）投影式或其简化式表示。如己醛糖中的 D-葡萄糖，分子组成为 $C_6H_{12}O_6$，其开链式结构的费歇尔（Fischer）投影式如下。但为了书写方便，也可以写成简化式。

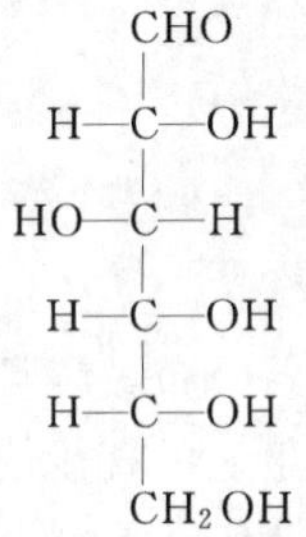

费歇尔（Fischer）投影式 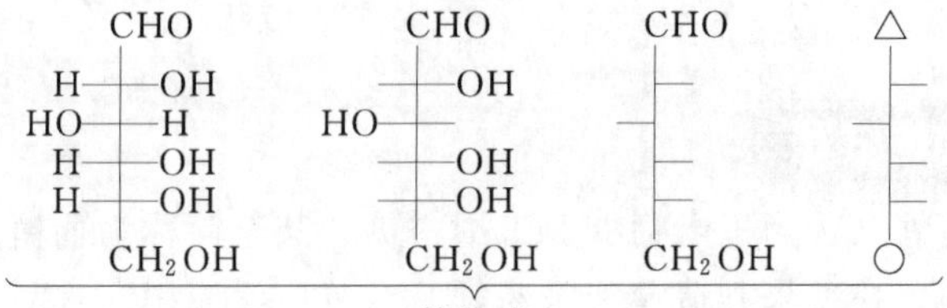　　　　简化式

葡萄糖是含五羟基的己醛，含有 4 个手性碳原子。因此，对映异构体数目 $N=2^4=16$，其中 D-型 8 种，L-型 8 种，D-葡萄糖是其中的一种。

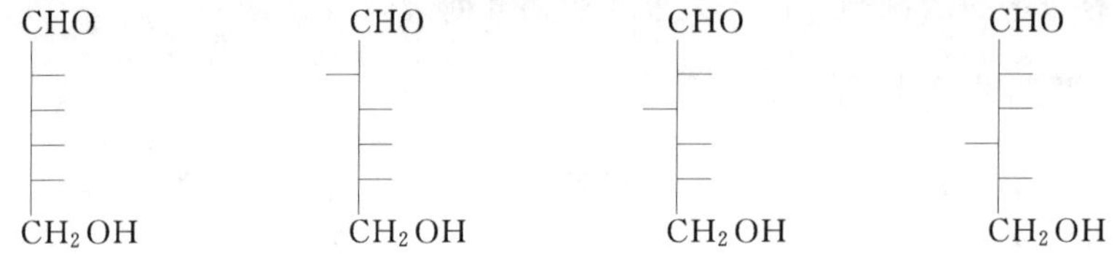

D-（+）-阿洛糖　　D-（+）-阿卓糖　　D-（+）-葡萄糖　　D-（—）-古罗糖

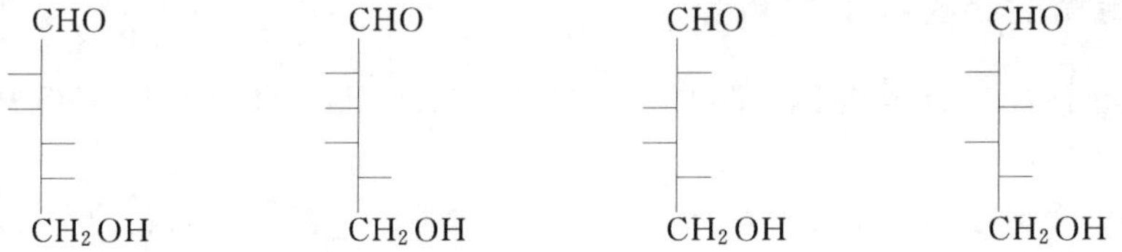

D-（+）-甘露糖　　D-（+）-塔洛糖　　D-（+）-半乳糖　　D-（—）-艾杜糖

1893 年费歇尔提出了葡萄糖分子环状结构学说，直链状单糖分子上的醛基与分子内的羟基形成半缩醛时，分子成为环状结构，同时 C1 成为不对称碳原子，半缩醛羟基可有两种不同的排列方式，由此产生了 α 型和 β 型两种异构体。这两种异构体并不是对映体，只是在第一位碳上的羟基方向不同，所以称为异头物。规定异头物的半缩醛羟基和分子末端—CH_2OH 基临近不对称碳原子的羟基在碳链同侧的称为 α 型，在异侧的称为 β 型。葡萄糖醛基可与 C4—OH 进行氧桥结合，形成五元环，也可与 C5—OH 结合形成六元环。因为所形成的含氧五元环和六元环分别与呋喃环和吡喃环相似，因此，葡萄糖有呋喃型葡萄糖和吡喃型葡萄糖之分。Fischer 投影式如下：

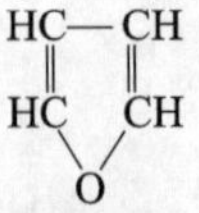

呋喃

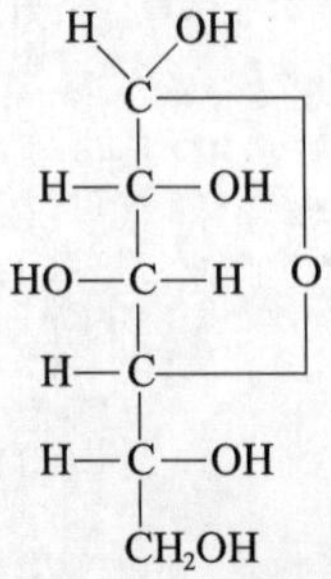

αD-呋喃型葡萄糖　　　β-D-呋喃型葡萄糖

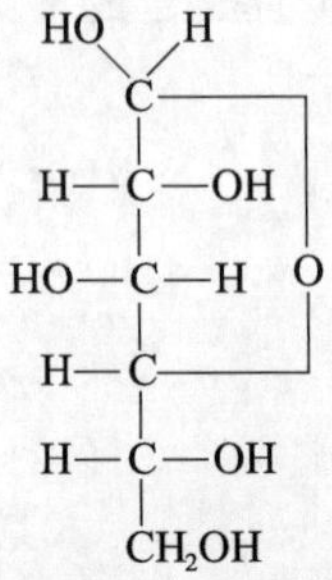

α-D-吡喃型葡萄糖 $\qquad$ β-D-吡喃型葡萄糖

在分子热力学上，六元环比五元环稳定，所以天然葡萄糖分子主要是以吡喃型结构存在。

在 Fischer 投影式中虽然较好地解释了变旋现象，但是无法反映出分子中原子和基团在空间的排布。为了更形象地表示氧环式结构，1926 年霍沃斯（Haworth）提出了透视式表达糖的环状结构，将直立环式改写成平面的环式时规定：将直立环式右边的—OH 写在平面的环式下方，左边的—OH 写在平面环式上方；环外多余的碳原子，如果直链环（氧桥）在右侧，则将未成环的碳原子写在环上方，反之写在环下方；省略成环碳原子，把朝向前面的三个 C—C 键用粗实线表示。当半缩醛—OH 与决定构型的—OH 处于同侧时，称为 α 型；当缩醛—OH 与决定构型的—OH 处于异侧时，称为 β 型。

α-D-(+)-吡喃葡萄糖 $\qquad$ β-D-(+)-吡喃葡萄糖

3. 葡萄糖的变旋现象

旋光性和变旋性是葡萄糖的重要物理性质。所谓旋光性即能使偏振光平面向左或向右旋转的能力，旋光性常用比旋光度来表示。一个旋光体溶液放置后，其比旋光度改变的现象称为变旋。

α-D-(+)-葡萄糖(36.4%) $\qquad$ 开链葡萄糖(量很少) $\qquad$ β-D-(+)-葡萄糖(63.6%)
$+112°$ $\qquad\qquad\qquad\qquad\qquad\qquad\qquad\qquad\qquad$ $+18.7°$

结晶葡萄糖有两种，一种是从乙醇中结晶出来的，熔点 146℃。它的新配溶液的比旋光度为 +112°，此溶液在放置过程中，比旋光度逐渐下降，达到 +52.17° 以后维持不变；另一种是从吡啶中结晶出来的，熔点 150℃，新配溶液的比旋光度为 +18.7°，此溶液在放置过程中，比旋光度逐渐上升，达到 +52.7° 以后维持不变。

葡萄糖的变旋现象，就是由于开链结构与环状结构形成平衡体系过程中的比旋光度变化所引起的。在溶液中 α-D-葡萄糖可转变为开链式结构，再由开链结构转变为 β-D-葡萄糖；同

样 β-D-葡萄糖也转变为开链式结构，再转变为 α-D-葡萄糖。经过一段时间后，三种异构体达到平衡，形成一个互变异构平衡体系，其比旋光度亦不再改变。

不仅葡萄有变旋现象，凡能形成环状结构的单糖，都会产生变旋现象。

☞ **相关链接**

糖又称为碳水化合物，是由碳、氢、氧三种主要元素构成的一类多羟基醛、酮或其缩合物。最初，人们发现植物果实中的淀粉、茎干中的纤维素、蜂蜜和水果中的葡萄糖等均由碳、氢、氧三种元素组成，它们的结构通式都可以用 $C_m(H_2O)_n$ 来表示，从表观上看，这些化合物似乎都是由碳和水所组成的，所以由此得名为碳水化合物。随着研究的深入和人们知识领域的扩展，发现将糖类化合物称为碳水化合物并不恰当，有些化合物如鼠李糖（$C_6H_{12}O_5$）和岩藻糖（$C_6H_{12}O_5$），它们的结构和性质应属于碳水化合物，可分子式并不符合上述结构通式。而且有些糖类化合物中除 C、H、O 外还有 N、S、P 等。另外，有些化合物如乙酸（$C_2H_4O_2$）、甲醛（CH_2O）等，虽然分子式符合上述结构通式，但其结构和性质与碳水化合物却完全不同。因此，称这类化合物为碳水化合物并不十分恰当，"碳水化合物"这一名词已失去它原有的含义，但因沿用已久，所以至今仍在使用。

三、葡萄糖的化学性质

1. 氧化反应

（1）碱性条件氧化

在碱性条件下，葡萄糖的醛基，很容易被 Tollens 和 Fehling 试剂等弱氧化剂所氧化，前者产生银镜，后者生成氧化亚铜的砖红色沉淀，糖分子的醛基被氧化为羧基。

凡是能被上述弱氧化剂氧化的糖，都称为还原糖。

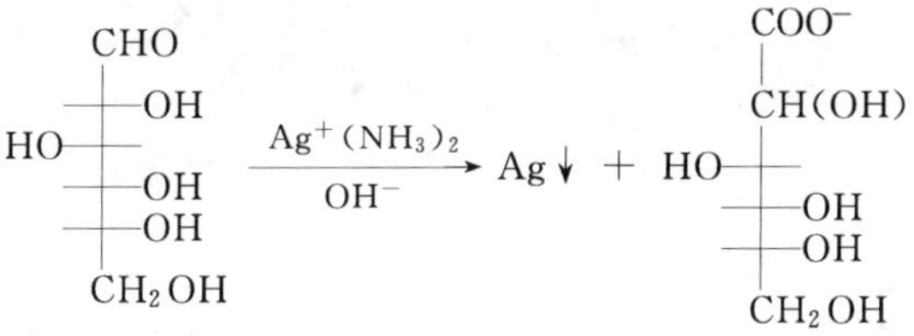

上述反应广泛应用于工业上制镜和热水瓶胆镀银，还在医疗上用于检验人体尿液中是否含较多量的葡萄糖。与氧化铜的反应也可用来检验糖尿病患者尿液中的糖分。

（2）酸性条件氧化

① 弱氧化剂——溴水氧化。葡萄糖的醛基可被溴水氧化成羧基，生成葡萄糖酸。

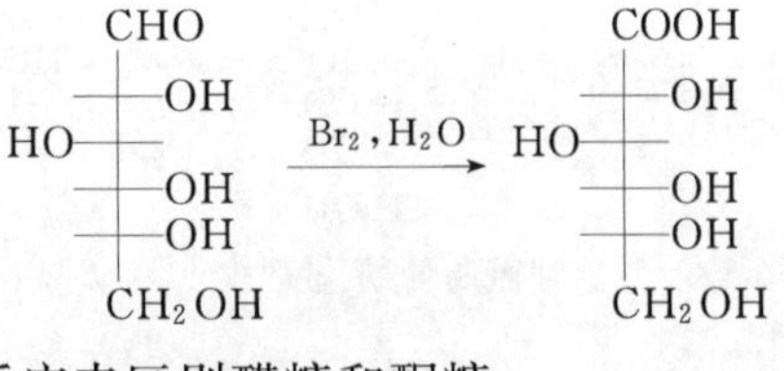

酮糖不被氧化。可用此反应来区别醛糖和酮糖。

② 强氧化剂——硝酸氧化。葡萄糖可被硝酸氧化为葡萄糖二酸。

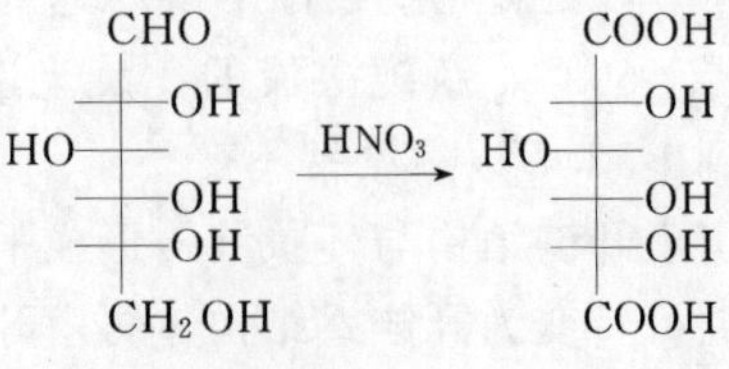

2. 还原反应

由于葡萄糖结构中含有不饱和基团羰基，所以在一定的条件下，可以利用还原剂①H_2/Ni（工业），②$NaBH_4$（实验室）将单糖还原转化为多元醇。

D-葡萄糖　　　　　　　山梨醇

山梨醇存在于植物中，无毒，有轻微的甜味和吸湿性，用于化妆品和药物中。

3. 成脎反应

葡萄糖具有羰基，可与苯肼作用，首先生成腙，在过量苯肼作用下 α-羟基继续与苯肼作用成脎。

D-葡萄糖　　　　　　　D-葡萄糖腙　　　　　　　D-葡萄糖脎

单糖中还原糖的 C1、C2 都可发生上述反应，而且产物糖脎为黄色结晶。因此可用于确定化合物的结构。

4. 成苷反应（生成配糖物）

葡萄糖环状结构中的半缩醛羟基比较活泼，在干燥 HCl 催化下可与醇羟基脱水生成缩醛类化合物，这类化合物称为糖苷，该反应称为成苷反应。例如：

β-葡萄糖　　　　　　　β-葡萄糖甲苷

糖苷由糖和非糖两部分组成，糖的部分称为糖苷基，非糖部分称为配糖基或苷元，与氧原子形成的键叫氧苷键，简称苷键。

糖苷是无色无臭的晶体，味苦，能溶于水和乙醇，难溶于乙醚，有旋光性。天然的糖苷一般是左旋的。

糖苷比较稳定，其水溶液在一般的条件下不能再转化成开链式，当然也不会再出现自由的半缩醛羟基。因此，糖苷没有变旋现象，也没有还原性。糖苷在碱性溶液中稳定，但在酸性溶液中或酶的作用下，则易水解成原来的糖。

糖苷在自然界分布很广，化学结构也很复杂，并且兼有明显的生理作用。如广泛存在于银杏（白果）和许多种水果核仁中的苦杏仁苷，其结构式为：

式中的苦杏仁腈部分，系由苯甲醛和 HCN 加成的结果。苦杏仁苷有明显的止咳平喘效果，但因氰基有毒，所以银杏、杏仁等不宜多吃。

5. 莫利施（Molisch）反应

葡萄糖遇 α-萘酚的乙醇溶液、浓硫酸后，溶液界面会出现紫色环。可用于鉴别所有的糖类化合物。

6. 与氧气反应

在生物体内，在酶的催化作用下，可发生有氧呼吸和无氧呼吸，放出热量。

$$C_6H_{12}O_6 + 6O_2 \xrightarrow{\text{酶}} 6CO_2 + 6H_2O + 2870kJ$$

$$C_6H_{12}O_6 \xrightarrow{\text{酶}} 2C_3H_6O_3 + 196.65kJ$$
$$\text{乳酸}$$

这是人类生命活动中所需能量的来源之一。人和动物所需要能量的 50% 来自葡萄糖的氧化分解。

四、葡萄糖的用途

葡萄糖是最普通而又为人们所熟悉的单糖，又称右旋糖或血糖，是自然界中存在量最多的化合物之一。自然界中，它是通过光合作用由水和二氧化碳合成的。由于最初是从葡萄汁中分离出来的结晶，因此就得到了"葡萄糖"这个名称。葡萄糖存在于人体的血浆和淋巴液中，在正常人的血液中，葡萄糖的含量可达 $0.08\% \sim 0.1\%$。

葡萄糖以游离的形式存在于植物的浆汁中，尤其以水果和蜂蜜中的含量为多。可是，葡萄糖的大规模生产方法却不是从含葡萄糖多的水果和蜂蜜中提取的，因为这样做成本太高。

工业生产中用玉米和马铃薯所含的淀粉制取葡萄糖。过去的生产方法是：在 100℃ 下用 $0.25\% \sim 0.5\%$ 的稀盐酸使玉米和马铃薯中的淀粉发生水解反应，生成葡萄糖的水溶液，经浓缩后便可得到葡萄糖晶体。现在几乎完全采用酶水解的方法生产葡萄糖，即在淀粉糖化酶的作用下，使玉米和马铃薯中的淀粉发生水解反应，可得到含量为 90% 的葡萄糖水溶液，浓缩后即葡萄糖晶体。

葡萄糖是重要的工业原料，它的甜味约为蔗糖的 3/4，主要用于食品工业，如用于生产面包、糖果、糕点、饮料等。在医疗上，葡萄糖被大量用于病人输液。葡萄糖被氧化时，能生成葡萄糖酸，而葡萄糖酸钙是能有效提供钙离子的药物；葡萄糖被还原时，可生成正己六醇，它是合成维生素 C 的原料。

葡萄糖是生命活动中不可缺少的物质，它在人体内能直接参与新陈代谢。在消化道中，葡萄糖比任何其它单糖都容易被吸收，而且被吸收后能直接为人体组织利用。人体摄取的低聚糖（如蔗糖）和多糖（如淀粉）也都必须先转化为葡萄糖之后，才能被人体组织吸收利用。

五、其它糖类

糖类是多羟基醛或者多羟基酮，或者水解后能生成多羟基醛或多羟基酮的化合物。根据单元结构可将糖类分为单糖、寡糖和多糖三类。

1. 单糖

单糖是不能再水解成更小分子的多羟基醛或多羟基酮。根据其羟基的特点又分为醛糖和酮糖，含醛基的称为醛糖，含酮基的称为酮糖。根据分子内所含碳原子数不同而分为丙糖、丁糖、戊糖、己糖等。其中，自然界中分布广、意义大的是六碳糖和五碳糖。常见的如葡萄糖、果糖、半乳糖和核糖等。

2. 寡糖

寡糖也叫低聚糖，由 2～10 个相同或不同的单糖分子缩合而成，水解时可得到相应数目的单糖。其中最重要的是二糖，如蔗糖、麦芽糖、乳糖等。

二糖也称双糖，是寡糖中最简单、最重要的一类。二糖可以看作是由两分子单糖结合失水形成的化合物，根据不同的失水方式可将二糖分为还原性二糖和非还原性二糖。寡糖和单糖都能溶于水，多数具有甜味。

（1）还原性二糖

还原性二糖是一个单糖的半缩醛羟基与另一个单糖的非半缩醛羟基形成了糖苷键，二糖分子中仍有一个游离的半缩醛羟基，因而有还原性。最常见的还原性二糖有麦芽糖、纤维二糖、乳糖等。

① 麦芽糖。麦芽糖大量存在于萌发的谷粒特别是麦芽中。麦芽糖是由两分子 α-D-葡萄糖通过 α-1,4-糖苷键连接形成的双糖，分子组成是 $C_{12}H_{22}O_{11}$。麦芽糖在啤酒发酵过程主要用作碳源。

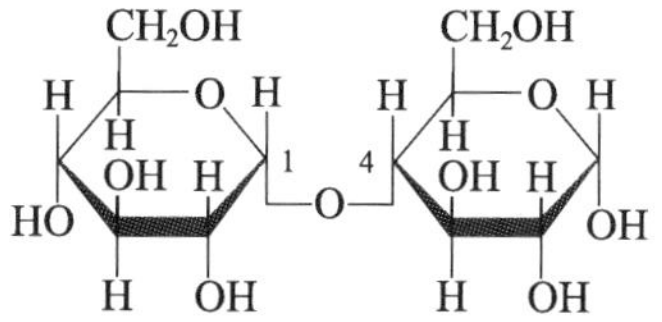

麦芽糖

若两分子 α-D-葡萄糖通过 α-1,6-糖苷键缩合、失水，则生成异麦芽糖，它广泛存在于支链淀粉和糖原中。

② 纤维二糖。纤维二糖是纤维素水解的中间产物，其分子组成与麦芽糖相同，也是 $C_{12}H_{22}O_{11}$，也可水解生成两分子 D-葡萄糖，与麦芽糖的区别仅在于成苷部分的葡萄糖中的半缩醛羟基的构型不同。纤维二糖有半缩醛羟基，因而也具有还原性。

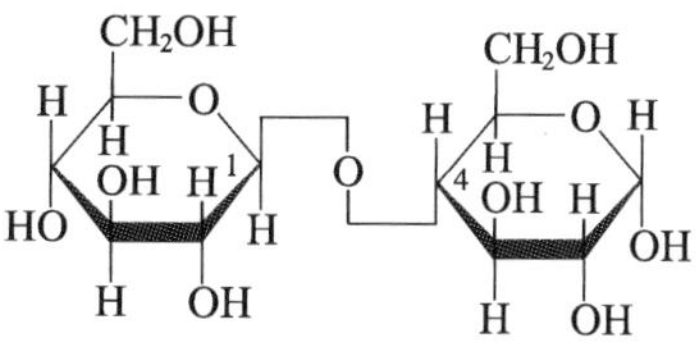

纤维二糖

[葡萄糖-β(1→4)葡萄糖]

③ 乳糖。乳糖是哺乳动物乳汁糖的主要成分，其含量因动物种类不同而有所不同（为 0～7％）。乳糖由一分子 β-D-半乳糖和一分子 D-葡萄糖以 β-1,4-糖苷键缩合而成。乳糖不易溶解，甜度较低，是右旋糖（比旋光度为 +55.4°）。乳糖也有 α、β 两型，乳汁中的乳糖为 α、β 两型的混合物，而晶体乳糖一般为 α 型。

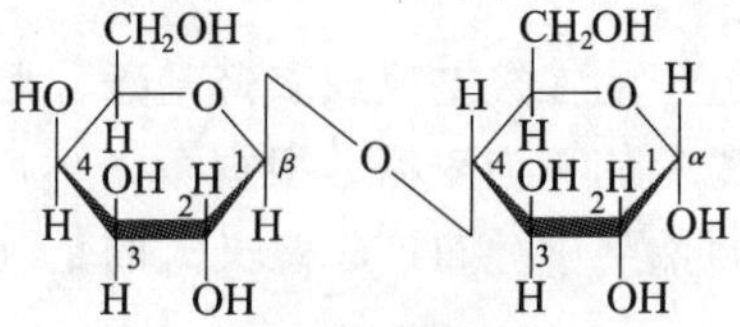

α-乳糖

[半乳糖-β(1→4)葡萄糖苷]

（2）非还原性二糖

非还原性二糖是由两个单糖的半缩醛羟基失水缩合而成的。这种方式形成的二糖不能再转变成开链式，所以没有变旋现象。最常见的非还原性二糖是蔗糖，它是由一分子 α-D-葡萄糖和一分子 β-D-果糖失水缩合而成。蔗糖分子中没有半缩醛羟基，故没有还原性，为非还原性二糖。

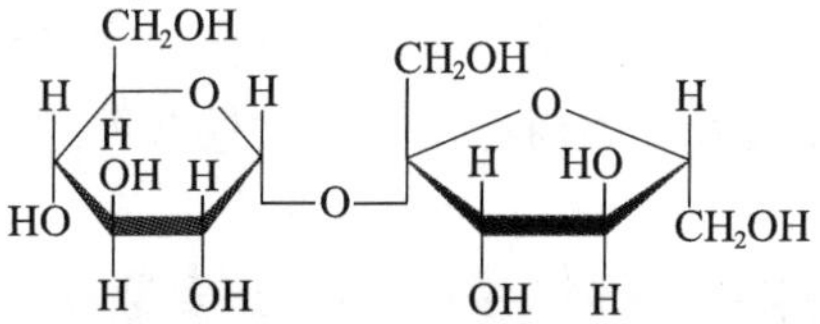

α型　　β型

蔗糖

在自然界中分布最广的二糖就是蔗糖，所有光合植物中都含有蔗糖，如甜菜和甘蔗中含量最高，故又称为甜菜糖。它是一种无色晶体，易溶于水但难溶于乙醇等，熔点 180℃，是右旋糖，其比旋光度为 +66.5°。

3. 多糖

多糖是 10 个以上单糖通过糖苷键相互连接而成的、相对分子质量较大的高分子化合物。其水解的最终产物是单糖。天然糖类绝大部分是以多糖形式存在。多糖广泛存在于动物、植物和微生物组织中，具有许多重要的功能，其中淀粉、糖原、菊粉等主要起能量的储藏作用；纤维素、果胶、甲壳质等是构成动植物支架的主体；黏多糖类则具有保护、润滑、固定等多种功能。

多糖可以由同一种单糖缩合而成，如己糖类的纤维素和淀粉，戊糖类的木聚糖等，统称为均质多糖（同多糖）；也可以由多种不同的单糖缩合而成，如透明质酸，统称为非均质多糖（杂多糖）。多糖在性质上与单糖有较大的不同。多糖大部分为无定形粉末，无甜味，无一定熔点，多数也不溶于水，个别能与水形成胶体溶液，基本上没有还原性。

（1）淀粉

淀粉是植物光合作用的产物，是多种植物的养料储存形式，大多存在于植物的种子、块茎和干果中，特别是以米、麦、红薯和土豆等农作物中含量最丰富。

淀粉是一种无味、白色、无定形固体，不溶于一般的有机溶剂，没有还原性，是 D-葡萄糖以 α-糖苷键连接成的多聚体，分子组成为 $(C_6H_{10}O_5)_n$。天然淀粉有两种结构，即直链淀粉与支链淀粉。

直链淀粉是由 α-D-葡萄糖通过 α-1,4-糖苷键连接而成的链状高分子化合物，占总淀粉量的 20%～30%。其结构可用哈沃斯式表示如下：

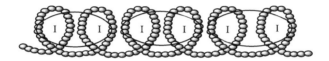

直链淀粉

直链淀粉的结构并不是几何概念上的直线形，而是能够形成有序的螺旋结构。当遇碘时，碘分子可以进入螺旋结构的中心，使淀粉变为蓝紫色。另外，这种螺旋结构似紧密堆积的线圈（见图 6-1），不利于水分子接近，故难溶于水。

图 6-1　淀粉-碘复合物结构示意图

支链淀粉是许多淀粉的主要成分，D-葡萄糖通过 α-1,4-糖苷键连接成支链淀粉的主链，通过 α-1,6-糖苷键形成分支侧链。相隔 20～25 个葡萄糖单位出现一个分支，其哈沃斯结构式表示如下：

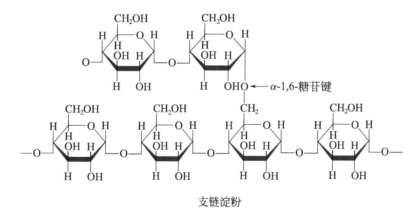

支链淀粉

支链淀粉相对分子质量要比直链淀粉大得多，其分子中各个分支也都是卷曲成螺旋（见图 6-2）。支链淀粉与直链淀粉相比，不但含有更多的葡萄糖单位，而且具有高度分支，不像直链淀粉那样结构紧密，所以有利于水分子的接近，能溶于水。

支链淀粉与碘呈紫红色，以此可以区别直链淀粉。淀粉除供食用外，在工业上用途也很广泛，如通过发酵酿造酒和通过水解制造糖。

（2）纤维素

纤维素是自然界中分布最广、含量最多的一

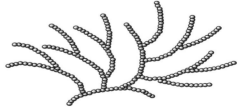

图 6-2　支链淀粉结构示意图

种多糖，是植物细胞壁的主要成分，构成植物的支持组织。纤维素主要来源于棉花、麻、木材和植物的根茎如麦秆、稻草和甘蔗渣等。

纤维素是由成千上万个 β-D-葡萄糖单位经 β-1,4-糖苷键连接而成的长链分子，一般无分支链。纤维素的结构如下：

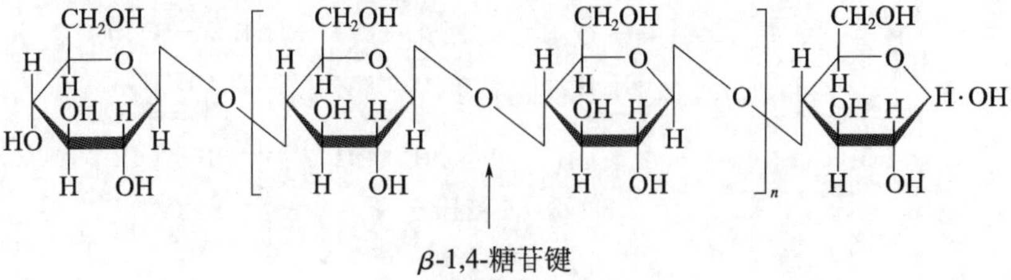

β-1,4-糖苷键
纤维素

纯净的纤维素是白色、无臭、无味的固体，性质稳定，不溶于水和有机溶剂，但在一定条件下，某些酸、碱和盐的水溶液可使纤维素溶解。

人体消化道分泌出的淀粉酶不能水解纤维素，所以人们不能以纤维素作为自己的营养物质。但它们是非常重要的膳食成分，能促进肠道蠕动。食物中的纤维素，还可以减少胆固醇的吸收，有降低血清胆固醇的作用。纤维素可以作为糖尿病人的特殊食物，在饮食中有特殊的价值。

【项目 29】　尿糖定性及半定量测定

一、目的要求

会进行尿糖定性及半定量测定。

二、基本原理

尿液中还原性糖可将班氏试剂中的 Cu^{2+} 还原为 Cu^+，生成砖红色沉淀物，据此来估计尿液中糖的含量。

三、试剂与仪器

1. 试剂

(1) 正常人体清晨尿液　　　　1mL　　(2) 葡萄糖 A　　　　1mL
(3) 葡萄糖 B　　　　　　　　1mL　　(4) 班氏试剂　　　　5mL

试剂配制：

(1) 1％葡萄糖溶液：称取葡萄糖 2.5g，加少量蒸馏水溶解后，稀释至 250mL。

(2) 2％葡萄糖溶液：称取葡萄糖 5.0g，加少量蒸馏水溶解后，稀释至 250mL。

(3) 班氏试剂：称取结晶硫酸铜 17.3g，加蒸馏水 100mL，加热溶解。称取柠檬酸钠 173g 及无水 Na_2CO_3 100g，加蒸馏水 700mL，加热溶解，冷至室温后，将硫酸铜溶液慢慢加入，混匀，用蒸馏水稀释至 1000mL。可长期保存。

2. 仪器

(1) 试管　　　3 支　　(2) 试管夹　　　1 个
(3) 滴管　　　2 支　　(4) 酒精灯　　　1 个

四、操作步骤

1. 分别取班氏试剂 5mL 于试管 1、2、3 中，酒精灯加热煮沸。一定要将试管口朝向无人处；边煮边振摇，防止外溅。

2. 在试管 1 中加入尿液或葡萄糖 A 溶液 1mL，混匀。

3. 在试管 2 中加入葡萄糖 B 溶液 1mL，混匀。

4. 在试管 3 中加入蒸馏水 1mL，混匀。

5. 将试管 1、2、3 中溶液煮沸 1～2min。

6. 自然冷却后观察现象，并记录在表 6-1 中。

表 6-1　测定现象及结果

试管号	1	2	3
现象			
结果			

反应结果可按下列标准判定：

（－）经过冷却后，无绿色、黄色、红色沉淀物可见。

（＋）煮沸时无变化，冷却后略见淡绿色沉淀物出现，这表示含有极微量的糖。

（＋＋）煮沸约 1min 时，有黄绿色沉淀物出现，含葡萄糖 0.5％～1％。

（＋＋＋）煮沸 10～15s 即出现黄色沉淀物，含葡萄糖 1％～2％。

（＋＋＋＋）开始煮沸时，就出现橘红色沉淀物，约含葡萄糖 2％。

五、思考题

为什么用班氏试剂检验尿糖？

任务二
油脂及脂类的识用

 实例分析

橄榄油在地中海沿岸国家有几千年的历史，在西方被誉为"液体黄金"、"植物油皇后"、"地中海甘露"等，原因就在于其极佳的天然保健功效、美容功效和理想的烹调用途。可供食用的高档橄榄油是用油橄榄鲜果通过物理冷压榨工艺提取的天然果油汁，是世界上唯一以自然状态的形式供人类食用的木本植物油。

一、油脂

油脂属于酯类化合物，是高级脂肪酸甘油酯的通称。通常意义上的油脂是油和脂肪的简称。从组成上看油脂是由甘油和三分子脂肪酸生成的，又称三酰甘油或甘油三酯。常温下，植物脂肪呈液态，习惯上称为油，如花生油、豆油、菜籽油、橄榄油等。动物脂肪在常温下为固态，习惯上称为脂（肪），如猪油、牛脂、鲸脂等。油脂在人体内氧化时能够产生大量热能，是食物中能量最高的营养素。

油脂也是重要的化工原料，可用作制造肥皂、护肤品、润滑剂以及人造奶油等的原料。

1. 油脂的组成和结构

油脂的主要成分一般是含有偶数个碳原子的直链高级脂肪酸和甘油生成的酯，结构可表示如下：

$$
\begin{array}{l}
CH_2O-\overset{\overset{\displaystyle O}{\|}}{C}-R^1 \\[2mm]
CHO-\overset{\overset{\displaystyle O}{\|}}{C}-R^2 \\[2mm]
CH_2O-\overset{\overset{\displaystyle O}{\|}}{C}-R^3
\end{array}
$$

式中，R^1、R^2、R^3 代表脂肪酸的烃链，分为饱和脂肪酸和不饱和脂肪酸，前者主要含于各种动物脂肪中，后者主要含于各种植物油中。绝大多数脂肪酸是含偶数碳原子的直链羧酸，从 $C_{12} \sim C_{26}$ 不等。多数脂肪酸在人体内能够合成，只有亚油酸、亚麻酸和花生四烯酸等多双键的高级脂肪酸不能合成，必须由食物提供，称为营养必需脂肪酸。

R^1、R^2、R^3 相同时为简单甘油酯，其中两个不同或者全部不相同时，为混合甘油酯。天然油脂多为混合甘油酯。

2. 油脂的性质

纯净的油脂无色、无味、无臭。天然油脂中除了混合甘油酯，还含有少量游离脂肪酸、高级醇、高级烃、维生素和色素等，因而呈现出不同的颜色和气味。油脂都比水轻，其相对密度在 0.86～0.95 之间。没有确定的熔点和沸点。极性很小，不溶于水，但易溶于极性很小的有机溶剂如苯、氯仿、丙酮等。利用这一特点，可从动植物组织中提取油脂。

油脂具有酯的性质，并有一些特殊的反应。

（1）水解和皂化

油脂在酸、碱或酶的作用下水解为甘油和脂肪酸。在氢氧化钠（或氢氧化钾）溶液中，油脂水解产生的脂肪酸与碱结合形成脂肪酸的盐类，习惯上称为肥皂，因此把油脂在碱性溶液中的水解反应称为皂化作用。

1g 油脂完全水解所需氢氧化钾的质量（mg），叫做皂化值。皂化值可反映脂肪酸的平均相对分子质量的大小，还可用来检验油脂的纯度。脂肪的皂化值与脂肪酸相对分子质量成反比，皂化值越高表示含有相对分子质量低的脂肪酸越多，纯度越高。

互动坊

你知道肥皂的……

肥皂是脂肪酸金属盐的总称，日用肥皂中的脂肪酸碳数一般为 10～18，金属主要是钠或钾等碱金属，也有用氨及某些有机碱如乙醇胺、三乙醇胺等制成特殊用途肥皂的。肥皂包括洗衣皂、香皂、金属皂、液体皂等。

1. 肥皂的成分

含有羧酸的钠盐 $R-CO_2Na$、合成色素、合成香料、防腐剂、抗氧化剂、发泡剂、硬化剂、黏稠剂、合成界面活性剂等。

肥皂的主要成分 R—CO$_2$Na［硬脂酸钠（C$_{17}$H$_{35}$COONa）］，其中 R 基团一般是不同的，是各种烃基。R—是憎水基，羧基是亲水基。在硬水中肥皂与 Ca^{2+}、Mg^{2+} 等形成了凝乳状物质——脂肪酸钙盐等，即通常说的"钙肥皂"而失去去污的能力成为了无用的除垢剂。将软化剂加入硬水中可以除去硬水离子，可使肥皂重新发挥作用。

2. 肥皂的用途

肥皂的用途很广，除了大家熟悉的用来洗衣服之外，还广泛地用于纺织工业。通常以高级脂肪酸的钠盐用得最多，一般叫做硬肥皂；其钾盐叫做软肥皂，多用于洗发刮脸等。其铵盐则常用来做雪花膏。根据肥皂的成分，从脂肪酸部分来考虑，饱和度大的脂肪酸所制得的肥皂比较硬；反之，不饱和度较大的脂肪酸所制得的肥皂比较软。肥皂的主要原料是熔点较高的油脂。从碳链长短来考虑，一般说来，脂肪酸的碳链越短，所做成的肥皂在水中溶解度越大；碳链越长，则溶解度越小。因此，只有 C$_{10}$～C$_{20}$ 的脂肪酸钾盐或钠盐才适于做肥皂，实际上，肥皂中含 C$_{16}$～C$_{18}$ 脂肪酸的钠盐为最多。

3. 肥皂种类

肥皂中通常还含有大量的水，一般含约 30％ 的水分。在成品中加入香料、染料及其它填充剂后，即得各种功能的肥皂。

普通使用的黄色洗衣皂，一般掺有松香，松香是以钠盐的形式而加入的，其目的是增加肥皂的溶解度和多起泡沫，并且作为填充剂也比较便宜。

白色洗衣皂则是加入碳酸钠和水玻璃（有含量可达 12％）制成的，如果把白色洗衣皂干燥后切成薄片，即得皂片，用以洗高级织物。

在肥皂中加入适量的苯酚和甲酚的混合物（防腐，杀菌）或硼酸即得药皂。香皂需要比较高级的原料，例如，用牛油或棕榈油与椰子油混合，制得的肥皂，粉碎、干燥至含水量约为 10％～15％，再加入香料、染料后，压制成型即得。

液体的钾肥皂常用作洗发水等，通常是以椰子油为原料制得的。

（2）氧化

天然油脂长期暴露在空气中会自动进行氧化反应，产生酸臭、变苦的现象，称为油脂的酸败。即油脂中的不饱和链烃被空气中的氧所氧化，生成过氧化物，过氧化物继续分解产生低级醛、酮、羧酸，产生令人不愉快的嗅感和味感。

油脂的酸败会使其中的维生素和脂肪酸遭到破坏，失去营养价值。食用酸败的油脂对人体健康极为有害。

受到热、光照以及空气、重金属离子、微生物、水等因素影响，都可能加快油脂的酸败，因此不宜使用铁器或其它金属容器来储存油脂，并应选择避光、干燥处放置。

（3）加成

液态油中的不饱和脂肪酸中含有碳碳双键，在催化剂的作用下，发生加氢或加碘的加成反应，分别叫做氢化和碘化。

根据碘的用量，可以判断油脂的不饱和程度。每 100g 油脂能吸收的碘的质量（g），称为油脂的碘值。碘值愈高，油脂分子中的双键愈多，表示油脂的不饱和程度愈大。

不饱和油脂经过氢化后转化为饱和油脂，由液态转变成固态，也叫油脂的硬化，便于运输。氢化后的油脂又叫氢化油或硬化油。食品工业上利用油脂硬化的原理来生产人造奶油。

☞ **相关链接**

人造油脂包括两类。

（1）起酥油

起酥油范围相当广泛，一般可以理解为动、植物经精制加工或硬化、混合、速冷、捏合等处理使之具有可塑性、乳化性等加工性能的油脂。

（2）人造奶油

它产生于 1869 年。一种塑性或液性乳化剂形式的食品，主要是油包水型。大部分用食用油脂生产得到，不是或者不是主要来源于牛奶。它与起酥油最大的区别是含有较多的水分（20%左右），也可以说是水溶于油的乳状液。

各种油脂可以给食品带来特有的香味。油脂本身是很好的营养源。各类油脂都具有约 $39.71\text{kJ}\cdot\text{g}^{-1}$ 的热量，是食品中能量最高的营养素，热量的主要来源。同时油脂内含有脂溶性维生素，随油脂被食用而进入体内，使食品更富营养。

油脂经硬化处理和其它处理后，可做成夹心饼干、蛋糕、面包等的夹心馅、表面装饰等。

二、脂类

不溶于水而能被乙醚、氯仿、苯等非极性有机溶剂抽提出的化合物，统称脂类。脂类包括油脂（甘油三酯）和类脂（磷脂、蜡、萜类、甾族）。

1. 磷脂

由甘油和磷酸生成甘油磷酸。

$$\begin{array}{c} CH_2OH \\ HO\!\!-\!\!\!\!|\!\!-\!\!H \\ CH_2OPO_3H_2 \end{array}$$

L-甘油磷酸

甘油磷酸与两分子脂肪酸生成磷脂酸。

$$\begin{array}{c} CH_2OCOR \\ R'COO\!\!-\!\!\!\!|\!\!-\!\!H \\ CH_2OPO_3H_2 \end{array}$$

磷脂酸

磷脂酸与另一种醇生成磷酸二酯，磷酸二酯叫磷脂。如卵磷脂。

$$\begin{array}{c} CH_2OCOR \\ R'COO\!\!-\!\!\!\!|\!\!-\!\!H \quad O \\ CH_2O\!\!-\!\!P\!\!-\!\!OCH_2CH_2N^+(CH_3)_3 \\ O^- \end{array}$$

卵磷脂

磷酸基与醇发生酯化的部分形成亲水性的极性头部，两条长的烃链构成疏水性的非极性尾部，在两个水相之间可以形成类脂双层。

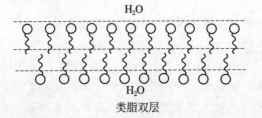

类脂双层

磷脂有极性的一端伸入水相，长链的一端则在双层内部交错配合，稳定地聚集在一起。非极性物质可以透过双层内部从一个水相迁移到另一个水相，而极性物质，特别是 K^+、Na^+、Ca^{2+} 等则不能透过双层。磷脂是形成细胞膜的主要成分。

2. 甾族

甾族化合物名称源于希腊文 stereos，意为固体。中文名"甾"字是象形字，上面"巛"表示三个支链，"田"字表示有四个稠合环。

甾族化合物也称类固醇化合物，广泛存在于生物体内，并在动植物生命活动中起着重要作用。

甾族化合物的共同特点是分子中都含有一个环戊烷与氢化菲稠合的基本结构，并且一般含有三个支链。

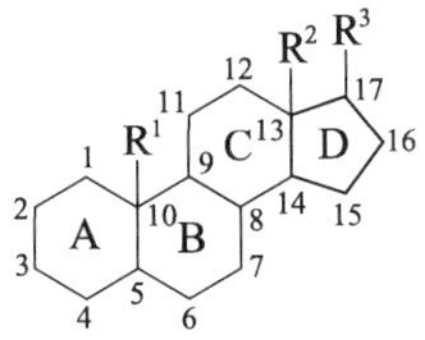

甾族化合物的命名多采用俗名，例如胆固醇、黄体酮等。比较重要的甾族化合物为胆固醇，又名胆甾醇。胆固醇广泛存在于动物细胞中，在脑和神经组织中含量较多，因它是从胆石中发现的固体醇而得名。在人体内胆固醇常与高级脂肪结合成胆固醇酯。

人体中的胆固醇一部分由动物性脂肪中摄取，另一部分是由体内的组织细胞自己合成。胆固醇为无色蜡状物，难溶于水，而易溶于乙醇、乙醚、氯仿等有机溶剂。胆固醇的冰醋酸溶液与氯化铁及浓硫酸作用生成物为紫色，紫色的深浅与胆固醇的含量成正比。因此，在临床化验中常利用这些颜色反应来测定血清中胆固醇的含量。在人体内当胆固醇代谢发生障碍时，血液中胆固醇含量增加，这是动脉硬化的原因之一。胆结石中的胆石几乎全部是由胆固醇组成的。

3. 萜类

几乎所有的植物中都含有萜类化合物，在动物和真菌中也含有萜类化合物，特别是在香精油和松节油中含量较多。

萜类化合物是指具有 $(C_5H_8)_n$（$n=1,2\cdots$）通式及其含氧和不同饱和程度的衍生物，可以看成是由异戊二烯单位首尾相连而组成的一类天然化合物。

含有 2 个异戊二烯单位的称单萜。含有 3 个异戊二烯单位的称倍半萜。含有 4 个异戊二烯单位的称二萜。含有 6 个异戊二烯单位的称三萜。萜分为开链和环状两种，例如：

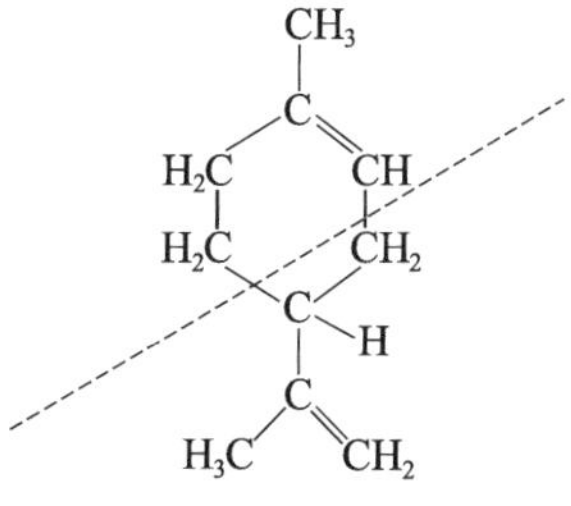

单环萜
宁烯

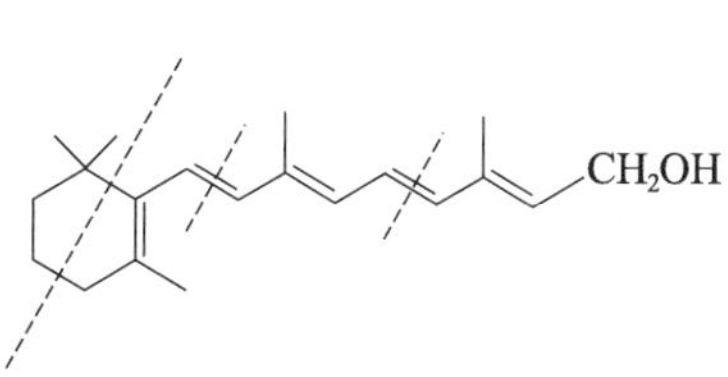

环双萜醇
维生素A_1

萜类化合物，特别是一些含氧衍生物，由于有香气和对哺乳动物的低毒性，是主要的香料和食用香料。萜类化合物还具有一定的生理活性，如祛痰、止咳、祛风、发汗、驱虫、镇痛等。比如，广泛存在于高等植物分泌组织里的单萜类化合物，多数是挥发油中沸点较低部分的主要组成部分，而其含氧衍生物沸点较高，多数又具有较强的香气和生理活性，是医药、食品和化妆品工业的重要原料。

【项目 30】　脂肪转化为糖的检验

一、目的要求

能用正确方法检验脂肪转化为糖。

二、基本原理

植物体内的脂肪酸可以通过乙醛酸循环生成琥珀酸。琥珀酸再沿糖异生途径转变为还原糖。以油料作物的种子及其黄豆幼苗为材料，用费林试剂检验黄豆幼苗中还原糖的存在，定性地了解脂肪转化糖的现象。

三、试剂与仪器

1. 试剂

（1）斐林试剂	20mL	（2）碘试剂	500 mL
（3）黄豆种子	5 粒（提前泡软）	（4）黄豆芽	5 颗

试剂配制：

（1）斐林试剂

试剂 A：将 34.5g $CuSO_4 \cdot 5H_2O$ 溶于 500mL 蒸馏水中，加入 0.5mL 浓 H_2SO_4 混匀。

试剂 B：将 125g NaOH 和 137g 酒石酸钾钠溶于 500mL 水中，混匀。

临用时将试剂 A 与试剂 B 等量混合。

（2）碘试剂：将碘化钾 2g 及碘 1g，溶于 100mL 水中。

2. 仪器

（1）研钵	若干	（2）比色板	若干
（3）小烧杯	250mL×2	（4）试管	2 支
（5）滴管	若干	（6）水浴锅	若干
（7）纱布	20cm×20cm，若干	（8）酒精灯	1 个
（9）三脚架	1 只	（10）石棉网	1 块

四、操作步骤

1. 取黄豆种子 5 粒、黄豆芽 5 棵，分别研成糊状。

2. 取两种糊状物少许，分别放入比色板孔内，各加 1 滴碘试剂，观察有无蓝色产生。

3. 将两种糊状物分别放入两个小烧杯中，各加 10mL 蒸馏水煮沸，冷却后过滤，取两种滤液各 1mL，分别放入两支试管中，每管加入 2mL 斐林试剂，放入沸水浴中煮 2～3min，观察哪一管有砖红色沉淀出现。

五、思考题

1. 实验中，碘试剂的作用是什么？
2. 比较黄豆种子和黄豆芽中，脂肪的转化程度。

任务三
有机化合物旋光度和折射率的测定

实例分析

早在 19 世纪就发现许多天然有机化合物如樟脑、酒石酸等晶体有旋光性，而且即使溶解成溶液仍具有旋光性，这说明它们的旋光性不仅与晶体有关，而且与分子结构有关。

1874 年随着碳原子四面体学说的提出，Van't Hoff 指出，如果一个碳原子上连有四个不同基团，这四个基团在碳原子周围可以有两种不同的排列形式，即两种不同的四面体空间构型。它们互为镜像，和左右手之间的关系一样，外形相似但不能重合。

一、手性分子

1. 不对称碳原子

在化合物中，饱和碳原子与四个不同的原子或原子基团相连，这样的碳原子称为不对称碳原子。通常用"＊"号标出。例如：

$$
\begin{array}{c}
CH_3 \\
| \\
H-\overset{*}{C}-OH \\
| \\
COOH
\end{array}
\qquad
\begin{array}{c}
COOH \\
| \\
\overset{*}{C}HCl \\
| \\
\overset{*}{C}HOH \\
| \\
COOH
\end{array}
$$

乳酸　　　　　　　　氯代苹果酸

2. 手性分子

物质的分子和它的镜像不能重合。如同我们的左、右手一样，虽然很相像，但不能重叠，把物质的这种特征称为手性。具有手性的分子称为手性分子。

物质分子在结构上不具有对称面、对称中心或对称轴，这个物质就具有手性，它和镜像互为对映异构体。对映异构体都有旋光性，其中一个是左旋，一个是右旋。所以对映异构体又称为旋光异构体。

葡萄糖是含五羟基的己醛，含有 4 个手性碳原子，旋光异构体数目为 $N=2^4=16$。

对映异构体之间的物理性质和化学性质一般都相同，比旋光度的数值相等，仅旋光方向相反。

在手性环境条件下，对映异构体会表现出某些不同的性质，如反应速率有差异、生理作用不相同等。例如，生物体中（＋）-葡萄糖在动物代谢中能起独特的作用，具营养价值，但其对映体（－）-葡萄糖则不能被动物代谢；氯霉素是左旋的有抗菌作用，其对映体则无疗效。

二、平面偏振光和旋光性

1. 自然光

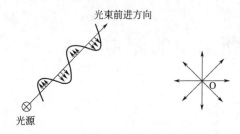

图 6-3　光的振动

光波是一种电磁波，它的振动方向与其前进方向垂直。在普通光线里，光波可在垂直于它前进方向的任何平面上振动（见图 6-3）。中心圆点"O"，表示垂直于纸面的光的前进方向，双箭头表示光可能的振动方向。

2. 平面偏振光

如果将普通光线通过一个尼科尔（Nicol）棱镜，它好像一个栅栏，只允许与棱镜晶轴相互平行的平面上振动的光线透过棱镜。这种通过尼科尔棱镜的光线叫做平面偏振光，简称偏振光（见图 6-4）。

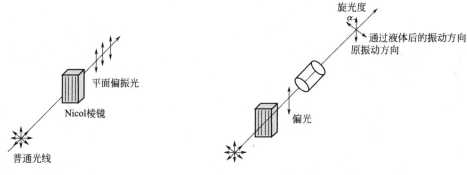

图 6-4　偏振光形成示意图　　　　图 6-5　旋光性示意图

3. 旋光性

若把偏振光透过一些具有手性分子的物质（液体或溶液），如葡萄糖、乳酸等，能使偏振光的振动平面旋转一定的角度（α）（见图 6-5）。这种能使偏振光振动平面旋转的性质称为物质的旋光性。能使偏振光振动平面顺时针向右旋转的物质称为右旋体，用（＋）表示；能使偏振光振动平面逆时针向左旋转的物质称为左旋体，用（－）表示。等量左旋体与右旋体的混合物称为外消旋体，无旋光性，用（±）表示。

三、旋光度和比旋光度

1. 旋光度

具有旋光性的物质称为旋光物质或称为光学活性物质，使偏振光振动平面向右旋转称为右旋体，能使偏振光向左旋转的称为左旋体。旋光物质使偏振光振动平面旋转的角度称为旋光度，通常用 α 表示。旋光度的大小除决定于物质的本性外，还与测定时的条件有关。旋光度随溶液的浓度或液体的密度，测定时的温度，所用光的波长，盛液管的长度及溶剂的性质等因素而改变。

2. 比旋光度

为比较物质的旋光性，需以一定条件下的旋光度作为基准。通常规定：1cm³ 含 1g 旋光性物质的溶液放在 1dm 长的盛液管中测得的旋光度叫做该物质的比旋光度，并用 $[\alpha]_\lambda^t$ 表示。t 为测定时的温度，一般是室温。λ 为测定时光的波长，一般采用钠光（波长为 589.3nm，用符号 D 表示）。例如，肌肉乳酸的比旋光度为 $[\alpha]_D^{20} = +0.38°$，发酵乳酸的比旋光度为 $[\alpha]_D^{20} = -0.38°$，葡萄糖的比旋光度为 $[\alpha]_D^{20} = +53°$。其中（＋）表示右旋，（－）表示左旋。

在一定的波长和温度下比旋光度 $[\alpha]_\lambda^t$ 可以用下列关系式表示。

纯液体的比旋光度：$[\alpha]_\lambda^t = \dfrac{\alpha}{Ld}$

溶液的比旋光度：　$[\alpha]_\lambda^t = \dfrac{\alpha}{Lc}$

式中　α——旋光度，即标尺盘转动角度的读数，(°)；

　　　d——密度，$g \cdot cm^{-3}$；

　　　L——旋光管的长度，dm；

　　　c——质量浓度 [100mL 溶液中所含样品的质量 (g)]。

比旋光度是旋光性物质的物理常数之一。通过测定旋光度，可以鉴定物质的纯度、测定溶液的浓度、密度和鉴别光学异构体。

旋光度受温度、波长、溶剂、浓度、盛液管长度的影响，因此在不用水为溶剂时，需注明溶剂的名称，有时还要注明测定时溶液的浓度。例如：

右旋酒石酸　$[\alpha]_D^{20} = +3.79°$（乙醇，5％）

3. 旋光仪

旋光性物质的旋光度用旋光仪来测定。旋光仪主要由一个钠光源、两个尼科尔棱镜和一个盛有测试样品的盛液管组成，工作原理见图 6-6。

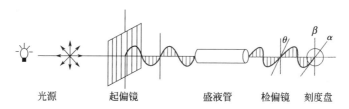

图 6-6　旋光仪工作原理

普通光先经过一个固定不动的棱镜（起偏镜）变成偏振光，然后通过盛液管、再由一个可转动的棱镜（检偏镜）来检验偏振光的振动方向和旋转角度。若使偏振光振动平面向右旋转，则称右旋；若使偏振光振动平面向左旋转，则称左旋。旋转角度为物质的旋光度。

4. 旋光度的测定

如果盛液管中不放液体试样，那么经过起偏棱镜后出来的偏振光就可直接射在第二个棱镜即检偏棱镜上。显然只有当检偏棱镜的晶轴和起偏棱镜的晶轴相互平行时，偏振光才能通过，这时目镜处视野明亮。如若两个棱镜的晶轴相互垂直，则偏振光完全不能通过。

实际测定时应先旋转检偏镜，使视野中光亮度相等，得到零点。然后放入旋光物质，视野中光亮度就不相等，旋转检偏镜，使视野的亮度再变成一样，这时所得到的读数与零点之间的差就是该物质的旋光度 α。具体测定见【项目31】。

四、折射率的测定

1. 折射率

光在不同介质中的传播速率不同。当光由第一介质进入第二介质的分界面时，即产生反射及折射现象。入射光夹角（α）正弦与折射角（β）的正弦之比，称为折射率（n）。

$$n = \frac{\sin\alpha}{\sin\beta}$$

折射率是有机化合物重要的特征常数之一。作为液体化合物纯度的标志，比沸点更可靠。固体、液体和气体都有折射率。它不仅作为物质纯度的标准，也可用来鉴定未知物、定量分析溶液的浓度。

物质的折射率随入射光线波长不同而改变，也随测定温度不同而变化。通常温度升高 $1℃$，液态化合物的折射率降低 $(3.5\sim5.5)\times10^{-14}$。所以，折射率（$n$）的表示需要注出所用光线波长和测定的温度，常用 n_D^t 来表示，D 表示钠光。

实际应用中，折射率是指在 $20℃$ 的条件下，钠光谱的 D 线（$\lambda = 589.3\text{nm}$）光自空气中通过被测物质时的入射角的正弦与折射角的正弦之比，以 n_D^{20} 记之。水的折射率 $n_D^{20} = 1.3330$。

2. 阿贝（Abbe）折光仪

通常使用阿贝折光仪测定液体化合物的折射率。其构造见图 6-10。

通常用阿贝折光仪测定有机物的折射率，可测定浅色、透明、折射率在 $1.3000\sim1.7000$ 范围内的物质。具体测定见【项目32】。

【项目31】   果糖、葡萄糖旋光度的测定

一、目的要求

1. 能熟悉旋光仪的构造原理及其使用方法。
2. 会测定旋光度，会计算比旋光度。

二、基本原理

1. 基本概念

有些有机化合物，特别是很多的天然有机化合物，都是手性分子，能使偏振光的振动平面旋转一定的角度 α，使偏振光向左旋转的为左旋性物质，使偏振光向右旋转的为右旋性物质。

旋光度 α 除了与样品本身的性质有关以外，还与样品溶液的浓度、溶剂、光线穿过的旋光管的长度、温度及光线的波长有关。一般情况下，温度对旋光度测量值影响不大，通常不必使样品置于恒温器中。因此，常用比旋光度 $[\alpha]_\lambda^t$ 来表示各物质的旋光性。

在一定的波长和温度下比旋光度$[\alpha]_\lambda^t$可以用下列关系式表示。

纯液体的比旋光度：$[\alpha]_\lambda^t = \dfrac{\alpha}{Ld}$

溶液的比旋光度：$[\alpha]_\lambda^t = \dfrac{\alpha}{Lc}$

式中 $[\alpha]_\lambda^t$——旋光性物质在温度为t、光源波长为λ时的旋光度，一般用钠光（λ为589.3nm），用$[\alpha]_D^t$表示；

t——测定时的温度；

d——密度，$g \cdot cm^{-3}$；

λ——光源的光波长；

α——标尺盘转动角度的读数（即旋光度），（°）；

L——旋光管的长度，dm；

c——质量浓度[100mL溶液中所含样品的质量（g）]。

比旋光度是物质特性常数之一，测定旋光度，可以鉴定旋光性物质的纯度和含量。

2. 旋光仪基本结构

测定溶液或液体物质旋光度的仪器叫旋光仪，外形示意图见图6-7。

测定旋光度时，从目镜中可观察到的几种情况见图6-8。

读数时，应调整检偏镜刻度盘，使视场变成明暗相等的均一视场，然后读取刻度盘上所示的刻度值。刻度盘分为两个半圆，分别标出0°~180°。固定游标分为20等分。读数时，应先读游标的0落在刻度盘上的位置（整数值），再用游标尺的刻度盘画线重合的方法，读出游标尺上的数值（可读出两位小数见图6-9）。

图6-7 旋光仪外形示意图

1—电源开关；2—钠光源；

3—镜筒；4—镜筒盖；

5—刻度游盘；6—视度调节螺旋；

7—刻度盘转动手轮；8—目镜

(a) 中间明亮
两旁较暗

(b) 中间较暗
两旁较明亮

(c) 视场内明暗相等的均一视场

图6-8 三分视场变化图

图6-9 刻度盘读数示意图

三、试剂与仪器

1. 试剂

（1）5%果糖溶液　　　　50mL　　　（2）5%葡萄糖溶液　　　50mL

试剂配制：在分析天平上精确称取2~2.5g纯样品，溶解，置于50mL的容量瓶中定容。溶液配好后必须透明无固体颗粒，否则须经干滤纸过滤。

2. 仪器

（1）旋光仪　　　　　1台　　　　（2）恒温槽　　　　　　1套

（3）容量瓶　　　　50mL×3　　　（4）烧杯　　　　　　50mL×3

（5）量筒　　　　　25mL×1　　　（6）玻璃棒　　　　　1支

四、操作步骤

测定 20℃下果糖和葡萄糖的比旋光度。

1. 旋光仪进行恒温

把恒温槽与旋光仪连接，恒定控制在 20℃。

2. 旋光仪零点的校正

在测定样品之前，先校正旋光仪的零点。将旋光管洗干净，装上蒸馏水，使液面凸出管口，盖好盖子。将旋光管擦干，放入旋光仪内，罩上盖子；然后开启钠光灯，再调节仪器目镜焦点，使视场为明暗相等的均一视场（见图 6-8），记下其读数。重复操作至少 5 次，取平均值，若零点相差太大时应把仪器重新校正。

3. 样品装入

将旋光管的一头用玻盖和铜帽封上，然后将管竖起，开口向上，将配制好的液体样品注入到旋光管中，并使溶液因表面张力而形成的凸液面中心高出管顶，再将旋光管上的玻盖盖好，不能带入气泡，然后盖上铜帽，使之不漏水。

4. 旋光度的测定

把样品恒温到 20℃，快速测定旋光度。测定之前旋光管必须用待测液润洗 2～3 次，以免有其它物质影响。依上法将样品装入旋光管测定旋光度，这时所得的读数与零点之间的差值即为该物质的旋光度。记下此时旋光管的长度及溶液的温度，按公式计算出比旋光度。

5. 实验结束后，洗净旋光管，装满蒸馏水。

☞ **注意事项：** ① 一般旋光仪的刻度盘的最小刻度为 0.25°，加上游标，可读至 0.01°。

② 在测定零点（或旋光化合物的旋光度）时，必须重复操作至少 5 次，取其平均值。若零点相差较大，应重新校正。

③ 在玻盖与玻管之间是直接接触，而在铜帽与玻盖之间，需放置橡皮垫圈。铜帽与玻盖之间不可拧得太紧，只要不流出液体即可。

④ 旋光管中不能有气泡。

⑤ 实验结束后，一定要将旋光管清洗干净。

五、探索浓度对旋光度的影响

配制浓度是上述浓度 0.5 倍、1 倍的果糖溶液和葡萄糖溶液，用上述方法测定其旋光度，并进行比较，总结浓度对旋光度的影响。

六、思考题

影响旋光度的因素有哪些？

【项目 32】　乙醇-丙酮溶液折射率的测定

一、目的要求

1. 会使用阿贝折光仪。

2. 能绘制折射率-组成曲线，能用图解法处理实验数据。

二、基本原理

两种完全互溶的液体形成混合溶液时，其组成和折射率之间为近似的线性关系。测定若干个已知组成的混合液的折射率即可绘制该混合溶液的折射率-组成浓度曲线。再测定未知组成的该混合物试样的折射率，便可以从折射率-组成曲线中查出其组分。

三、试剂与仪器

1. 试剂

(1) 丙酮（A. R.）	200mL	(2) 乙醇（A. R.）	200mL

2. 仪器

(1) 阿贝折光仪	1台	(2) 超级恒温槽	1套
(3) 滴瓶	6个	(4) 乳胶管	1节
(5) 擦镜纸	2张	(6) 标签纸	6张
(7) 滴管	2支		

四、操作步骤

1. 配制不同组成的溶液

配制乙醇含量（体积分数）分别为0、20%、40%、60%、80%、100%的乙醇-丙酮溶液各20mL，混匀后分装在6只滴瓶中，按1～6顺序编号贴上标签。

2. 安装仪器。

开启超级恒温槽，调节水浴温度为（20±0.1）℃，然后用乳胶管将超级恒温槽与阿贝折光仪的进出水口连接，见图6-10。

7
6
5
4
3
2
1
8
9
10
11
12
ZWA-1

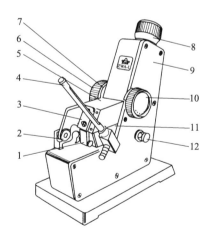

图6-10　阿贝折光仪

；2—转轴；3—遮光板；4—温度计；5—进光棱镜座；调节手轮；7—色散值刻度圈；8—目镜；9—盖板；手轮；11—折射棱镜座；12—照明刻度盘聚光镜

(a)
(b)
(c)
1.4000
1.4048
1.4100
(d)

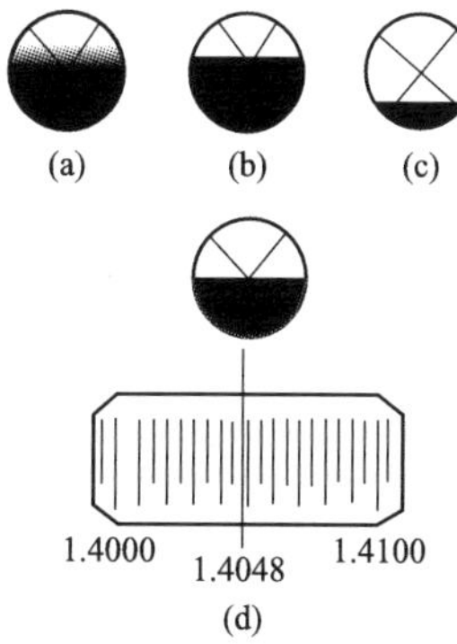

图6-11　阿贝折光仪读数系统示意图

3. 清洗与校正仪器

打开反光镜，调节反射镜，使两个望远镜视场明亮，调节望远镜系统中的目镜，看清分划板上的刻度线（X形准线），转动棱镜手轮，看清刻度值。

把棱镜打开，滴 2～3 滴酒精，合上棱镜，片刻后打开棱镜，用擦镜纸轻轻将酒精吸干。再改用蒸馏水重复上述操作 2 次。

然后滴 2～3 滴蒸馏水于镜面上，合上棱镜，用手轮锁紧。要求液层均匀充满视场而无气泡。打开遮光板，合上反射镜，调节目镜使十字线成像清晰。转动刻度盘，使读数镜内标尺读数置于蒸馏水在此温度下的折射率（$n_D^{20} = 1.3330$）。

4. 测定溶液的折射率

打开棱镜，用 1 号溶液清洗镜面两次。干燥后滴加 2～3 滴该溶液，闭合棱镜。转动刻度盘，直至在测量望远镜中观测到的视场出现半明半暗视野。转动手轮，使视场内呈现一个清晰的明暗分线，消除色散。再次小心转动刻度盘使明暗分界线正好处在 X 线交点上［图 6-11(d)］。

从读数镜中读出折射率值。重复测定 2 次，读数差值不能超过 ±0.0002。

5. 重复以上操作，同样方法依次测定 2～6 号溶液和未知组成的混合液的折射率。

6. 测定结束后，用丙酮将镜面清洗干净，并用擦镜纸吸干。拆下连接恒温槽的胶管和温度计，排尽金属套中的水，将阿贝折光仪擦拭干净，装入盒中。

五、数据记录和处理

1. 将实验测定的折射率数据填入表 6-2。

表 6-2　实验测定的折射率数据

测定温度_____℃

折射率 ＼ 组成	0	20%	40%	60%	80%	100%	未知样
第一次							
第二次							
平均值							

2. 以组成为横坐标，折射率为纵坐标，在坐标纸上绘制乙醇-丙酮溶液的折射率-组成曲线。

3. 从折射率-组成曲线中查出未知样的组成并填入表 6-2 中。

☞ **注意事项**：① 阿贝折光仪不能用来测定酸性、碱性和具有腐蚀性的液体。并应防止阳光曝晒，放置于干燥、通风的室内，防止受潮。应保持仪器的清洁，尤其是棱镜部位，在利用滴管加液时，不能让滴管碰到棱镜面上，以免划伤。

② 每次测定时，试样不可加得太多，一般只需加 2～3 滴即可。

③ 阿贝折光仪量程是 1.3000～1.7000，精密度为 ±0.0001。读数时要仔细认真，保证测量数据的准确性。

六、思考题

1. 什么是折射率？其数值与哪些因素有关？

2. 使用阿贝折光仪应注意什么？

思考与习题

1. 何谓糖类化合物？如何分类？

2. 什么是旋光性？为什么葡萄糖具有旋光性？

3. 以葡萄糖为例说明 D、L、$+$、$-$、α、β 的含义。

4. 什么叫做还原性糖、非还原性糖？它们在结构上有什么区别？

5. 在常见的单糖、二糖及多糖中，哪些是非还原性糖？

6. 比较成苷反应和成酯反应的不同。

7. 脂类化合物的共同特征是什么？

8. 油脂的主要成分是什么？请写出油脂的结构通式。

9. 解释下列名词：

（1）皂化值　　　（2）碘值　　　（3）硬化油　　　（4）甾族化合物　　　（5）必需脂肪酸

10. 试解释为何食物油中植物油常为液态，而动物油常为固态或半固态？

学习情境七

蛋白质和酶

- 任务一 氨基酸的识用
- 任务二 蛋白质的识用
- 任务三 酶功能及应用
- 任务四 酶促反应速率及变化
- 任务五 酶活力及其测定

● **知识目标**

1. 掌握氨基酸的结构通式，熟悉氨基酸的重要性质。
2. 重点掌握蛋白质的 α-螺旋、β-折叠结构的特点和四级结构的特点。
3. 掌握蛋白质的胶体性质、两性电离与等电点、沉淀、变性作用和颜色反应，了解其简单的应用。
4. 了解酶的系统命名法和国际系统分类法。了解酶原及酶原激活的概念与作用。
5. 理解酶的催化特性。
6. 掌握酶促反应动力学中米氏方程及 K_m 的意义与应用。
7. 了解酶浓度、底物浓度、pH、温度、激活剂与抑制剂对酶促反应的影响。

● **技能目标**

掌握酶活力的测定方法。

任务一
氨基酸的识用

实例分析

氨基酸是一切生命活动的基础，但其天然含量很低。世界上第一个工业化生产的氨基酸单一产品是谷氨酸。在 20 世纪 60 年代确立的工业微生物发酵法使氨基酸工业开始起飞。此后许多种常用氨基酸品种如 谷氨酸、赖氨酸、苏氨酸、苯丙氨酸等均可利用微生物发酵法生产，从而使其产量大增。到 90 年代末，全球氨基酸总产量已逾 200 万吨，品种多达数十种。在当今世界制药业中，从营养补给用输液，到降压剂、抗菌剂、胃溃疡药等的制造，都离不开氨基酸原料，而中国每年的原料需求量占全世界的 1/5。

一、氨基酸结构与分类

1. 氨基酸结构

氨基酸是组成蛋白质的基本结构单位。氨基酸是羧酸分子中烃基上的氢被氨基取代而生成的化合物。组成蛋白质的氨基酸（天然产氨基酸）都是 α-氨基酸，即在 α-碳原子上有一个氨基，其通式表示如下：

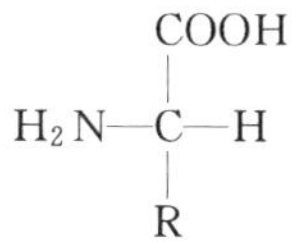

$$H_2N-\overset{\displaystyle COOH}{\underset{\displaystyle R}{C}}-H$$

氨基酸有 L 型和 D 型两种构型，习惯上用 D/L 构型标记法。在费歇尔投影式中氨基位于横键右边的为 D 型，位于左边的为 L 型。

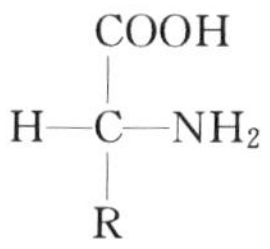

D-氨基酸 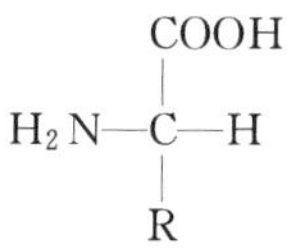　　　　L-氨基酸

R 基代表氨基酸的侧链部分，不同种类的氨基酸，R 基不同。氨基酸目前已知的已超过 100 种以上，但在生物体内作为合成蛋白质的原料只有 20 种（见表 7-1）。除甘氨酸外，天然氨基酸都有旋光性，而且都是 L 型的。

2. 氨基酸的分类

（1）按烃基类型不同分类

可分为脂肪族氨基酸，芳香族氨基酸和含杂环氨基酸。

（2）按分子中氨基和羧基的数目不同分类

表 7-1　氨基酸的分类

序号	中文名称	英文名称（缩写）	结构式	等电点
非极性氨基酸	甘氨酸	Glycine (Gly)	$CH_2{-}COO^-$ $\quad\ \ {}^+NH_3$	5.97
	丙氨酸	Alanine (Ala)	$CH_3{-}CH{-}COO^-$ $\quad\quad\ {}^+NH_3$	6.02
	缬氨酸	Valine (Val)	$(CH_3)_2CH{-}CHCOO^-$ $\quad\quad\quad\quad {}^+NH_3$	5.96
	亮氨酸	Leucine (Leu)	$(CH_3)_2CHCH_2{-}CHCOO^-$ $\quad\quad\quad\quad\quad\ {}^+NH_3$	5.98
	异亮氨酸	Isoleucine (Ile)	$CH_3CH_2CH{-}CHCOO^-$ $\quad\quad\ CH_3\ \ {}^+NH_3$	6.02
	苯丙氨酸	Phenylalanine (Phe)	$\text{C}_6\text{H}_5{-}CH_2{-}CHCOO^-$ $\quad\quad\quad\quad {}^+NH_3$	5.48
	脯氨酸	Proline (Pro)	（吡咯烷环结构）${-}COO^-$	6.30
极性中性氨基酸	色氨酸	Tryptophan (Trp)	（吲哚环）$CH_2CH{-}COO^-$ $\quad\quad\quad\ {}^+NH_3$	5.89
	丝氨酸	Serine (Ser)	$HOCH_2{-}CHCOO^-$ $\quad\quad\quad {}^+NH_3$	5.68
	酪氨酸	Tyrosine (Tyr)	$HO{-}\text{C}_6\text{H}_4{-}CH_2{-}CHCOO^-$ $\quad\quad\quad\quad\quad {}^+NH_3$	5.66
	蛋氨酸	Methionine (Met)	$CH_3SCH_2CH_2{-}CHCOO^-$ $\quad\quad\quad\quad\ {}^+NH_3$	5.74
	天冬酰胺	Asparagine (Asn)	$H_2N{-}\overset{O}{\overset{\|}{C}}{-}CH_2CHCOO^-$ $\quad\quad\quad\quad\quad {}^+NH_3$	5.41
	半胱氨酸	Cysteine (Cys)	$HSCH_2{-}CHCOO^-$ $\quad\quad\quad {}^+NH_3$	5.02
	谷氨酰胺	Glutamine (Gln)	$H_2N{-}\overset{O}{\overset{\|}{C}}{-}CH_2CH_2CHCOO^-$ $\quad\quad\quad\quad\quad\quad {}^+NH_3$	5.65
	苏氨酸	Threonine (Thr)	$CH_3CH{-}CHCOO^-$ $\quad\ OH\ \ {}^+NH_3$	6.53

序号	中文名称	英文名称(缩写)	结构式	等电点
酸性氨基酸	天冬氨酸	Aspartic acid（Asp）	$\underset{\overset{\mid}{\overset{+}{N}H_3}}{HOOCCH_2CHCOO^-}$	2.97
	谷氨酸	Glutamic acid（Glu）	$\underset{\overset{\mid}{\overset{+}{N}H_3}}{HOOCCH_2CH_2CHCOO^-}$	3.22
碱性氨基酸	赖氨酸	Lysine（Lys）	$\underset{\overset{\mid}{NH_2}}{^+NH_3CH_2CH_2CH_2CH_2CHCOO^-}$	9.74
	精氨酸	Arginine(Arg)	$\underset{\overset{\mid}{NH_2}}{H_2N-\overset{\overset{+}{N}H_2}{\overset{\mid\mid}{C}}-NHCH_2CH_2CH_2CHCOO^-}$	10.76
	组氨酸	Histidine(His)	$\underset{\overset{\mid}{\overset{+}{N}H_3}}{CH_2CH-COO^-}$ （咪唑环）	7.59

中性氨基酸：氨基和羧基数目相等。包括甘氨酸、丙氨酸、亮氨酸、异亮氨酸、缬氨酸、半胱氨酸、丝氨酸、苯丙氨酸、酪氨酸、脯氨酸、蛋氨酸、色氨酸、天冬酰胺、谷氨酰胺和苏氨酸。

酸性氨基酸：羧基数目大于氨基数目。包括谷氨酸和天冬氨酸。

碱性氨基酸：氨基数目大于羧基数目。包括赖氨酸、精氨酸和组氨酸。

（3）根据氨基酸的极性大小分为两类

非极性氨基酸：包括甘氨酸、丙氨酸、缬氨酸、亮氨酸、异亮氨酸、苯丙氨酸和脯氨酸。

极性氨基酸：又可分为极性中性氨基酸、酸性氨基酸和碱性氨基酸。极性中性氨基酸包括色氨酸、酪氨酸、丝氨酸、半胱氨酸、蛋氨酸、天冬酰胺、谷氨酰胺和苏氨酸。

二、氨基酸的性质

1. 物理性质

氨基酸为无色晶体、熔点极高，一般在 200℃以上。在水中的溶解度差别很大，并能溶解于稀酸或稀碱中，但不溶于有机溶剂。通常用乙醇可以把氨基酸从其溶液中沉淀析出。氨基酸有些味苦、有些味甜、有些无味。谷氨酸的一钠盐有鲜味，是味精的主要成分。

2. 光学性质

由于手性碳原子的存在，使氨基酸具有旋光性。氨基酸的旋光方向和旋光度大小取决于侧链 R 基的性质，并且与测定时溶液的 pH 有关。

20 种蛋白质氨基酸在可见光区域都无光吸收，在近紫外（200～300nm）区，色氨酸、酪氨酸和苯丙氨酸具有光吸收能力，其最大吸收分别在 179nm、278nm 和 259nm 波长处。蛋白质由于含有这些氨基酸，一般最大吸收在 280nm 波长处，因此可以利用分光光度法测定蛋白质的含量。

3. 化学性质

（1）氨基酸的两性与等电点

氨基酸既含有氨基又含有羧基，它可以和酸生成盐，也可以和碱生成盐，所以氨基酸是两性物质。

$$\underset{^+NH_3}{R-CH-COOH} \xleftarrow{\ H^+\ } \underset{NH_2}{R-CH-COOH} \xrightarrow{\ OH^-\ } \underset{NH_2}{R-CH-COO^-}$$

大量实验证明，氨基酸在水溶液中主要以两性离子或称兼性离子形式存在，不带电荷的中性分子为数极少。所谓两性离子是指在同一个氨基酸分子中带有能放出质子的 $-NH_3^+$ 正离子和能接受质子的 $-COO^-$ 负离子，是两性电解质。

溶液中的氨基酸，其正负离子都能解离，但解离度与溶液的 pH 有关。在不同 pH 的氨基酸溶液中，氨基酸以阳离子、兼性离子和阴离子三种形式存在，并处于动态平衡状态。

$$\underset{NH_2}{R-CH-COOH}$$

$$\underset{NH_2}{R-CH-COO^-} \underset{H^+}{\overset{OH^-}{\rightleftharpoons}} \underset{NH_3^+}{R-CH-COO^-} \underset{H^+}{\overset{OH^-}{\rightleftharpoons}} \underset{NH_3^+}{R-CH-COOH}$$

pH＞pI	pH＝pI	pH＜pI
带负电荷	净电荷为零	带正电荷

当向氨基酸溶液中加酸时，其 $-COO^-$ 接受质子，使氨基酸带正电荷，在电场中向阴极移动。加入碱时，其 $-NH_3^+$ 解离放出质子（与 OH^- 结合成水），氨基酸带负离荷，在电场中向阳极移动。当调节氨基酸溶液的 pH，使氨基酸分子上的 $-NH_3^+$ 和 $-COO^-$ 的解离度完全相等时，氨基酸所带净电荷为零，在电场中既不向阴极移动也不向阳极移动，此时溶液的 pH 称为该氨基酸的等电点，用符号 pI 表示。

等电点是每一种氨基酸的特定常数，不同的氨基酸，其等电点不同，见表 7-1。可以通过测定氨基酸的等电点来鉴别氨基酸。

酸性氨基酸的等电点：pH 为 2.8～3.2；

中性氨基酸的等电点：pH 为 5.0～6.8；

碱性氨基酸的等电点：pH 为 7.6～10.8。

查一查

等电点时，氨基酸有什么性质和用途，请上网查找。

（2）氨基酸羧基的反应

氨基酸分子中羧基具有生成盐、酯、酰胺、酰氯和还原、脱羧的性质。

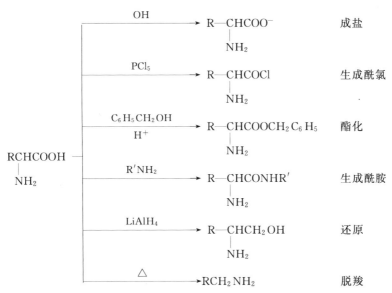

（3）氨基的反应

① 与亚硝酸反应。

$$R-CH-COOH + HNO_2 \longrightarrow R-CH-COOH + N_2\uparrow + H_2O$$
$$\quad\quad NH_2 \quad\quad\quad\quad\quad\quad\quad\quad OH$$

反应是定量完成的，测定放出 N_2 的体积便可计算出氨基酸中氨基的含量。

② 氨基的酰基化。

$$R'-COCl + NH_2-CH-COOH \longrightarrow R'-C-NH-CH-COOH + HCl$$

③ 氨基的烃基化。

氨基酸与 RX 作用而烃基化成 N-烃基氨基酸。氟代二硝基苯在多肽结构分析中用作测定 N 端的试剂。也用来鉴别氨基酸。

（4）与水合茚三酮反应

茚三酮　　　　　　　　水合茚三酮

$$+ RCHCOOH \longrightarrow \quad + RCHO + CO_2 + H_2O$$

在弱酸性条件下，氨基酸与茚三酮共热，生成蓝紫色化合物。脯氨酸或羟脯氨酸与茚三酮反应生成黄色化合物。此反应经常用于氨基酸的定性和定量分析。

此外，具有特殊 R 基的氨基酸，也能与某些试剂发生独特的颜色反应（见表 7-2）。这些显色反应可作为氨基酸、多肽以及蛋白质定性和定量分析的基础。

表 7-2   鉴别具有特殊 R 基氨基酸的颜色反应

反应名称	试　剂	颜　色	鉴别的氨基酸
蛋白黄反应	浓硝酸	橙黄色	苯丙氨酸、酪氨酸、色氨酸
米伦反应（Millon 反应）	硝酸亚汞、硝酸汞和硝酸混合液	红色	酪氨酸
乙醛酸反应	乙醛酸和浓硫酸	两液层面处呈紫红色环	色氨酸
亚硝酰铁氰化钠反应	亚硝酰铁氰化钠溶液	红色	半胱氨酸

（5）氨基酸的热分解反应

$$\underset{NH_2}{R} \underset{\ }{\underset{O}{\overset{\ }{CH-C-OH}}} + \underset{NH_2}{\overset{R'}{CH-COOH}} \xrightarrow{-H_2O} NH_2-CH-C-NH-CH-COOH$$

肽键

氨基酸的羧基与另一分子氨基酸的氨基结合失去一分子水而形成的酰胺键称为肽键。多个氨基酸以肽键（酰胺键）相连而成的化合物称为多肽。

👉 **相关链接**

世界上最早从事氨基酸工业化生产的是日本味之素公司的创造人菊地重雄。菊地重雄是一位化学专家。20 世纪 40 年代初他在实验室中偶然发现：在海带浸泡液中可提取出一种白色针状结晶物。用舌头尝尝该物质具有强烈鲜味，化学分析结果表明它是谷氨酸的一种钠盐（菊地重雄将其命名为"味之素"并沿用至今）。为寻找适合"味之素"工业化生产的廉价原料，菊地及其助手做了无数次实验。最后终于找到一种工业化生产味之素的新途径即利用小麦粉加工淀粉后剩下的谷朊（俗名"面筋"）为原料。

【项目 33】   纸色谱法分离氨基酸

一、目的要求

1. 能正确理解氨基酸纸色谱的原理。
2. 能用纸色谱法分析未知样品氨基酸成分。

二、基本原理

用滤纸为支持物进行层析的方法，称为纸色谱法。纸色谱所用的展开溶剂大多是由水饱和的有机溶剂组成。滤纸纤维的—OH 基的亲水性基团，可吸附有机溶剂中的水作为固定相，有机溶剂作为流动相，沿滤纸自下而上移动，称为上行层析；反之，有机溶剂自上而下移动，称为下行层析。将样品点在滤纸上进行展开，样品中各种氨基酸的分配系数不同，故在流动相中移动速率不等，从而使不同的氨基酸得到分离、提纯与鉴定。氨基酸经层析后在滤纸上形成距原点不等的层析斑点，氨基酸在滤纸上的移动速率用比移值 R_f 表示。

$$R_f = \frac{\text{原点到层析斑点中点的距离}}{\text{原点到展开剂前沿的距离}}$$

只要实验条件（如温度、展开溶剂的组分、pH、滤纸的质量等）不变，R_f 值是常数，因此可做定性分析参考。如果溶质中氨基酸组分较多或其中某些组分的 R_f 值相同或近似，用单向层析不宜将它们分开，为此可进行双向层析。在第一溶剂展开后将滤纸转动 90°，以第一次展开所得的层析斑点为原点，再用另一种溶剂展开，即可达到分离目的。由于氨基酸无色，可利用茚三酮反应使氨基酸层析斑点显色，从而定性和定量。

三、试剂与仪器

1. 试剂

（1）1％甘氨酸	100mL	（2）0.5％蛋氨酸	100mL
（3）0.5％亮氨酸	100mL	（4）氨基酸混合液	100mL
（5）展开剂	2000mL	（6）0.1％茚三酮乙醇溶液	100mL

试剂配制：

（1）氨基酸溶液

1％甘氨酸溶液：1g 甘氨酸溶于 100mL 水中。

0.5％蛋氨酸溶液：0.5g 蛋氨酸溶于 100mL 水中。

0.5％亮氨酸溶液：0.5g 亮氨酸溶于 100mL 水中。

氨基酸混合液：甘氨酸 1g，亮氨酸 0.5g，蛋氨酸 0.5g 共溶于 100mL 水中。

（2）展开剂

正丁醇：冰醋酸：水为 4∶1∶5（体积），在分液漏斗中混合均匀后，静置片刻，放出下层水，倒出正丁醇用作展开剂。

（3）0.1％茚三酮乙醇溶液：茚三酮 0.1g 溶于 100mL 乙醇中。

2. 仪器

（1）层析滤纸	20cm×10cm×1	（2）烧杯	500mL×1
（3）烧杯	100mL×4	（4）展开槽	1 套
（5）毛细管	4 支	（6）喷雾器	1 个
（7）吹风机	1 个	（8）橡胶手套	若干双
（9）玻璃棒	1 支		
（10）剪刀、直尺、铅笔、针线等	若干		

四、操作步骤

1. 画基线

（1）戴上指套或橡皮手套，剪裁滤纸一块：长约 20cm、宽约 10cm。

（2）距短边 2.5cm 处，用铅笔画一条细线，即为基线。

2. 点样

（1）在基线上，从距纸的长边 4cm 处开始，每隔 3cm 用微量注射器或毛细管依次分别点上甘氨酸、蛋氨酸、亮氨酸和混合氨基酸溶液。

（2）点样晾干后可重复点加 1～2 次。每一点的直径不超过 2mm。混合氨基酸尤其要多点几次。

3. 展开

（1）将点好样的滤纸卷成筒形，滤纸两边不相接触，用线固定好。

（2）将基线的下端浸入盛有展开剂的展开槽中进行展开。基线必须保持在液面之上，以免氨基酸与展开剂直接接触。

（3）盖好展开槽，当展开剂前沿距纸端 2cm 时（大约 3h），取出滤纸。

4. 显色

（1）滤纸取出后，吹干或在 80℃左右烘箱内烘 3～5min。

（2）将滤纸平放在培养皿上，喷雾 0.1％茚三酮乙醇溶液。

（3）用电吹风机烘干。

（4）观察出现的紫色弧形斑点。

5. 计算

计算各色斑 R_f 值。

五、思考题

1. 做好本实验的关键是什么？

2. 实验操作过程中，为何不能用手接触滤纸？

3. 影响 R_f 值的因素有哪些？

任务二
蛋白质的识用

 实例分析

　　蛋白质是天然高分子物质，其相对分子质量在 $1.2 \times 10^4 \sim 100 \times 10^4$。所有蛋白质都含有碳、氢、氧、氮四种元素，多数含有硫元素，某些蛋白质还含有磷、碘或金属元素如铁、铜、锌等。各种蛋白质在催化剂的作用下，都能发生水解，最终生成氨基酸。

　　20 种氨基酸以不同的数量、比例和排列顺序构成了成千上万种的蛋白质。蛋白质分子结构有一级结构、二级结构、三级结构和四级结构四个层次，后三者统称为空间结构。蛋白质的空间结构反映了蛋白质分子中的每一个原子在三维空间的相对位置，是蛋白质特有性质和功能的结构基础。

一、蛋白质的结构

1. 蛋白质的一级结构

蛋白质的一级结构是指由氨基酸经过缩合形成的具有一定氨基酸排列顺序的肽链结构（50 个以上氨基酸）。

$$H_2N-CH-C\underset{\underset{H}{|}}{\overset{\overset{O}{||}}{}}\boxed{OH+H}-N-CH-C\underset{\underset{CH_3}{\underset{H}{|}}}{\overset{\overset{O}{||}}{}}-OH \xrightarrow{H_2O} H_2N-CH-C\underset{\underset{H}{|}}{\overset{\overset{O}{||}}{}}-N-CH-C\underset{\underset{CH_3}{\underset{H}{|}}}{\overset{\overset{O}{||}}{}}-OH$$

甘氨酸　　　　　　　丙氨酸　　　　　　　　　甘氨酰丙氨酸

一级结构中的主要化学键是肽键，有些蛋白质还有二硫键。多肽链中自由氨基的一端称为氨基末端或 N-端，一般规定书写于肽链的左侧；另一端有自由羧基，称为羧基末端或 C-

端，书写于肽链的右侧。

2. 蛋白质的二级结构

蛋白质的二级结构是指蛋白质分子中某一段肽链的局部空间结构，也就是反映该段肽链主链骨架原子的相对空间位置。不涉及氨基酸残基侧链的空间结构。

蛋白质二级结构主要有 α-螺旋、β-折叠和 β-转角。

（1）α-螺旋

α-螺旋结构由蛋白质分子中多个肽单元通过氨基酸 α-碳原子的旋转，使多肽链的主链围绕中心轴有规律地螺旋上升，盘旋成稳定的螺旋构象（见图 7-1），具有以下特点。

① 肽链右手螺旋。肽链围绕一个中心轴向右盘旋使螺旋上升，每圈包含 3.6 个氨基酸残基，螺距为 0.54nm。

② 相邻螺旋之间形成链内氢键。α-螺旋的每个肽键的氮原子上的 H 与第四个肽单元羧基上的 O 生成氢键。α-螺旋构象允许所有肽键参与链内氢键形成，因此氢键维持了 α-螺旋的稳定性。若氢键破坏，α-螺旋构象即遭破坏。

③ 侧链影响。氨基酸残基的 R 侧链分布在螺旋外侧，其形状、大小及电荷等均影响 α-螺旋的形成和稳定性。

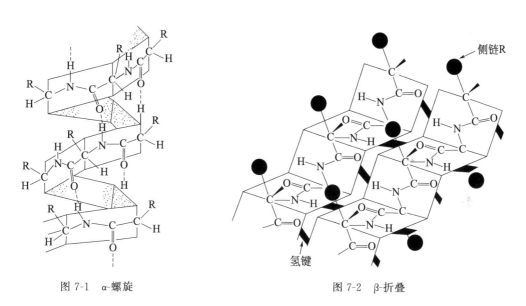

图 7-1　α-螺旋　　　　　　　　图 7-2　β-折叠

（2）β-折叠

β-折叠又称 β-片层结构（见图 7-2），是一种相当舒展的结构，具有以下特点。

① 肽链呈锯齿状折叠。肽链伸展使肽单元之间以 α-碳原子为旋转点，依次折叠成锯齿状。侧链交替地排列于锯齿状结构的上下方，并与片状结构垂直。

② 形成链间氢键。肽链平行排列，相邻肽链之间的肽键相互交替形成许多氢键，是维持 β-折叠结构的主要次级键。

③ β-折叠结构有顺式和反式两种。两条以上肽链或一条肽链内若干肽段的锯齿状结构可平行排列，平行走向有同向（顺式）和反向（反式）两种，肽链的 N-端在同侧为顺式，不在同侧为反式。

（3）β-转角

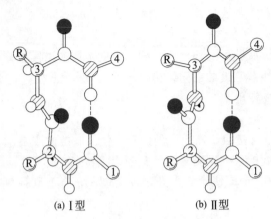

(a) Ⅰ型　　　　(b) Ⅱ型

图 7-3　两种最常见的 β-转角结构

（黑球为氧原子，斜线球为氮原子；Ⅰ型和Ⅱ型的
差别是第 2 个和第 3 个氨基酸间的肽平面旋转了 180°）

蛋白质分子中，肽链常有 180° 回折。在此肽链的回折角上有规律的肽键结构称为 β-转角（见图 7-3）。它由 4 个连续的氨基酸残基中第一个残基的 C＝O 与第 4 个残基的 N—H 形成氢键，以致主链骨架形成大约 180° 返回折叠的构象，β-转角又叫发夹结构、回转、U 形转折等，其存在也较广泛，甚至一些小肽中也能形成 β-转角。

3. 蛋白质的三级结构

具有二级结构的多肽链以一定的方式折叠形成更为复杂的有规则的空间结构，称为蛋白质的三级结构。蛋白质的三级结构反映了整条肽链中所有原子在三维空间的排列方式。大多数蛋白质都具有三级结构。

在蛋白质的三级结构中，多肽链上相互邻近的二级结构紧密联系在一起形成一个或数个发挥生物学功能的特定区域，称之为结构域。结构域是酶的活性部位或是受体与配体的结合部位，大多呈裂缝状、口袋状或洞穴状。

维系三级结构的主要化学键有氢键、离子键、疏水键和范德华力等，分布于多肽链上相应结构基团之间。其中起主要作用的是疏水键（疏水性氨基酸的侧链 R 为疏水基团，有避开水、相互聚集而藏于蛋白质分子内部的自然趋势，这种结合力叫疏水键）。

4. 蛋白质的四级结构

许多蛋白质分子含有两条或多条多肽链。每一条多肽链都有其完整的三级结构，称为蛋白质的亚基，亚基与亚基之间呈特定的三维空间排布，并以非共价键相连接和相互作用而形成的空间结构，称为蛋白质的四级结构。

在四级结构中，各个亚基间的结合力主要是疏水键，氢键和离子键也参与维持四级结构。对具有四级结构的蛋白质来说，单独的亚基一般没有生物学功能，只有完整的四级结构寡聚体才有生物学功

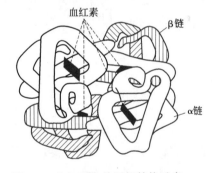

图 7-4　血红蛋白的四级结构示意

能。血红蛋白由 2 个 α 亚基和 2 个 β 亚基组成了四聚体，两种亚基的三级结构颇为相似，且每个亚基都结合有 1 个血红素辅基（见图 7-4）。4 个亚基通过 8 个离子键相连，形成血红蛋白的四聚体，具有运输氧和 CO_2 的功能。

二、蛋白质的分类

蛋白质分类，对蛋白质的研究及利用有着重要的意义。蛋白质的种类繁多、功能复杂，化学结构大多不清楚，因此蛋白质的分类仅能按其分子形状、组成和溶解度等差异粗略划分。

1. 根据分子形状分类

（1）球状蛋白

蛋白质分子形状的长短轴比小于 10。生物界多数蛋白质属球状蛋白，一般为可溶性，有特异生物活性，如酶、免疫球蛋白等。

（2）纤维状蛋白

蛋白质分子形状的长短轴比大于 10。一般不溶于水，多为生物体组织的结构材料。如毛发中的角蛋白、结缔组织中的胶原蛋白和弹性蛋白、蚕丝的丝心蛋白等。

2. 根据组成分类

（1）单纯蛋白

蛋白质经过水解之后，只产生氨基酸。如清蛋白、球蛋白、组蛋白、精蛋白和植物谷蛋白等。

（2）结合蛋白质

由蛋白质和非蛋白质两部分组成。根据非蛋白质部分的不同，将其分为核蛋白、糖蛋白、脂蛋白、磷蛋白、黄素蛋白、色蛋白以及金属蛋白质七个小类。

3. 根据蛋白质的功能分类

（1）活性蛋白

按生理作用不同又可分为：酶、激素、抗体、收缩蛋白、运输蛋白等。

（2）非活性蛋白

担任生物的保护或支持作用，而其本身不具有生物活性的物质。例如，贮存蛋白（清蛋白、酪蛋白等），结构蛋白（角蛋白、弹性蛋白胶原等）等。

三、蛋白质的性质

蛋白质分子由氨基酸残基组成，其分子末端保留有氨基和羧基，同时组成肽链的氨基酸残基侧链上还含有各种功能团，因此具有类似氨基酸的理化性质，如两性解离和等电点等。蛋白质作为高分子化合物，还具有胶体、变性等大分子的特性。

1. 两性解离与等电点

多肽链中有游离的氨基和羧基等酸碱基团，具有两性。P 代表蛋白质大分子。

$$P \begin{matrix} COO^- \\ \\ NH_2 \end{matrix} \underset{OH^-}{\overset{H^+}{\rightleftharpoons}} P \begin{matrix} COO^- \\ \\ \overset{+}{N}H_3 \end{matrix} \underset{OH^-}{\overset{H^+}{\rightleftharpoons}} P \begin{matrix} COOH \\ \\ \overset{+}{N}H_3 \end{matrix}$$

$$pH > pI \qquad\qquad pH = pI \qquad\qquad pH < pI$$

在等电点时，蛋白质颗粒易聚集而沉淀析出，此时蛋白质的溶解度、黏度、渗透压以及导电能力都最小。当溶液 pH 不等于等电点时，蛋白质在电场中可发生电泳现象，并且不同的蛋白质，其颗粒形状、大小不同，在溶液中带电性质和数量也不同，因此它们在电场中泳动的速率必然不同，常利用这种性质来分离提纯蛋白质。

2. 胶体性质

蛋白质是大分子化合物，分子粒径在 $1 \sim 100 nm$ 之间，呈胶体性质。蛋白质颗粒表面都带电荷，在酸性溶液中带正电荷，在碱性溶液中带负电荷，由于同性电荷相斥，颗粒互相隔离而不黏合，形成稳定的胶体体系。

蛋白质具有胶体溶液的特性，如布朗运动、丁达尔效应、不能透过半透膜、具有吸附等性质。

3. 沉淀反应

　　蛋白质与水形成的亲水胶体，和其它胶体一样不是十分稳定，在各种因素的影响下，蛋白质容易析出沉淀。

　　（1）可逆沉淀（盐析）

$$蛋白质溶液 \xrightarrow{碱金属盐或铵盐} 沉淀（蛋白质）\xrightarrow{H_2O} 溶解$$

　　（2）不可逆沉淀

　　蛋白质与重金属盐作用，或在蛋白质溶液中加入有机溶剂（如丙酮、乙醇等）则发生不可逆沉淀。如 70％～75％的酒精可破坏细菌的水化膜，使细菌发生沉淀和变性，从而起到消毒的作用。

　　4．变性作用

　　蛋白质在某些理化因素的作用下，共价键不变，但构象发生变化而丧失生物活性的过程称为蛋白质的变性。其实质是次级键和二硫键被破坏，不涉及一级结构的改变。蛋白质变性后，溶解度降低，黏度增加，生物活性丧失，易被蛋白酶水解。引起蛋白质变性的理化因素有加热、紫外线照射、强酸、强碱、有机溶剂、生物碱试剂等。

　　大多数蛋白质变性时其空间结构破坏严重，不能恢复，称为不可逆变性。但有些蛋白质变性后，若除去变性因素则可恢复其活性，称为可逆变性。例如，核糖核酸酶经尿素和 β-巯基乙醇作用变性后，再透析除去，又可恢复其酶活性。

　　蛋白质被强碱或强酸变性后，仍能存在于强碱或强酸溶液中。若将此强碱或强酸溶液的pH 调至等电点，则变性蛋白质立即结成絮状的不溶物，这种现象称为蛋白质的结絮作用。结絮作用所生成的絮状物还能再溶于强碱或强酸溶液中。但如果再加热，则絮状物变为比较坚固的凝块，此凝块不易再溶解于强酸或强碱溶液中，这种现象称为蛋白质的凝固作用。鸡蛋煮熟后本来流动的蛋清变成了固体状，豆浆中加入少量氯化镁即可变成豆腐，都是蛋白质凝固的典例。蛋白质的变性与凝固常常相继发生，蛋白质变性后结构松散，长肽链状似乱麻或相互缠绕、相互穿插、扭成一团、结成一块即是蛋白质凝固的表现。

　　蛋白质变性具有重要的实际意义。一方面，低温保存生物活性蛋白质，避免其变性失活。如制备或保存酶、疫苗、激素和抗血清等蛋白质制剂时，必须选择合适的条件，防止其生物活性降低或丧失。另一方面，可利用变性因素消毒灭菌。常用高温、紫外线和酒精消毒，就是促使细菌或病毒蛋白质变性而失去繁殖和致病能力。临床上急救重金属盐中毒病人，常先服用大量牛奶和蛋清，使蛋白质在消化道中与重金属盐结合成变性蛋白质，从而阻止有毒重金属离子被人体吸收。

　　蛋白质变性后，溶解度降低而从溶液中析出的现象称为蛋白质沉淀。变性的蛋白质容易沉淀，但沉淀的蛋白质不一定变性。引起蛋白质沉淀的方法有盐析、有机溶剂沉淀、重金属沉淀、酸类沉淀、加热变性沉淀、生物碱试剂沉淀等。

　　5．显色反应

　　蛋白质能发生多种显色反应，可用来鉴别蛋白质。

　　（1）双缩脲反应

$$2H_2N-\overset{\overset{O}{\|}}{C}-NH_2 \xrightarrow{加热} H_2N-\overset{\overset{O}{\|}}{C}-\underset{H}{N}-\overset{\overset{O}{\|}}{C}-NH_2 + NH_3$$

尿素　　　　　　　　　　双缩脲

双缩脲在稀 NaOH 溶液中与稀 $CuSO_4$ 溶液共热出现紫色或红色，故而取名双缩脲反应。蛋白质和多肽中均有两个以上的肽键，与双缩脲中的结构相似，因而也呈现出这一颜色反应。用此方法可检测蛋白质的水解程度。

（2）蛋白黄反应

蛋白质中含有苯环的氨基酸，遇浓硝酸发生硝化反应而生成黄色硝基化合物的反应称为蛋白黄反应。

（3）米勒反应

蛋白质中酪氨酸的酚基遇到硝酸汞的硝酸溶液后变成红色的反应。

（4）茚三酮反应

蛋白质与稀的茚三酮溶液共热呈现蓝紫色的反应。

💭 **查一查**

请查找资料了解蛋白质的药用价值及其发展前景。

【项目 34】　蛋白质的沉淀与凝固

一、目的要求

1. 加深对蛋白质胶体溶液稳定因素的认识。
2. 能用正确方法沉淀蛋白质，分析蛋白质变性与沉淀的关系。
3. 能用正确方法凝固蛋白质，分析蛋白质凝固的条件以及凝固与变性的关系。

二、基本原理

蛋白质溶液是一稳定的亲水性胶体溶液。其稳定的因素有两个：一是蛋白质胶粒所带电荷使之相互排斥，不易凝集成团；二是胶粒表面的水化膜，使胶粒与水融洽相依，并在胶粒之间起了隔离作用。如果上述两种稳定蛋白质溶液的因素被破坏，蛋白质将于溶液中沉淀析出。

1. 蛋白质的盐析

高浓度的盐离子可与蛋白质胶粒争夺水化膜，同时盐又是强电解质，可抑制蛋白质的离解。因而用高浓度的中性盐，使蛋白质带电量减少，水化膜破坏而从溶液中沉淀出来。盐析沉淀蛋白质一般不引起蛋白质变性，故常用于分离各种天然蛋白质。

由于蛋白质的组成及性质不同，所以盐析时所需中性盐的浓度也不相同。例如，半饱和的硫酸铵可沉淀出球蛋白，饱和的硫酸铵则沉淀出清蛋白。

2. 乙醇沉淀蛋白质

乙醇是脱水剂，可与蛋白质争夺水化膜。此外，加入乙醇可使水的介电常数变小，蛋白质离解度降低，带电量减少。故加入乙醇可使蛋白质沉淀。

用此法在低温下操作可使沉淀出的蛋白质保持其理化特性及生物学活性，但于室温中操作则往往使蛋白质变性。

3. 重金属盐沉淀蛋白质

在溶液的 pH 大于或小于蛋白质的等电点时，带电荷的蛋白质可与 Pb^{2+}、Hg^{2+}、Cu^{2+}、Ag^+ 等重金属离子结合成盐而沉淀析出。用此类方法沉淀的蛋白质往往已失去原有的理化性质及生物学活性。

4. 蛋白质的加热凝固

蛋白质在其等电点附近加热，即发生变性凝固。在加热过程中，随着蛋白质变性作用的深化，使已变性的蛋白质分子间凝聚成凝胶状的蛋白块。但应注意，当蛋白质溶液远离等电点而带有很多电荷时，加热虽可使其变性，但并不发生凝固现象。

三、试剂与仪器

1. 试剂

(1) 5％蛋白溶液	100mL	(2) 饱和硫酸铵溶液	100mL
(3) 10％乙酸	500mL	(4) 95％乙醇	500mL
(5) 1％乙酸	500mL	(6) 30g·L⁻¹ AgNO₃溶液	60mL
(7) 10g·L⁻¹CuSO₄溶液	10mL	(8) 硫酸铵粉末	10.0g
(9) 100g·L⁻¹ NaOH溶液	100mL		

(1) $30g \cdot L^{-1}$ AgNO$_3$溶液
(7) $10g \cdot L^{-1}$ CuSO$_4$溶液
(9) $100g \cdot L^{-1}$ NaOH溶液

试剂配制：

(1) 5％蛋白溶液：取新鲜鸡蛋清30mL（约2个鸡蛋），用蒸馏水配制，注意充分搅拌，最后定容到600mL，搅匀后用纱布过滤，取滤液30mL。

(2) 饱和硫酸铵溶液：80mL蒸馏水溶解56.1g硫酸铵，然后再定容到100mL。

2. 仪器

(1) 水浴锅	1只	(2) 滴管	1支
(3) 试管	10支	(4) 试管架	1个
(5) 玻璃棒	1支	(6) 酒精灯	1个
(7) 试管夹	1个	(8) 吸量管	1mL×3 2mL×2
(9) 烧杯	100mL×1 250mL×1 1000 mL×1		
(10) 温度计	100℃×1	(11) 纱布	15cm×15cm×1

四、操作步骤

1. 蛋白质的盐析

(1) 取一试管，加入3mL 5％蛋白质溶液及3mL饱和硫酸铵溶液，摇匀静置数分钟后观察现象。

(2) 将试管内容物过滤，加硫酸铵粉末于滤液中，使达饱和状态。摇匀后观察现象（注意：固体硫酸铵加到过饱和则有结晶析出，勿与蛋白质沉淀混淆）。

(3) 取上述混浊液1mL，加水2mL，观察是否复溶。

2. 乙醇沉淀蛋白质

(1) 取试管4支，标以1、2、3、4号码，按表7-3操作。

表7-3　乙醇沉淀蛋白质

试　剂	试管号			
	1	2	3	4
5％蛋白溶液/mL	1.0	1.0	1.0	—
1％乙酸/滴	—	2	—	—
95％乙醇/mL	—	—	—	2.0

（2）将第 3 管及第 4 管置冰水浴中，放置 5min，然后将第 4 管的冰乙醇倒入第 3 管中并混匀，同时向第 1 管及第 2 管中加入未冰浴的乙醇 2mL 混匀。

（3）观察各管的沉淀情况并立即向第 1、2 及 3 管中各加入蒸馏水 10mL，混匀（注意此步要求迅速），比较各管变化并解释之。

3. 重金属盐沉淀蛋白质

（1）取试管 4 支，按表 7-4 操作。

（2）混匀并比较各管混浊程度并解释之。

表 7-4　重金属盐沉淀蛋白质

试　剂	试管号			
	1	2	3	4
5％蛋白溶液/滴	5	5	5	5
1％乙酸/滴	—	—	10	10
$10g \cdot L^{-1} CuSO_4$/滴	3	—	3	—
$30g \cdot L^{-1} AgNO_3$/滴	—	3	—	3

4. 蛋白质加热凝固

（1）取试管 4 支，按表 7-5 操作。

表 7-5　蛋白质加热凝固

试　剂	试管号			
	1	2	3	4
5％蛋白溶液/mL	2.0	2.0	2.0	2.0
1％乙酸/滴	—	1	—	—
10％乙酸/mL	—	—	0.5	—
$100g \cdot L^{-1} NaOH$/mL	—	—	—	0.5

（2）混匀各管后分别加热，观察有否沉淀析出及沉淀析出的多少、快慢并解释之。

（3）另外在第 2 管加热、蛋白沉淀析出后再加入 5mL 蒸馏水，观察是否复溶，为什么？

注意事项：（1）严格滴定操作，逐滴加入，边加边振摇，仔细观察，记录前后变化。

（2）酒精灯加热试管时，务必正确操作，即用木夹夹在试管上 1/3 处，试管倾斜 45°，管口朝无人方向，严防液体喷出伤人。

（3）废液集中放于废液缸内，切勿倒入水槽。

五、思考题

促进蛋白质沉淀的因素有哪些？沉淀与凝固的联系与区别是什么？

【项目 35】　蛋白质两性性质验证及等电点的测定

一、目的要求

1. 会通过实验验证蛋白质的两性性质。

2. 能通过聚沉测定蛋白质等电点。

二、基本原理

蛋白质是两性电解质。蛋白质分子中可以离解的基团除 N-端 α-氨基与 C-端 α-羧基外，还有肽链上某些氨基酸残基的侧链基团，如酚基、巯基、胍基、咪唑基等基团，它们都能离解为带电基团。因此，在蛋白质溶液中存在着下列平衡：

$$
\begin{array}{ccc}
\overset{COOH}{\underset{R}{\overset{|}{\underset{|}{H_3\overset{+}{N}-C-H}}}} & \underset{OH^-}{\overset{H^+}{\rightleftharpoons}} & \overset{COO^-}{\underset{R}{\overset{|}{\underset{|}{H_3\overset{+}{N}-C-H}}}} & \underset{OH^-}{\overset{H^+}{\rightleftharpoons}} & \overset{COO^-}{\underset{R}{\overset{|}{\underset{|}{H_2N-C-H}}}}
\end{array}
$$

阳离子	两性离子	阴离子
pH＜pI	pH＝pI	pH＞pI

电场中： 移向阴极　　　　　不移动　　　　　移向阳极

调节溶液的 pH 使蛋白质分子的酸性离解与碱性离解相等，即所带正负电荷相等，净电荷为零，此时溶液的 pH 称为蛋白质的等电点。在等电点时，蛋白质溶解度最小，溶液的混浊度最大。配制不同 pH 的缓冲液，观察蛋白质在这些缓冲液中的溶解情况即可确定蛋白质的等电点。

三、试剂与仪器

1. 试剂

(1) 0.5%酪蛋白溶液　　　　5 mL　　　(2) 1.0mol·L^{-1}乙酸溶液　　　50mL

(3) 0.1mol·L^{-1}乙酸溶液　50mL　　(4) 0.01mol·L^{-1}乙酸溶液　50mL

(5) 0.2mol·L^{-1}NaOH 溶液 50mL　(6) 0.2mol·L^{-1} HCl 溶液　　50mL

(7) 0.01%溴甲酚绿指示剂　50mL

试剂配制：

(1) 0.5%酪蛋白溶液：称取酪蛋白（干酪素）0.25g 放入 50mL 容量瓶中，加入约 20mL 水，再准确加入 1mol·L^{-1}NaOH 5mL，当酪蛋白溶解后，准确加入 1.0mol·L^{-1}乙酸 5mL，最后加水稀释定容至 50mL，充分摇匀。

(2) 1.0mol·L^{-1}乙酸溶液：吸取 99.5%乙酸溶液（相对密度 1.05）3.0mL，加水至 50mL。

(3) 0.1mol·L^{-1}乙酸溶液：吸取 1mol·L^{-1}乙酸溶液 5mL，加水至 50mL。

(4) 0.01mol·L^{-1}乙酸溶液：吸取 0.1mol·L^{-1}乙酸溶液 5mL，加水至 50mL。

(5) 0.2mol·L^{-1} NaOH 溶液：称取 NaOH 2.0g，加水至 50mL，配成 1mol·L^{-1} NaOH 溶液。然后量取 1mol·L^{-1} NaOH 溶液 10mL，加水至 50mL，配成 0.2mol·L^{-1} NaOH 溶液。

(6) 0.2mol·L^{-1} HCl 溶液：吸取 37.2%（相对密度 1.19）HCl 4.17mL，加水至 50mL，配成 1mol·L^{-1} HCl 溶液。然后吸 1mol·L^{-1} HCl 溶液 10mL，加水至 50mL，配成 0.2mol·L^{-1} HCl 溶液。

(7) 0.01%溴甲酚绿指示剂：称取溴甲酚绿 0.005g，加 0.3mL 1mol·L^{-1} NaOH 溶液，然后加水至 50mL。

2. 仪器

(1) 试管　　8 支　　　　　(2) 滴管　　2 支

(3) 吸量管 1mL×4　2mL×4　10mL×2

四、操作步骤

1. 蛋白质的两性反应

（1）取一支试管，加 0.5% 酪蛋白 1mL，再加溴甲酚绿指示剂 4 滴，摇匀。此时溶液呈蓝色，无沉淀生成。

（2）用胶头滴管慢慢加入 $0.2mol \cdot L^{-1}$ HCl，边加边摇直至有大量的沉淀生成。此时溶液的 pH 接近酪蛋白的等电点。观察溶液颜色的变化。

（3）继续滴加 $0.2mol \cdot L^{-1}$ HCl，沉淀会逐渐减少以致消失。观察此时溶液颜色的变化。

（4）滴加 $0.2mol \cdot L^{-1}$ NaOH 进行中和，沉淀又出现。继续滴加 $0.2mol \cdot L^{-1}$ NaOH，沉淀又逐渐消失。观察溶液颜色的变化。

2. 酪蛋白等电点的测定

（1）取同样规格的试管 7 支，按表 7-6 所列试剂依次精确加入。要求各种试剂的浓度和加入量相当准确。

表 7-6 酪蛋白等电点测定

试 剂	试 管 号						
	1	2	3	4	5	6	7
$1.0mol \cdot L^{-1}$ 乙酸/mL	1.6	0.8	0	0	0	0	0
$0.1mol \cdot L^{-1}$ 乙酸/mL	0	0	4.0	1.0	0	0	0
$0.01mol \cdot L^{-1}$ 乙酸/mL	0	0	0	0	2.5	1.25	0.62
水/mL	2.4	3.2	0	3.0	1.5	2.75	3.38
溶液的 pH	3.5	3.8	4.1	4.7	5.3	5.6	5.9
浑浊度							

（2）充分摇匀，然后向以上各试管依次加入 0.5% 酪蛋白 1mL，边加边摇，摇匀后静置 5min，观察各管的混浊度。

（3）用一、+、++、+++ 等符号表示各管的浑浊度。根据浑浊度判断酪蛋白的等电点。最浑浊的试管内的 pH 即为酪蛋白的等电点。

五、思考题

1. 该方法测定蛋白质等电点的原理是什么？
2. 解释蛋白质两性反应中颜色及沉淀变化的原因。

任务三
酶功能及应用

 实例分析

酶在我们日常生活中有各种各样的应用，例如，① 加酶洗衣粉，碱性蛋白酶类，易于

洗去衣物上的血迹、奶迹等污渍；②凝乳酶，奶酪生产的凝结剂，并可用于分解蛋白质；③乳糖酶，降解乳糖为葡萄糖和半乳糖，获得没有乳糖的牛乳制品，有利于乳品的消化吸收；④淀粉酶，广泛应用于纺织品的褪浆，其中细菌淀粉酶能忍受 100～110℃的高温操作条件；⑤纤维素酶，代替沙石洗涤工艺处理制作牛仔服的棉布，提高牛仔服质量；⑥胰蛋白酶，用于促进伤口愈合和溶解血凝块，还可用于去除坏死组织，抑制污染微生物的繁殖。

人体内存在大量的酶，结构复杂、种类繁多，到目前为止，已发现 3000 种以上。酶是细胞赖以生存的基础，没有酶就没有生物体的新陈代谢，也就没有形形色色、丰富多彩的生物世界。

一、酶的概念

酶是由活细胞产生的起催化作用，并具有活性中心和特殊构象的一类生物大分子，包括蛋白质和核酸，是生物催化剂。

有酶催化的化学反应称为酶促反应，进行酶促反应的物质称为酶的底物。细胞新陈代谢包括的所有化学反应几乎都是酶促反应。

二、酶的命名与分类

1. 习惯命名法

1961 年以前使用的酶名称都是习惯沿用的，称为习用名。习惯命名的原则：

① 根据酶作用的底物命名。如催化水解淀粉的酶叫淀粉酶，催化水解蛋白质的酶叫蛋白酶。

② 根据酶所催化反应的性质命名。如催化底物分子水解的酶叫水解酶，催化一种化合物上的氨基转移到另一化合物上的酶叫转氨酶。

③ 结合上述两个原则命名。如催化琥珀酸脱氢反应的酶叫琥珀酸脱氢酶。

④ 在底物名称前冠以酶的来源或其它特点。如血清谷氨酸-丙酮酸转氨酶、唾液淀粉酶、碱性磷酸酯酶和酸性磷酸酯酶等。

习惯命名比较简单，应用历史较长，但缺乏系统性，有时出现一种酶有几种名称或不同的酶用同一种名称的现象。

2. 系统命名法

为了适应酶学发展的新情况，避免命名的重复，国际酶学会议于 1961 年提出了一个新的系统命名及系统分类的原则，已为国际生化协会所采用。

按照国际系统命名法的原则，酶的系统名称应同时标明酶的底物和酶催化反应的性质，有多种底物应同时标明，中间用":"隔开。

如谷丙转氨酶所催化的反应为：丙氨酸＋α-酮戊二酸 $\longrightarrow$ 丙酮酸＋谷氨酸，将其写成系统名称时，应将它的两个底物即"丙氨酸"和"α-酮戊二酸"同时列出，并用":"隔开，反应的性质"氨基转移"也需指出，因此，它的系统名称为"丙氨酸：α-酮戊二酸氨基转移酶"。

3. 国际系统分类法及酶的编号

按照国际系统分类法，每种酶还有一个特定的编号，这种系统命名原则及系统编号是相当严格的。

国际系统分类法中分类的原则是：将所有的酶促反应按反应性质分为六大类，分别用

1、2、3、4、5、6的编号来表示；再根据底物中被作用的基团或键的特点将每一大类分为若干个亚类，每个亚类按顺序编号为1、2、3、4…；每一个亚类再分为若干个亚亚类，其顺序编号为1、2、3、4…；每个亚亚类中将酶再进行编号，顺序为1、2、3、4…。因此，每个酶的分类编号由四个数字组成，第一个数字指明该酶属于六个大类中的哪一类，第二个数字指明该酶属于哪一个亚类，第三个数字指明该酶属于哪一个亚亚类，第四个数字指明该酶在特定亚亚类中的顺序号，数字间由"."隔开。另外，编号之前往往冠以EC（酶学委员会缩写）。一种酶只能有一个名称和一个编号。

例如，ATP：葡萄糖磷酸转移酶，它的分类编号是EC 2.7.1.1，其中，EC代表按国际酶学委员会规定的命名，第一个数字"2"代表该酶属于第二大类即转移酶类，第二个数字"7"代表该酶属于第七亚类即磷酸转移酶类，第三个数字"1"代表该酶属于第一亚亚类即以羟基作为受体的磷酸转移酶类，第四个数字"1"代表该酶在亚亚类中的排号。

所有新发现的酶都能按此系统得到适当的编号。

国际系统分类法将所有的酶促反应按反应性质分为六大类，介绍如下。

（1）氧化还原酶类

氧化还原酶类催化氧化还原反应，包括氧化酶和脱氢酶两类。

由氧化酶催化的反应通式：　　$AH_2 + O_2 \xrightarrow{\text{氧化酶}} A + H_2O$

由脱氢酶催化的反应通式：　　$AH_2 + B \xrightarrow{\text{脱氢酶}} A + BH_2$

AH_2表示底物，B为原初受氢体。在氧化反应中，从底物分子中脱下来的氢原子，不经传递直接与氧反应生成水。在脱氢反应中，氢的原初受体从底物上得到氢原子后，再经过一定的传递过程，最后使之与氧结合成水。

例如，乳酸：NAD^+氧化还原酶（乳酸脱氢酶）催化乳酸脱氢反应。

$$\begin{array}{c} CH_3 \\ | \\ HO-CH \\ | \\ COOH \end{array} + NAD^+ \underset{\text{乳酸脱氢酶}}{\rightleftharpoons} \begin{array}{c} CH_3 \\ | \\ C=O \\ | \\ COOH \end{array} + NADH$$

（2）转移酶类

转移酶类催化功能基团的转移反应，即将一个底物分子的基团或原子转移到另一个底物分子上。

由转移酶催化的反应通式：　　$A{-}R + B \xrightarrow{\text{转移酶}} A + B{-}R$

例如，丙氨酸：α-酮戊二酸氨基转移酶（谷丙转氨酶）催化氨基转移反应。

$$\begin{array}{cccc} \begin{array}{c} CH_3 \\ | \\ H_2N-CH \\ | \\ COOH \end{array} & + & \begin{array}{c} COOH \\ | \\ CH_2 \\ | \\ CH_2 \\ | \\ C=O \\ | \\ COOH \end{array} & \rightleftharpoons & \begin{array}{c} CH_3 \\ | \\ C=O \\ | \\ COOH \end{array} & + & \begin{array}{c} COOH \\ | \\ CH_2 \\ | \\ CH_2 \\ | \\ CH-NH_2 \\ | \\ COOH \end{array} \\ \text{丙氨酸} & & \alpha\text{-酮戊二酸} & & \text{丙酮酸} & & \text{谷氨酸} \end{array}$$

（3）水解酶类

水解酶类催化底物加水分解。

由水解酶催化的反应通式：　　$A—B+H_2O \xrightarrow{\text{水解酶}} AH+BOH$

例如，肽酶催化肽的水解反应。

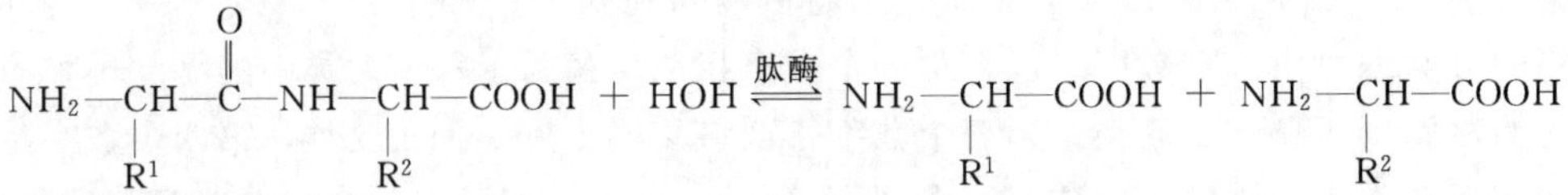

$$NH_2—\underset{\underset{R^1}{|}}{CH}—\overset{\overset{O}{||}}{C}—NH—\underset{\underset{R^2}{|}}{CH}—COOH + HOH \rightleftharpoons NH_2—\underset{\underset{R^1}{|}}{CH}—COOH + NH_2—\underset{\underset{R^2}{|}}{CH}—COOH$$

（4）裂解酶

裂解酶催化底物分子中化学键断裂，断裂后一分子底物转变为两分子产物。

由裂解酶催化的反应通式：　　$A—B \xrightarrow{\text{裂解酶}} A+B$

例如，醛缩酶催化 1,6-二磷酸果糖裂解为磷酸甘油醛与磷酸二羟丙酮。

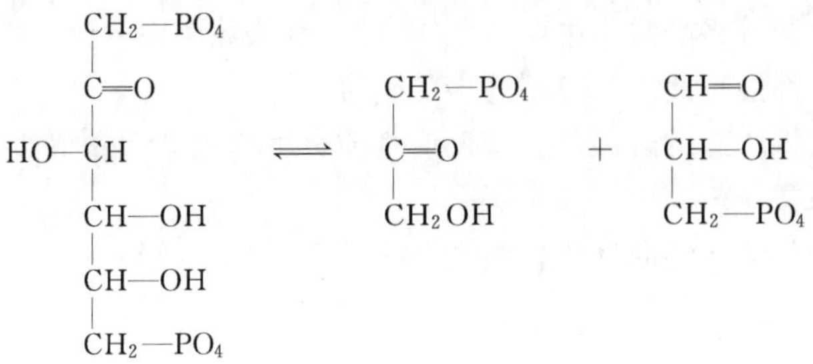

| 1,6-二磷酸果糖 | 磷酸二羟丙酮 | 磷酸甘油醛 |

（5）异构酶

异构酶催化底物分子发生同分异构变化。

由异构酶催化的反应通式：　　$A \xrightleftharpoons{\text{异构酶}} B$

例如，6-磷酸葡萄糖异构酶催化 6-磷酸葡萄糖与 6-磷酸果糖之间的异构反应。

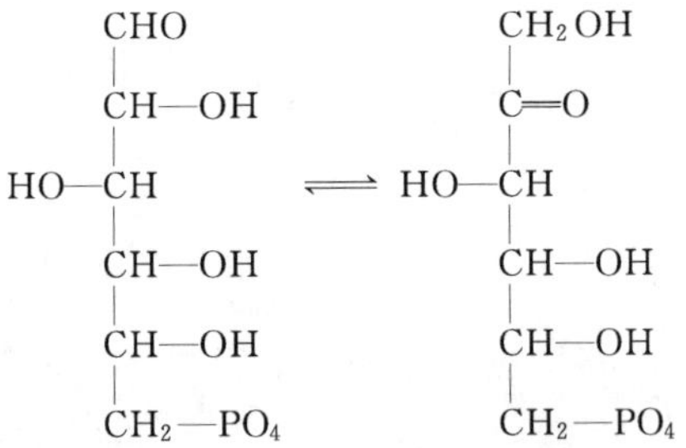

| 6-磷酸葡萄糖 | 6-磷酸果糖 |

（6）合成酶

合成酶又称连接酶，催化两个分子连接在一起，并伴随有 ATP 分子中的高能磷酸键的断裂。

由合成酶催化的反应通式：　　$A+B+ATP \rightleftharpoons A—B+ADP+Pi$

例如，丙酮酸羧化酶催化丙酮酸和二氧化碳的合成反应。

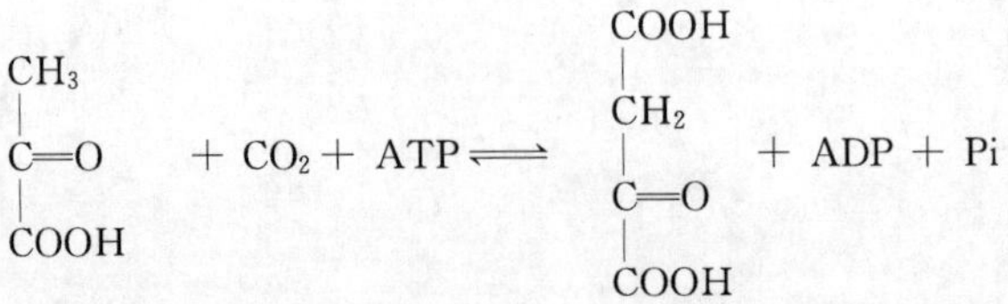

| 丙酮酸 | 草酰乙酸 |

一切新发现的酶，都应按国际系统命名及分类法原则命名、分类及编号。酶的编号、系统名称、习惯名称、酶的来源、酶的性质等有关内容，可通过查阅《酶学手册》或某些专著获得。

三、酶的催化特性

酶作为一种生物催化剂在催化一个化学反应时，具有一般催化剂的特征，如只催化热力学允许的化学反应；通过降低反应的活化能加快化学反应速率，而不改变反应的平衡点；在反应前后，酶没有质和量的改变，且微量的酶便可发挥巨大的催化作用。但是酶也具有不同于其它催化剂的特殊性。

1. 催化效率高

酶促反应的速率比非催化反应高 $10^8 \sim 10^{20}$ 倍，比非生物催化剂高 $10^7 \sim 10^{13}$ 倍。如过氧化氢酶催化过氧化氢分解的反应，无催化剂时，每摩尔需活化能 75312J；用胶态钯作催化剂时，每摩尔需活化能为 48953J；而用过氧化氢酶作为催化剂时，每摩尔需活化能小于8368J，即用酶催化可使反应活化能大幅度下降，反应速率增加千万倍。

2. 具有高度专一性

酶催化作用的专一性是指酶对底物及其催化反应的严格选择性。通常一种酶只能催化一种化学反应或一类相似的反应。如蛋白酶只能水解蛋白质，脂肪酶只能水解脂肪，而淀粉酶只能作用于淀粉。不同的酶具有不同程度的专一性。酶的专一性可分为绝对专一性、相对专一性、立体专一性三种。

（1）绝对专一性

绝对专一性是指一种只能催化一种底物向着一个方向发生反应。若底物分子发生细微的改变，便不能作为酶的底物。例如，脲酶具有绝对专一性，它只催化尿素发生水解反应，生成氨和二氧化碳，而对尿素的各种衍生物，如尿素的甲基取代物或氯取代物均不起作用。

（2）相对专一性

与绝对专一性相比，相对专一性的酶对底物的专一性程度要求较低，能够催化一类具有类似化学键或基团的物质进行某种反应。它又可分为键专一性和基团专一性两类。

① 键专一性。具有键专一性的酶，只对底物中某些化学键有选择性的催化作用，对此化学键两侧连接的基团并无严格要求。例如，肽酶作用于底物中的肽键，使底物在肽键处发生水解反应，而对肽键两侧的酸和醇的种类均无特殊要求。

② 基团专一性。与键专一性相比，基团专一性的酶对底物的选择较为严格。酶作用底物时，除了要求底物有一定的化学键，还对键的一侧所连基团有特定要求，而对键的另一侧所连基团无要求。例如，氨肽酶和羧肽酶不仅作用于肽键，还要求肽键一侧是氨基或羧基。

（3）立体专一性

一种酶只能对一种立体异构体起催化作用，对其对映体则全无作用，这种专一性称为立体专一性。在生物体中，具有立体异构专一性的酶相当普遍。例如，L-乳酸脱氢酶只催化L-乳酸脱氢生成丙酮酸，对其旋光异构体 D-乳酸则无作用。

3. 易受环境变化的影响

酶是生物大分子，对环境的变化非常敏感，高温、强酸或强碱、重金属等引起蛋白质变性的条件都能使酶丧失活性。同时，酶也常因温度、pH 的轻微改变或抑制剂的存在而使其活性发生改变。

4. 酶的催化活性可被调节控制

酶的催化活性能受到调节控制，这是酶区别于一般催化剂的一个重要特性。酶在体内受到多方面因素的调节和控制。不同的酶调节方式也不同，包括抑制剂的调节、反馈调节、酶原激活、共价修饰、激素控制等。

查一查

请查找资料了解酶的催化作用机制。

四、酶的化学本质及组成

酶的化学本质除有催化活性的 RNA 之外几乎都是蛋白质，据其组成可将蛋白质性质的酶分为两类。

（1）简单蛋白酶

酶分子只由氨基酸组成，不含其它成分，酶的活性仅取决于蛋白质结构，这类酶称为单成分酶或简单蛋白酶。

（2）结合蛋白酶

酶分子中除了蛋白质组分外，还含有非蛋白小分子物质，这类酶称为双成分酶或结合蛋白酶。结合蛋白酶中的蛋白质组分称为酶蛋白，小分子物质称为辅因子。辅因子又可分为辅酶和辅基两类，辅酶和辅基并没有本质上的差别，二者之间也无严格的界限，只不过它们与酶蛋白结合的牢固程度不同。辅酶与酶蛋白结合疏松，容易脱离，可用透析法除去。而辅基与酶蛋白结合紧密，用透析法不易除去。酶蛋白与辅因子单独存在时，均无催化活力。只有二者结合成完整的酶分子时，才具有酶活力，这种完整的酶分子称为全酶。

此外，根据酶蛋白分子的结构特点，还可将酶分为以下三类。

（1）单体酶

一般由一条多肽链组成，如溶菌酶。但有的单体酶是由多条肽链组成，肽链间由二硫键相连构成一个整体。

（2）寡聚酶

由两个或两个以上亚基组成的酶。这些亚基可以是相同的，也可以是不同的。

（3）多酶复合体

由几种酶由非共价键彼此嵌合而成。

五、酶分子结构特征和酶原激活

实验证明，与酶的催化活性有关的，并非酶的整个分子，而往往只是酶分子中的一小部分结构。如木瓜蛋白酶由 180 个氨基酸残基组成。当用氨肽酶将木瓜蛋白酶 N-端的 20 个氨基酸残基切去后，剩余的 160 个氨基酸残基仍有活性。

1. 酶的活性中心

酶分子中存在许多功能基团，其中与酶活性相关的基团称为酶的必需基团。常见的必需基团包括丝氨酸的羟基、半胱氨酸的巯基、组氨酸的咪唑基等亲核性基团，以及天冬氨酸和谷氨酸的羧基、赖氨酸的氨基、酪氨酸的酚羟基等酸碱性基团。酶的必需基团在一级结构上可能相距很远，可能位于同一肽链的不同部位，也可能位于不同的肽链上，但通过肽链的盘绕、卷曲和折叠，它们在空间位置上相互靠近，集中在一起形成具有一定空间结构的区域，直接参与酶促反应，该区域称为酶的活性中心。活性中心位于酶分子表面，或为裂缝或为凹陷。

根据必需基团在活性中心的作用不同，可将其分为结合基团和催化基团两类。结合基团促使酶与底物结合，催化基团催化底物发生化学反应并使之转变为产物。酶活性中心有些必需基团既具有结合功能又具有催化功能。此外，除活性中心的必需基团外，还有位于活性中心以外的必需基团，其主要功能是维持酶的空间构象。

2. 酶的别构部位

有些酶分子除具有与底物结合的活性中心外，还存在着一些可以与非底物分子发生结合的部位，这些部位以及与其结合的物质都对酶促反应速率有调节作用，所以将该部位称为酶的别构部位或调节部位。与别构部位结合的这些非底物分子称为别构剂或调节剂。别构剂与别构部位结合后，引起酶分子构象改变，从而影响酶的活性中心，改变酶促反应速率。

3. 酶原激活

有些酶，如消化系统中的各种蛋白酶以无活性的前体形式合成与分泌，然后输送到特定的部位，当体内需要时，经特异性蛋白水解酶的作用转变为有活性的酶而发挥作用。这些不具催化活性的酶的前体称为酶原。如胃蛋白酶原、胰蛋白酶原和胰凝乳蛋白酶原等。某种物质作用于酶原使之转变为有活性的酶的过程称为酶原激活。使无活性的酶原转变为有活性的酶的物质称为活化素。活化素对于酶原激活具有一定的特异性。

例如，胰蛋白酶原（245 个氨基酸）经胰腺 α 细胞合成进入小肠时，在 Ca^{2+} 存在下可被肠液中的肠激酶激活，从 N-端水解下一个六肽，胰蛋白酶一级结构改变后，分子构象发生卷曲形成活性中心，于是无活性的胰蛋白酶原变成有活性的胰蛋白酶（239 个氨基酸），见图 7-5。胰蛋白酶原被激活后，生成的胰蛋白酶对胰蛋白酶原有自身激活作用，这大大加速了该酶的激活作用，同时胰蛋白酶还可激活胰凝乳蛋白酶原。羧基肽酶原 A 和弹性蛋白酶原等，加速肠道对食物的消化过程。血液中血液凝固与纤维蛋白溶解系统的酶原激活也具有典型的逐步放大效应，呈级联反应。少量凝血因子被激活时，可通过瀑布式放大作用，使大量凝血酶原转化为凝血酶，迅速引起血液凝固。

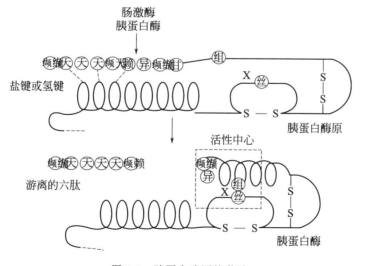

图 7-5 胰蛋白酶原的激活

酶原激活的本质是切断酶原分子中特异肽键或去除部分肽段后有利于酶活性中心的形成。酶原激活有重要的生理意义，一方面它保证合成酶的细胞本身不受蛋白酶的消化破坏，另一方面使酶原在特定的生理条件和规定的部位受到激活并发挥其生理作用。特定肽键的断裂所导致的酶原激活在生物体内广泛存在，是生物体的一种重要的调控酶活性的方式。如果酶原的激活过程发生异常，将导致一系列疾病发生。出血性胰腺炎的发生就是由于蛋白酶原在未进小肠时就被激活，激活的蛋白酶水解自身的胰腺细胞，导致胰腺出血、肿胀。

任务四
酶促反应速率及变化

⭐ 实例分析

经实验探知，以菊芋为原料，将酿酒酵母细胞与菊粉酶共同固定化发酵生产乙醇的最适发酵条件是：温度为30℃，pH为5.5，发酵液糖度为20%。此时发酵速率最快，酒精转化率最高，在发酵24h时酒精转化率达98.5%。

影响酶促反应速率的因素有酶浓度、底物浓度、pH、温度、抑制剂及激活剂等。研究酶促反应的速率及其影响因素的科学是酶促反应动力学。通常在研究酶促反应动力学时，必须保证以下两个前提：①研究中所谓的速率应采用反应的初速率。反应初速率是指反应开始时的速率，即产物生成量与反应时间呈正比阶段。随着反应时间延长，底物浓度下降或产物浓度升高、逆向反应速率增加、正向反应速率逐渐降低，从而引起酶促反应速率逐渐下降。采用初速率可避免反应进行过程中上述因素的影响。②底物浓度必须大大地高于酶浓度，即$[S] \gg [E]$。

一、酶浓度的影响

在酶促反应中，酶分子首先与底物分子作用，生成活化的中间产物，而后再转变为最终产物。在底物充分过量的情况下，酶的数量越多，则生成的中间产物越多，反应速率也就越快。当酶促反应体系的温度、pH不变，底物浓度足够大，足以使酶饱和，则反应速率与酶浓度成正比关系，$v = k[E]$。

二、底物浓度的影响

1. 底物浓度曲线

酶促反应中，在酶浓度、pH、温度等条件不变的情况下，反应速率与底物浓度的关系呈矩形双曲线，见图7-6。在酶促反应起始阶段，反应速率迅速增高呈直线上升，这种反应速率与底物浓度呈正比的反应为一级反应（a）。当底物浓度继续增加，反应体系中酶分子大部分与底物结合，反应速率的增高则渐渐变缓，即反应的第二阶段为混合级反应（b）。如底物浓度再继续增加，所有的酶分子均被底物饱和，反应速率不再增加，曲线平坦，此时反应速率与底物浓度的增加无关，反应为零级反应（c）。

2. 米氏方程

几乎所有的酶都有上述被底物饱和的现象，只是不同的酶达到饱和时所需要的底物浓度不同而已。1913 年 Leonor Michaelis 和 Maud Menten 经过大量实验，提出了酶促反应速率与底物浓度关系的数学方程式，即著名的米-曼方程式，简称米氏方程式。

$$v = \frac{v_{max}[S]}{K_m + [S]}$$

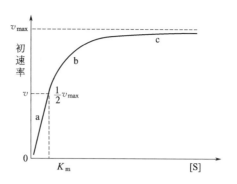

图 7-6　底物浓度对酶促
反应速率的影响

式中　v_{max}——最大反应速率；

$[S]$——底物浓度；

K_m——米氏常数；

v——不同 $[S]$ 时的反应速率。

当$[S]$很低时（$[S] \ll K_m$），分母中的 $[S]$ 可忽略不计，$v = \dfrac{v_{max}[S]}{K_m}$，即反应速率与底物浓度成正比，呈一级反应；当$[S]$很高时（$[S] \gg K_m$），$K_m$ 可忽略不计，此时 $v \cong v_{max}$，反应速率达最大速率，此时再增加 $[S]$，反应速率也不再增加，反应呈零级反应。

（1）K_m 的意义

由米氏方程得：$K_m = [S]\left(\dfrac{v_{max}}{v} - 1\right)$

当 $v_{max}/v = 2$ 即 $v = v_{max}/2$ 时，$K_m = [S]$。

① K_m 是反应速率达到最大反应速率一半时的底物浓度（$mol \cdot L^{-1}$）。

② K_m 值是酶的特征性常数，与酶的结构、酶所催化的底物、反应环境（如温度、pH、离子强度等）有关，而与酶浓度无关。不同种类酶的 K_m 值不同。如一种酶有多个不同的底物，则酶对每一种底物都有其各自特定的 K_m。

③ K_m 值近似地反映了酶与底物的亲和力大小。K_m 值大，表明达到 v_{max} 的一半时所需底物浓度也大，这意味着酶与底物之间的亲和力弱。反之，K_m 值小，则表明酶与底物的亲和力强。据此，可判断酶的最适底物。如果一种酶可以催化几种底物发生反应，就必然对每一种底物各有一个特定的 K_m 值，其中 K_m 值最小的底物是该酶的最适底物。

（2）K_m 的测定——双倒数作图法

从图 7-6 中可知，由于底物浓度对反应速率影响呈矩形双曲线，难以从该图中准确测得 K_m 和 v_{max}。为了得到较准确的 K_m 和 v_{max}，Lineweaver-Burk 将米氏方程进行两侧取倒数处理，得到：

$$\frac{1}{v} = \frac{K_m}{v_{max}} \frac{1}{[S]} + \frac{1}{v_{max}}$$

以 $1/v$ 对 $1/[S]$作图，可得直线图（图 7-7），称林-贝氏（Lineweaver-Burk）作图或双倒数作图。从此图可见，直线在横轴上截距为 $-1/K_m$，纵轴上截距为 $1/v_{max}$，由此直线可较容易地求得 v_{max} 和 K_m。

三、pH 的影响

酶分子中有许多可解离的基团，在不同 pH 条件下解离状态不同，所带电荷的数量和种类也不同。一种酶通常在某一 pH 时的解离状态最有利于酶正确的空间构象的形成。酶催化活性最大时的环境 pH 称为酶促反应的最适 pH，见图 7-8。此时酶的各个必需基团的解离状态，包括辅酶及底物的解离状态均适合酶发挥最大活性。各种酶的最适 pH 不同。动物体内酶的最适 pH 在 6.5～8，接近中性。但少数酶也有例外，如胃蛋白酶的最适 pH 为 1.8，精氨酸酶的最适 pH 为 9.8。最适 pH 不是酶的特征性常数，它受底物浓度、缓冲溶液的浓度和种类以及酶纯度等因素影响。

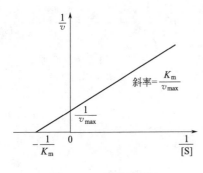

图 7-7　双倒数作图法

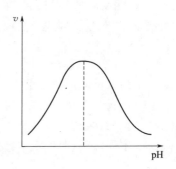

图 7-8　pH 对酶促反应速率的影响

四、温度的影响

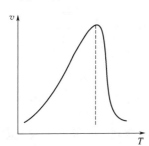

图 7-9　温度对酶促
反应速率的影响

在一般化学反应中，升高温度可使反应速率加快。在酶促反应体系中，低于一定温度时，逐渐增高温度，反应速率随之加快。当温度升高到 60℃ 以上，继续增加反应温度，酶反应速率反而下降。因为酶的化学本质是蛋白质，升高温度一方面可加速反应的进行，另一方面高温可使酶变性而减少活性，使反应速率降低。大多数酶在 60℃ 时开始变性，80℃ 时多数酶的变性已不可逆。酶促反应速率最大时的环境温度称为酶促反应的最适温度，见图 7-9。反应体系的温度低于最适温度时，加热可使反应速率加快，每升高 10℃ 反应速率增加 1～2 倍。当反应温度高于最适温度时，反应速率则因酶受热变性而降低。温血动物组织中，酶的最适温度在 35～40℃之间。

酶的最适温度不是酶的特征性常数，它与反应时间有关。若酶促反应进行的时间短暂，则最适温度要高些；反之，反应时间延长，则最适温度要低些。一般情况下低温不使酶破坏，只是使酶活性降低，当温度恢复后，活性仍可恢复。

五、激活剂的影响

使酶由无活性转变为有活性或使酶活性增加的物质称为酶的激活剂。激活剂大多数为金属离子如 Mg^{2+}、K^+、Mn^{2+} 等。少数阴离子也有激活作用，如 Cl^- 能增强唾液淀粉酶的活性。许多有机化合物亦有激活作用，如胆汁酸盐可激活胰脂肪酶。酶的激活剂可分为两种：大多数金属离子对酶促反应是必需的，如果缺乏金属离子则检测不到酶的活性，这类激活剂称为必需激活剂。必需激活剂作用于底物，但不转变成产物。如己糖激酶中的 Mg^{2+}，能与底物 ATP 结合形成 Mg^{2+}-ATP 复合物，进而加速酶促反应。另外，有些酶在激活剂不存在时仍有一定活性，此种激活剂称为非必需激活剂，如唾液淀粉酶在 Cl⁻ 作用下活性升高，Cl⁻ 不存在时亦有一定活性。

六、抑制剂的影响

在酶促反应中，凡能使酶催化活性下降但不引起酶变性的物质称为酶的抑制剂。抑制剂与酶活性中心内或活性中心外的必需基团相结合，抑制酶的催化活性。加热、加酸等理化因素使酶发生不可逆变性而失活，不属于抑制作用的范畴。抑制剂与酶结合紧密程度不同而产生的抑制作用不同。因此，酶的抑制作用可分为不可逆抑制和可逆抑制两类。

1. 不可逆抑制

一些抑制剂与酶活性中心的必需基团以共价键结合，使酶失活，这种抑制剂不能用简单的透析、超滤等物理方法除去，这类抑制作用称为不可逆抑制。

不可逆抑制分为非专一性不可逆抑制和专一性不可逆抑制。其中，非专一性不可逆抑制剂可作用于酶分子中的一类或几类基团，这些基团中包含了必需基团，因而引起酶失活。而专一性不可逆抑制剂选择性很强，它只能专一性地与酶活性中心的某些基团不可逆结合，引起酶的活性丧失，如有机磷杀虫剂。

2. 可逆抑制

一些抑制剂与酶和（或）酶-底物复合物以非共价键结合，使酶活性降低或消失，用透析或超滤方法可将其除去，这类抑制作用称为可逆抑制。

根据抑制剂与底物的关系，可逆抑制作用又分为竞争性抑制、非竞争性抑制、反竞争性抑制三种类型。

（1）竞争性抑制

竞争性抑制剂分子的结构与底物分子的结构非常近似，与底物分子竞争酶的活性中心。抑制剂占据了酶分子的活性中心，使酶的活性中心无法与底物分子结合，因而也就无法催化底物发生反应。这时，抑制剂并没有破坏酶分子的特定构象，也没有使酶分子的活性中心解体。由于竞争性抑制剂与酶的结合是可逆的，可用加入大量底物、提高底物竞争力，以消除竞争性抑制剂的抑制作用。竞争性抑制中 K_m 值增大，v_{max} 值不变，见图 7-10。

（2）非竞争性抑制

非竞争性抑制剂分子的结构与底物分子的结构通常相差很大，酶可以同时与底物和抑制剂结合，两者没有竞争作用。但是结合生成的抑制剂-酶-底物三元复合物（ESI）不能进一步分解为产物，从而降低了酶活性。非竞争性抑制中 K_m 值不变，v_{max} 值降低，见图 7-11。

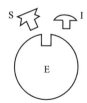

图 7-10　竞争性抑制作用示意图

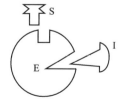

图 7-11　非竞争性抑制作用示意图

（3）反竞争性抑制

反竞争性抑制剂只与中间产物 ES 复合物结合生成 ESI 复合物，使 ES 量下降，终产物生成减少而导致酶促反应速率降低，这种现象称为反竞争性抑制。反竞争性抑制中 K_m 减小，v_{max} 降低。

在实际生产中要充分发挥酶的催化作用，以较低的成本生产出较高质量的产品，就必须准确把握酶促反应的条件。

【项目 36】　温度、pH、激活剂与抑制剂对酶促反应的影响

一、目的要求

能通过改变温度、pH、激活剂与抑制剂影响酶促反应速率。

二、基本原理

淀粉在淀粉酶催化下水解，其最终产物是麦芽糖。在水解反应过程中淀粉的分子量逐渐变小，形成若干分子量不等的过渡性产物，称为糊精。向反应系统中加入碘液可检查淀粉的水解程度，淀粉遇碘呈蓝色，麦芽糖对碘不显色。糊精中分子量较大者呈蓝紫色，随糊精的继续水解，对碘呈橙红色。

根据颜色反应，可以了解淀粉被水解的程度。在不同温度、不同酸碱度下，唾液淀粉酶活性不同，淀粉水解程度也不一样。另外，激活剂、抑制剂也能影响淀粉的水解。因此，通过与碘反应的颜色判断淀粉被水解的程度，进而了解温度、pH、激活剂和抑制剂对酶促反应的影响。

三、试剂与仪器

1. 试剂

（1）1％淀粉溶液	100mL	（2）唾液	1mL
（3）1％NaCl 溶液	50mL	（4）1％$CuSO_4$ 溶液	50mL
（5）1％Na_2SO_4 溶液	50mL	（6）0.2％碘溶液	50mL
（7）黄豆芽	400g		

（8）pH＝3.0 Na_2HPO_4-柠檬酸缓冲溶液　　　　1000mL

（9）pH＝6.8 Na_2HPO_4-柠檬酸缓冲溶液　　　　1000mL

（10）pH＝8.0 Na_2HPO_4-柠檬酸缓冲溶液　　　　1000mL

试剂配制：

（1）1％淀粉溶液：取可溶性淀粉 1g，加 5mL 蒸馏水，调成糊状，再加 80mL 蒸馏水，加热并不断搅拌，使其充分溶解，冷却，最后用蒸馏水稀释至 100mL。

（2）稀释唾液的制备：将痰咳尽，用水漱口（去除食物残渣、洗涤口腔），含蒸馏水约 30mL，作咀嚼运动，2min 后吐入烧杯中备用（不同人甚至同一人在不同时间所采集的唾液中淀粉酶的活性均不一样，结果会有差别，若想得到满意结果，应事先确定稀释倍数）。

（3）植物淀粉酶的制备：称取 1～3g 萌发的黄豆芽（芽长 1cm 左右），置于研钵中，加少量石英砂（或河沙），磨成匀浆，倒入 50mL 量筒中，加水至刻度，混匀后在室温（20～25℃）下放置，每隔 3～4min 摇动一次，放置 15～20min 后，取上清液或过滤取滤液备用

（若酶液过浓，可稀释 5～10 倍使用）。

（4）pH＝3.0 缓冲溶液：取 0.2mol·L^{-1} Na$_2$HPO$_4$ 溶液 205mL、0.1mol·L^{-1} 柠檬酸溶液 795mL，混合后即成。

（5）pH＝6.8 缓冲溶液：取 0.2mol·L^{-1} Na$_2$HPO$_4$ 溶液 772mL、0.1mol·L^{-1} 柠檬酸溶液 228mL，混合后即成。

（6）pH＝8.0 缓冲溶液：取 0.2mol·L^{-1} Na$_2$HPO$_4$ 溶液 972mL、0.1mol·L^{-1} 柠檬酸溶液 28mL，混合后即成。

（7）0.2％碘溶液：取碘 2g、碘化钾 4g，溶于 1000mL 蒸馏水中，贮于棕色瓶中。

2. 仪器

（1）试管　　　　　　4 支　　　（2）试管架　　　　　　1 个
（3）恒温水浴锅　　　1 只　　　（4）记号笔　　　　　　1 支

四、操作步骤

1. 温度对酶促反应的影响

（1）取 3 支试管，编号，每管各加入 pH＝6.8 缓冲溶液 20 滴、1％淀粉溶液 10 滴。

（2）将第一管放入 37℃ 恒温水浴中，第二管放入沸水浴中，第三管放入冰浴中。

（3）各管放置 5min 后，分别加稀释唾液（或种子酶液）5 滴，再放回原处。

（4）放置 10min 后取出，分别向各管加入稀碘液 1 滴，观察 3 管中颜色的区别，说明温度对酶促反应的影响。

2. pH 对酶促反应的影响

（1）取 3 支试管，编号。按表 7-7 加入试剂。

表 7-7　pH 对酶促反应的影响

试管号	缓冲溶液 pH＝3.0	缓冲溶液 pH＝6.8	缓冲溶液 pH＝8.0	淀粉溶液 1％	稀唾液（或种子酶液）
1	20 滴			10 滴	5 滴
2		20 滴		10 滴	5 滴
3			20 滴	10 滴	5 滴

（2）将各管摇匀放入 37℃ 恒温水浴中保温。

（3）5～10min 后，取出分别加入 1 滴稀碘溶液，观察 3 管颜色的区别，说明 pH 对酶促反应的影响。

3. 激活剂与抑制剂对酶促反应的影响

（1）取 4 支试管，编号按表 7-8 加入试剂。

表 7-8　激活剂与抑制剂对酶促反应的影响

试管号	缓冲溶液 pH＝6.8	1％淀粉溶液	蒸馏水	1％NaCl	1％CuSO$_4$	1％Na$_2$SO$_4$	稀唾液（或种子酶液）
1	20 滴	10 滴	10 滴				5 滴
2	20 滴	10 滴		10 滴			5 滴
3	20 滴	10 滴			10 滴		5 滴
4	20 滴	10 滴				10 滴	5 滴

（2）摇匀各管放入 37℃ 恒温水浴中保温。

（3）5～10min 后，取出各管加入稀碘溶液 1 滴，观察各管颜色的区别，说明激活剂和抑制剂对酶促反应的影响。

五、思考题

通过实验，说明温度、pH、激活剂与抑制剂对酶促反应产生怎样的影响。

任务五
酶活力及其测定

实例分析

工业上主要利用微生物发酵法生产各种酶制剂，如应用最多的淀粉酶制剂和蛋白酶制剂。但在实际应用和理论研究中酶不易制成纯品，含有很多杂质，含酶量并不多。酶活力大小是衡量酶制剂质量的主要指标，选择具有高度专一性和灵敏度的酶活测定方法是检测酶制剂质量的保障。

一、酶活力与酶活力单位

酶活力也称为酶活性，是指酶催化一定化学反应的能力。酶催化反应速率愈大，酶活力愈高，反之活力愈低。

酶活力大小要用酶活力单位（U）（active unit）表示。

① 1961 年国际生物化学学会酶学委员会提出采用统一的"国际单位"（IU）来表示酶的活力规定为：在最适条件（25℃）下，每分钟内催化 $1\mu mol$ 底物转化为产物所需的酶量为一个活力单位，即 $1IU=1\mu mol \cdot min^{-1}$。这样酶的含量就可用每克酶制剂或每毫升酶制剂含有多少酶活力单位来表示（$U \cdot g^{-1}$ 或 $U \cdot mL^{-1}$）。

1979 年酶学委员会又推荐以 Kata（Kat，催量）表示酶活性。1 催量是指在特定条件下，每秒使 1mol 底物转化成产物所需的酶量。$1IU=16.67 \times 10^{-9}Kat$。

② 酶的比活力。在特定条件下，每毫克蛋白质（或 RNA）所具有的酶活力单位数，即

$$酶比活力＝酶活力(单位)/mg(蛋白或 RNA)$$

常用 $\mu mol \cdot min^{-1} \cdot mg^{-1}$ 蛋白表示。酶的比活力是酶制品纯度的一个常用指标。同一种酶在不同制品中比活力越高者，其纯度也越高。

二、酶活力测定

在酶学和酶工程的生产和研究中，经常需要进行酶活力的测定，以确定酶量的多少以及变化情况。酶活力测定是在一定条件下测定酶所催化的反应速率。在外界条件相同的情况下，反应速率越大，意味着酶的活力越高。

酶促反应速率可用单位时间内、单位体积中底物的减少量或产物的增加量来表示。在一

般的酶促反应体系中，底物往往是过量的，测定初速率时，底物减少量占总量的极少部分，不易准确检测。而产物则是从无到有，只要测定方法灵敏，就可准确测定。因此一般以测定产物的增加量来表示酶促反应速率较为合适。

1. 酶活力测定方法

酶活力测定的方法很多，如化学测定法、光学测定法、气体测定法等。

2. 酶活力测定步骤

酶活力测定均包括两个阶段：首先是在一定条件下，酶与底物反应一段时间，然后再测定反应体系中底物或产物的变化量。一般步骤如下：

① 根据酶催化的专一性，选择适宜的底物，并配制成一定浓度的底物溶液。所用的底物必须均匀一致，达到酶催化反应所要求的纯度。

② 根据酶的动力学性质，确定酶催化反应的 pH、温度、底物浓度、激活剂浓度等反应条件，底物浓度应该大于 $5K_m$。

③ 在一定条件下，将一定量的酶液和底物溶液混合均匀，适时记录反应开始时间。

④ 反应到一定时间后，取出适量的反应液，运用各种检测技术，测定产物的生成量或底物的减少量。

3. 酶活力测定示例——淀粉酶活力测定

（1）测定原理

淀粉是植物最主要的贮藏多糖，也是人和动物的重要食物和发酵工业的基本原料。淀粉需经淀粉酶作用后生成葡萄糖等小分子物质才能被机体利用。

淀粉酶主要包括 α-淀粉酶和 β-淀粉酶两种。α-淀粉酶可随机地作用于淀粉中的 α-1,4-糖苷键，生成葡萄糖、麦芽糖、麦芽三糖、糊精等还原糖，同时使淀粉的黏度降低，因此又称为液化酶。β-淀粉酶可从淀粉的非还原性末端进行水解，每次水解下一分子麦芽糖，又被称为糖化酶。淀粉酶催化产生的这些还原糖能使 3,5-二硝基水杨酸还原，生成棕红色的 3-氨基-5-硝基水杨酸。

淀粉酶存在于几乎所有植物中，特别是萌发后的禾谷类种子，淀粉酶活力最强。其中主要是 α-淀粉酶和 β-淀粉酶。两种淀粉酶特性不同，α-淀粉酶不耐酸，在 pH＝3.6 以下迅速钝化。β-淀粉酶不耐热，在 70℃ 15min 钝化。根据它们的这种特性，在测定活力时钝化其中之一，就可测出另一种淀粉酶的活力。

（2）测定方法

测定淀粉酶活力的方法有四类：①测定底物淀粉的消耗量，有黏度法、浊度法和碘-淀粉比色法等；②生糖法，测定产物葡萄糖的生成量；③色原底物分解法；④酶偶联法。

在底物淀粉浓度已知而且过量的条件下，反应后加入碘液与未被催化水解的淀粉结合成蓝色复合物。其蓝色深浅与未经酶促反应的空白管比较，从而计算出淀粉的剩余量，再计算出淀粉酶的活力。此法为碘-淀粉比色法，这种方法测定淀粉酶活力操作简便迅速、实用。

如果用标准浓度的麦芽糖溶液制作标准曲线，用比色法测定淀粉酶作用于淀粉后生成的还原糖的量，以单位重量样品在一定时间内生成的麦芽糖的量表示酶活力。此法为生糖法，这种方法也比较常用。

【项目 37】 碘-淀粉比色法测定淀粉酶活力

一、目的要求

1. 能正确理解淀粉酶活力测定的原理。
2. 会测定淀粉酶活力。

二、基本原理

淀粉遇碘产生蓝色，可以在一定量的淀粉中加入不同量的淀粉酶制剂，一定时间后，不出现蓝色且酶制剂用量最少的那个试液可以认为刚好将淀粉全部分解，根据酶制剂的用量、淀粉的用量以及反应时间来计算该淀粉酶的活力。

三、试剂与仪器

1. 试剂

(1) $0.1\text{mol} \cdot \text{L}^{-1}$ 碘 $\left(\dfrac{1}{2}\text{I}_2\right)$ 溶液　　100mL　　　　(2) 2％淀粉溶液　　1000mL

(3) 淀粉酶制剂溶液　　　　1000mL

试剂配制：

(1) $c\left(\dfrac{1}{2}\text{I}_2\right) = 0.1\text{mol} \cdot \text{L}^{-1}$ 碘溶液：称取 1.3g 碘片及 3.5g 碘化钾，溶于 100mL 蒸馏水中，在棕色瓶中保存。

(2) 2％淀粉溶液：分别称取可溶性淀粉 2g（精确至 0.01g）和 NaCl 5g，用少量蒸馏水分别溶解后，移入 1000mL 容量瓶中，用蒸馏水稀释至刻度，摇匀备用。

(3) 淀粉酶制剂溶液：称取（精确至 0.01g）淀粉酶制剂 25g（或吸取 25mL），溶解后移入 1000mL 容量瓶中，用蒸馏水稀释至刻度，摇匀备用。

2. 仪器

(1) 恒温水浴锅	3 只	(2) 温度计	100℃×1
(3) 量筒	100mL×1	(4) 吸量管	1mL×1
(5) 容量瓶	1000mL×2	(6) 烧杯	100mL×1
(7) 比色管	25mL×11 支/组		

四、操作步骤

(1) 编号比色管 1～10。

(2) 在 10 只比色管中分别加入 5mL 淀粉溶液，另取一只比色管，内盛 5mL 蒸馏水，插入温度计。

(3) 一起放入恒温水浴锅中保温［BF-7658 酶（细菌淀粉酶的一种）60℃，胰酶 40℃］。

(4) 当温度恒定在所需温度后，按管号分别加入 1.0～1.9mL（间隔为 0.1mL）配制好的酶制剂溶液，计时保温 60min。

（5）60min后，在每管中加入数滴 $c(\frac{1}{2}I_2)=0.1mol\cdot L^{-1}$ 碘溶液。记录不呈蓝色且加入酶制剂溶液最少的试管中加入酶制剂溶液的体积 V（mL）。

（6）计算

$$酶活力＝(mg\cdot g^{-1}\cdot h^{-1})＝\dfrac{m_1\times 5}{\dfrac{m_2}{1000}V}＝\dfrac{5000m_1}{m_2V}$$

式中　m_1——称取淀粉的质量，g；

$\quad\quad m_2$——称取酶制剂的质量，g；

$\quad\quad V$——不呈蓝色试管中淀粉酶用量最少所加酶制剂溶液的体积，mL。

注意事项： 由于酶制剂的活力变化较大，如完全按上述操作，所加酶制剂溶液体积可能不一定在测试范围中，因此可以先加大酶制剂溶液体积的间隔，找到一个大致用量，再在其左右用 0.1mL 的间隔较精确测定使淀粉刚好完全分解时所加入酶制剂溶液的体积。

五、思考题

什么是酶活力，测定酶活力有什么意义？

思考与习题

一、选择题

1. 在寡聚蛋白质中，亚基间的立体排布、相互作用以及接触部位间的空间结构称为（　　）。

A. 三级结构　　　　B. 缔合现象　　　　C. 四级结构　　　　D. 变构现象

2. 形成稳定的肽链空间结构，肽键中的四个原子以及和它相邻的两个 α-碳原子应处于（　　）。

A. 不断绕动状态　B. 可以相对自由旋转　C. 同一平面　　D. 随不同外界环境而变化的状态

3. 维持蛋白质二级结构稳定的主要因素是（　　）。

A. 静电作用力　　B. 氢键　　　　　　C. 疏水键　　　　D. 范德华作用力

4. 蛋白质变性是指蛋白质（　　）。

A. 一级结构改变　B. 空间构象破坏　　C. 分子量变小　　D. 蛋白质水解

5. 天然蛋白质中含有的 20 种氨基酸的结构（　　）。

A. 全部是 L-型　　　　　　　　　　B. 全部是 D-型

C. 部分是 L-型，部分是 D-型　　　　D. 除甘氨酸外都是 L-型

6. 当蛋白质处于等电点时，蛋白质分子的（　　）。

A. 稳定性增加　　B. 表面净电荷不变　C. 表面净电荷增加　D. 溶解度最小

7. 下列哪种因素不使酶活力发生变化（　　）。

A. 增高温度　　　B. 加抑制剂　　　　C. 改变 pH　　　D. 加硫酸铵

8. 关于酶的性质哪一种说法不对（　　）。

A. 高效催化性　　B. 专一性　　　　　C. 反应条件温和　D. 可调节控制

E. 可使反应平衡向有利于产物方向移动

9. 米氏常数 K_m 是一个用来度量（　　）。

A. 酶被底物饱和程度的常数　　　　B. 酶促反应速率大小的常数

C. 酶与底物亲和力大小的常数　　　D. 酶稳定性的常数

10. 某一符合米氏方程的酶，当 $[S]=2K_m$ 时，其反应速率 v 等于（　　）。

A. v_{max}　　　　　B. $\dfrac{2}{3}v_{max}$　　　　　C. $\dfrac{3}{2}v_{max}$　　　　　D. $2v_m$

11. L-氨基酸氧化酶只能催化 L-氨基酸氧化，此种专一性属于（　　）。

A. 几何专一性　　　　B. 光学专一性　　　　C. 结构专一性　　　　D. 绝对专一性

12. 下列关于酶活性中心的描述正确的是（　　）。

A. 酶分子上的几个必需基团　　　　　　　　　B. 酶分子与底物的结合部位

C. 酶分子结合底物并发挥催化作用的三维结构区域　　　　D. 酶分子催化底物转化的部位

二、判断题（在括号内打√或×）

（　　）1. 一氨基、一羧基氨基酸的 pI 接近中性，因为—NH₂ 和—COOH 的解离度相等。

（　　）2. 构型的改变必须有旧的共价键破坏和新的共价键形成，而构象的改变则不发生此变化。

（　　）3. 生物体内只有蛋白质才含有氨基酸。

（　　）4. 所有的蛋白质都具有一、二、三、四级结构。

（　　）5. 蛋白质分子中个别氨基酸的取代未必会引起蛋白质活性的改变。

（　　）6. 所有氨基酸与茚三酮反应都产生蓝紫色的化合物。

（　　）7. 酶活力的降低一定是因为酶失活作用引起的。

（　　）8. 当底物处于饱和水平时，酶促反应的速率与酶的浓度成正比。

（　　）9. 酶的米氏常数（K_m）是底物浓度的一半时的反应速率。

三、问答题

1. 什么是蛋白质的变性？变性的机制是什么？举例说明蛋白质变性在实践中的应用。

2. 什么是蛋白质的一级结构？什么是多肽链的 N-端和 C-端？

3. 什么是亚基？

4. 为什么可以用紫外吸收法测定蛋白质含量？其优点和要求有哪些？

5. 酶作为生物催化剂有哪些特点？

6. 有哪些因素可以影响酶催化反应的速率，是如何影响的？

物质及其变化

- 任务一　气体 p、V、T 计算
- 任务二　化学反应速率及测定
- 任务三　化学反应热效应计算
- 任务四　化学反应方向及变化

● **知识目标**

1. 了解物质的聚集状态，理想气体概念及特点，真实气体的计算方法。
2. 掌握理想气体状态方程、分压定律和分体积定律及其应用。
3. 掌握浓度与反应速率的关系，理解浓度、温度与催化剂对化学反应速率的影响。
4. 了解热力学的基本概念，熟悉热力学第一定律，掌握化学反应热效应的计算方法和热化学反应方程式的表示方式。
5. 掌握化学平衡状态特征，平衡常数的表达式与意义，浓度、压力与温度对化学平衡的影响。

● **技能目标**

1. 会用分压定律、分体积定律进行相关计算。
2. 能正确书写反应速率方程式，计算反应活化能。
3. 能运用盖斯定律和物质的标准摩尔生成焓、标准摩尔燃烧焓计算化学反应热效应。
4. 学会用吉布斯自由能变判断化学反应的方向，通过计算转化率了解化学反应的限度。

任务一
气体 p、V、T 计算

★ **实例分析**

我们在日常生活中，经常接触到很多物质，比如呼吸需要的氧气、补充水分的白开水、建筑用的各种材料等，它们并不是由单个原子或分子构成的，而是分子的聚集体。物质总是以一定的聚集状态存在。常温、常压下，物质通常有气态、液态和固态三种存在形式，在一定的条件下，这三种状态可以相互转化。

气体的基本特征是具有扩散性和可压缩性。不管容器的大小以及气体量的多少，气体都能充满整个容器，而且不同气体能以任意比相互混溶从而形成混合均匀的气体混合物。气体分子间距离比较大，分子间作用力比较弱，气体分子始终处于无规则地快速运动中。通常，气体的存在状态几乎与它们的化学组成无关。对于一定量的理想气体，其体积、压力、温度的变化符合气体的基本定律。

一、理想气体的状态方程

将分子本身的体积和分子之间的相互作用力都可以忽略的气体称为理想气体。一定量的理想气体，其状态受到三个变化因素的影响：温度、压力和体积。这三个因素之间是相互制约的，其关系如下：

$$pV=nRT \tag{8-1}$$

式中　　n——气体物质的量，mol；

p——气体的压力，Pa；

V——气体在该温度下的体积，m^3；

T——热力学温度，K，$T(K)=t(℃)+273.15$；

R——气体常数，$8.314 m^3 \cdot Pa \cdot mol^{-1} \cdot K^{-1}$。

又由于

$$n=\frac{m}{M}$$

代入式（8-1）后得

$$pV=\frac{m}{M}RT \tag{8-2}$$

式中　　m——气体质量，kg 或 g；

M——摩尔质量，$kg \cdot mol^{-1}$ 或 $g \cdot mol^{-1}$，m 和 M 注意单位上下一致。

式（8-1）称为理想气体的状态方程。

式（8-2）是理想气体的状态方程的又一表达式。

式（8-1）、式（8-2）都表示了 n mol 理想气体在某一种状态下，p、V、T 之间的关系。

如果状态发生变化，n mol 理想气体从一种状态 A 变成另一种状态 B 时，p、V、T 之间的关系也发生相应的变化：

$$\frac{p_A V_A}{T_A} = \frac{p_B V_B}{T_B} = nR \tag{8-3}$$

利用理想气体状态方程可以进行 p、V、T、n 的相关计算。

【例 8-1】 在 25℃时，一个体积为 40.0dm³ 的氮气钢瓶在使用前压力为 12.5MPa，使用一定量的氮气后，钢瓶压力降为 10.0MPa，求所用去的氮气质量。

解 使用前钢瓶中氮气的物质的量：

$$n_1 = \frac{p_1 V}{RT} = \frac{12.5 \times 10^6 \, Pa \times 40.0 \times 10^{-3} \, m^3}{8.314 m^3 \cdot Pa \cdot K^{-1} \cdot mol^{-1} \times (273.15 + 25)K} = 202 mol$$

使用后钢瓶中氮气的物质的量：

$$n_2 = \frac{p_2 V}{RT} = \frac{10.0 \times 10^6 \, Pa \times 40.0 \times 10^{-3} \, m^3}{8.314 m^3 \cdot Pa \cdot K^{-1} \cdot mol^{-1} \times (273.15 + 25)K} = 161 mol$$

所用氮气的质量：

$$m = (n_1 - n_2)M = (202 - 161)mol \times 28.0 g \cdot mol^{-1} = 1.1 \times 10^3 g = 1.1 kg$$

【例 8-2】 体积为 0.2m³ 的钢瓶盛有理想气体 CO_2 0.89kg，当温度为 0℃时，问钢瓶内气体的压力为多少？

已知：$V = 0.2 m^3$，$m = 0.89 kg$，$M = 0.044 kg \cdot mol^{-1}$（或 $m = 890g$，$M = 44 g \cdot mol^{-1}$），$T = 273.15K$，$R = 8.314 m^3 \cdot Pa \cdot mol^{-1} \cdot K^{-1}$，求 p。

解 根据 $pV = nRT$

可求得 $\quad p = \frac{nRT}{V} = \frac{mRT}{MV} = 2.29 \times 10^5 \, Pa = 229 kPa = 0.229 MPa$

运用理想气体状态方程进行计算时，应注意各变量单位的一致性。R 的单位由 p 和 V 决定。p 和 V 所取单位不同，R 的单位及数值也随之不同（见表 8-1）。

表 8-1　不同单位和数值的气体常数

单位	L · atm · mol⁻¹ · K⁻¹	J · mol⁻¹ · K⁻¹	m³ · Pa · mol⁻¹ · K⁻¹
R 的数值	0.08206	8.314	8.314

二、理想气体的基本定律

由理想气体的状态方程可以推导出以下三个基本定律。

波义耳定律：一定温度下，一定量气体的体积与压力成反比，$pV = nRT = k_1$；

盖·吕萨克定律：一定压力下，一定量的气体，其体积与热力学温度成正比，$V/T = nR/p = k_2$；

阿伏加德罗定律：一定压力和温度下，气体的体积与物质的量成正比，$V = nRT/p = k_3$。

其中的 k_1、k_2 和 k_3 均为常数。当理想气体 p、V、T、n 四个量中两个变化时，用上述定律进行计算较为简单。

【例 8-3】 一密闭活塞开始 $p=101.3kPa$，$V=5\times10^{-2}\,m^3$，当把压力增大到 $p=2\times101.3kPa$，体积为多少？

解 温度 T 和气体物质的量不变，根据波义耳定律可得

$$p_A V_A = p_B V_B$$

则

$$V_B = \frac{p_A V_A}{p_B} = \frac{101300\times5\times10^{-2}}{2\times101300} = 2.5\times10^{-2}\,(m^3)$$

✎ **练一练**

有一高压气瓶，容积为 $30dm^3$，能承受 2.6×10^7Pa 的压强，问在 293K 时可装入多少千克 O_2 而不致发生危险？

三、混合理想气体的基本定律

上述讨论的是单一种类的理想气体的性质和变化规律。而在科学实验和生产实践中，常遇到的是由多种气体组成的混合气体。混合气体中的每一种成分称为组分。多组分气体中每一组分的分压、分体积如何计算，各组分分压、分体积与总压力、总体积之间又有什么关系？

1. 混合理想气体的组成

混合理想气体中的各组分含量，用摩尔分数 y_B 来表示［也可以用 y（B）表示］。

$$y_B = \frac{n_B}{n} \tag{8-4}$$

式中　y_B——混合气体中任一组分 B 的摩尔分数，无量纲；

　　　n_B——混合气体中任一组分 B 的物质的量，mol；

　　　n——混合气体总的物质的量，$n=n_1+n_2+n_3+n_4+\cdots$，mol。

【例 8-4】 在 300K、748.3kPa 下，某气柜中有 0.140kg 一氧化碳气、0.020kg 氢气，求 CO 和 H_2 的摩尔分数。

解　$n(CO)=140/28=5(mol)$　$n(H_2)=20/2=10(mol)$

$n_{总}=n(CO)+n(H_2)=15(mol)$

$y(CO)=5/15=0.333$　$y(H_2)=1-0.333=0.667$

2. 分压定律

在混合气体中，某组分气体所产生的压力称为该气体的分压。当一定温度时，混合气体中任一组分气体的分压，等于该组分气体单独占有与混合气体相同体积时所产生的压力。混合气体的总压力等于各组分气体的分压之和。

以上就是气体分压定律的基本内容。它是由英国化学家道尔顿（John Dalton）在 1807 年首先提出的，故又称为道尔顿气体分压定律。其数学表达式为：

$$p = \sum_B p_B \tag{8-5}$$

式中 p_B——组分 B 的分压。

根据理想气体的状态方程可以推导出：

$$p_B = \frac{n_B RT}{V} = \frac{n_B}{n} \times \frac{nRT}{V} = y_B p \qquad (8\text{-}6)$$

即混合气体中，各组分气体的分压等于该组分气体的摩尔分数与总压的乘积。这是分压定律的另一种表达形式。

【例 8-5】 在 300K 时，将 101.3kPa、2.00×10^{-3} m³ 的氧气与 50.65kPa、2.00×10^{-3} m³ 的氮气混合，混合后温度为 300K，总体积为 4.00×10^{-3} m³，总压力为多少？

解 各组分混合前后体积变化，不能直接用分压定律计算。但温度不变，可用波义耳定律将各组分的压力换算为混合气体的总体积下的压力时，再用分压定律求出总压力。

$$p_1 V_1 = p_2 V_2 \qquad p_2 = p_1 V_1 / V_2$$

$$p(O_2) = 101.3 \times 10^3 \times 2.00 \times 10^{-3} / (4.00 \times 10^{-3}) = 50.65 \ (kPa)$$

$$p(N_2) = 50.65 \times 10^3 \times 2.00 \times 10^{-3} / (4.00 \times 10^{-3}) = 25.325 \ (kPa)$$

$$p = p(O_2) + p(N_2) = 75.975 \ (kPa)$$

答：总压力为 75.975kPa。

练一练

在 30℃ 时，于一个 10.0L 的容器中，O_2、N_2 和 CO_2 混合气体的总压为 93.3kPa。分析结果得 $p(O_2) = 26.7$kPa，CO_2 的质量为 5.00g，求：

(1) 容器中 $p(CO_2)$；

(2) 容器中 $p(N_2)$；

(3) O_2 的摩尔分数。

3. 分体积定律

在混合气体中，某组分气体所占的体积称为该气体的分体积。当一定温度时，混合气体中任一组分气体的分体积，等于该组分气体与混合气体以相同的压力单独存在时所占的体积。混合气体的总体积等于各组分气体的分体积之和。

以上是气体分体积定律的基本内容。它是由阿玛格（Amage）首先提出的，故又称阿玛格气体分体积定律。其数学表达式为：

$$V = \sum_B V_B \qquad (8\text{-}7)$$

式中 V_B——组分 B 的分体积。

根据理想气体的状态方程可以推导出

$$V_B = \frac{n_B RT}{p} = \frac{n_B}{n} \times \frac{nRT}{p} = y_B V \qquad (8\text{-}8)$$

即混合气体中，各组分气体的分体积等于该组分气体的摩尔分数与总体积的乘积。这是分体积定律的另一种表达形式。

在理想气体中，同一种气体的压力分数、体积分数和摩尔分数是相等的。即

$$\frac{p_B}{p} = \frac{V_B}{V} = \frac{n_B}{n} = y_B \tag{8-9}$$

【例 8-6】 某厂锅炉的烟囱每小时排放 $573m^3$（STP）的废气，其中 CO_2 的含量为 23.0%（摩尔分数），求每小时排放 CO_2 的质量。

已知：$V = 573m^3$，$T = 273.15K$，$p = 101325Pa$，$y(CO_2) = 0.23$；求 $m(CO_2)$。

解 $V(CO_2) = y(CO_2)V = 0.23 \times 573 = 132（m^3）$

根据 $pV = nRT$

$$n(CO_2) = pV(CO_2)/(RT) = 101325 \times 132/(8.314 \times 273.15) = 5.89 \times 10^3（mol）$$

$$m(CO_2) = n(CO_2) \times M(CO_2) = 5.89 \times 10^3 \times 44 = 2.59 \times 10^5（g） = 259（kg）$$

【例 8-7】 25℃时，装有 $0.3MPa$ O_2 的体积为 1L 的容器与装有 $0.06MPa$ N_2 的体积为 2L 的容器用旋塞连接。旋塞打开，待两气体混合后，计算：

① O_2、N_2 的物质的量；　② O_2、N_2 的分压；

③ 混合气体的总压；　　④ O_2、N_2 的分体积。

解 ① 混合前后气体的物质的量没有发生变化：

$$n(O_2) = \frac{p_1V_1}{RT} = \frac{0.3 \times 10^6 Pa \times 1.0 \times 10^{-3} m^3}{8.314 m^3 \cdot Pa \cdot K^{-1} \cdot mol^{-1} \times (273.15 + 25)K} = 0.12mol$$

$$n(N_2) = \frac{p_2V_2}{RT} = \frac{0.06 \times 10^6 Pa \times 2.0 \times 10^{-3} m^3}{8.314 m^3 \cdot Pa \cdot K^{-1} \cdot mol^{-1} \times (273.15 + 25)K} = 0.048mol$$

② 混合后，总体积 $3dm^3$。O_2、N_2 的分压是它们各自单独占有 $3dm^3$ 时所产生的压力。

当 O_2 由 $1dm^3$ 增加到 $3dm^3$ 时：

$$p(O_2) = \frac{p_1V_1}{V} = \frac{0.3MPa \times 1dm^3}{3dm^3} = 0.1MPa$$

当 N_2 由 $2dm^3$ 增加到 $3dm^3$ 时：

$$p(N_2) = \frac{p_2V_2}{V} = \frac{0.06MPa \times 2dm^3}{3dm^3} = 0.04MPa$$

③ 混合气体的总压：

$$p = p(O_2) + p(N_2) = 0.1MPa + 0.04MPa = 0.14MPa$$

④ O_2、N_2 的分体积：

$$V(O_2) = V \times \frac{p(O_2)}{p} = 3dm^3 \times \frac{0.1MPa}{0.14MPa} = 2.14dm^3$$

$$V(N_2) = V \times \frac{p(N_2)}{p} = 3dm^3 \times \frac{0.04MPa}{0.14MPa} = 0.86dm^3$$

四、实际气体的计算

在低压和温度不太低的情况下，实际气体的性质与理想气体相似，符合理想气体的

状态方程。但是温度与压力改变时，所有实际气体都不同程度地偏离了理想气体的基本定律。

1. 实际气体产生偏差的原因

第一，实际气体分子体积的影响。当压力升高时，气体体积变小，在充有气体的容器中，自由空间减小，由于忽略分子本身体积所产生的误差就要显现出来。

第二，实际气体分子间相互作用的影响。当气体的体积缩小、压力增大时，分子之间的作用力变得足够强，减弱了分子对器壁碰撞时产生的压力。不同种气体，其分子间的作用力不同，偏离理想气体的程度也不同。

如果能考虑实际气体的偏差而对理想气体状态方程进行修正，使得实际气体接近理想气体，那么就可以利用理想气体的状态方程进行实际气体的相关计算。为此人们对理想气体状态方程做了大量的修正工作，提出了许多实际气体的状态方程。其中比较著名的是范德华方程。

2. 范德华方程

范德华方程是由荷兰科学家范德华（Van Der Waals）在 1873 年提出的。数学表达式如下：

$$\left(p + \frac{a}{V_m^2}\right)(V_m - b) = RT \tag{8-10}$$

或

$$\left(p + a\frac{n^2}{V^2}\right)(V - nb) = nRT \tag{8-11}$$

式中　　a, b——范德华常数，与气体种类有关，$Pa \cdot m^6 \cdot mol^{-2}$ 和 $m^3 \cdot mol^{-1}$，常见气体的范德华常数见附录 9；

p——实际气体分子对容器壁产生的压力；

V_m——1mol 理想气体分子自由活动的空间，等于容器的体积。

在 $pV_m = RT$ 方程式中，由于实际气体分子间引力的存在，实际气体所产生的压力 p 要比无吸引力时小。若给 p 加上一个修正项 $\frac{a}{V_m^2}$，就可换算成可忽略分子间引力时的压力，则为 $p + \frac{a}{V_m^2}$。$\frac{a}{V_m^2}$ 项称为分子内压，它反映分子间引力对气体压力所产生的影响。

同样，在 $pV_m = RT$ 方程式中，因为实际气体分子本身的体积是存在的，所以 1mol 理想气体自由活动的空间已不是 V_m，而是比 V_m 小。若从 V_m 中减去一个与气体分子自身体积有关的修正项 b，就可使实际气体的活动空间接近理想气体，即把 V_m 换成 $V_m - b$。

经过两项修正，实际气体就可以看作理想气体来处理。用 $V_m - b$ 代替理想气体状态方程中的 V_m，以 $p + \frac{a}{V_m^2}$ 代替理想气体状态方程中的 p，即得范德华方程表达式（8-10）。再将 $V_m = \frac{V}{n}$ 代入式（8-10）可得式（8-11）。

范德华方程主要用来处理与理想气体偏差较大的、沸点较高的实际气体。沸点较低的气体在常温下、常压下与理想气体的偏差不大（一般只有 1% 左右），可以直接用理想气体状态方程进行计算。

【例 8-8】 1mol 的 N_2 在 0℃时体积为 $70.3 \times 10^{-6} m^3$，分别：①按理想气体状态方程计算压力；②按范德华方程式计算压力；③已知实测值为 40.53MPa，计算两种方法的相对误差。

解　① 按理想气体方程计算

$$p = \frac{RT}{V_m} = \frac{8.314 \times 273.15}{70.3 \times 10^{-6}} = 32.3 (MPa)$$

② 按范德华方程式

$$a = 0.141 Pa \cdot m^6 \cdot mol^{-2}$$

$$b = 0.0391 \times 10^{-3} m^3 \cdot mol^{-1}$$

$$p = \frac{RT}{V_m - b} - \frac{a}{V_m^2} = \frac{8.314 \times 273.15}{70.3 \times 10^{-6} - 39.1 \times 10^{-6}} - \frac{0.141}{(70.3 \times 10^{-6})^2} = 44.3 (MPa)$$

③ 两种方法的相对误差

$$相对误差 1 = \frac{32.3 - 40.53}{40.53} \times 100\% = -20.3\%$$

$$相对误差 2 = \frac{44.3 - 40.53}{40.53} \times 100\% = 9.3\%$$

可见用范德华方程式计算，相对误差明显减小，更接近实际情况。

3. 压缩因子

在理想气体状态方程基础上引入校正因子，如式（8-12），也可用于实际气体。

$$pV = ZnRT \tag{8-12}$$

式中　Z——校正因子，也叫压缩因子。

$$V_{实际} = Z \frac{nRT}{p} = Z V_{理想} \tag{8-13}$$

对理想气体来说 $Z = 1$。

如 $Z > 1$，$V_{实际} > V_{理想}$，即实际气体的体积大于理想气体，比理想气体难压缩。

如 $Z < 1$，$V_{实际} < V_{理想}$，即实际气体的体积小于理想气体，比理想气体易压缩。

"Z" 集中了实际气体对理想气体的偏差，以压缩比加以表达，即压缩因子。

（1）气体的临界状态

实际气体，除了 p-V-T 关系不符合理想气体状态方程外，还能靠分子间引力的作用凝聚为液体，这种过程称为液化或凝结。生产上气体液化的途径有两条：一是降温，二是加压。实践表明，每种气体都有一个由其特性决定的能够液化的最高温度叫临界温度（T_c）。温度低于临界温度是气体液化的必要条件。在临界温度时，气体液化所需的最低压力称为临界压力（p_c）。在临界温度 T_c 和临界压力 p_c 下，1mol 气体所占有的体积称为临界体积 V_c。T_c、V_c、p_c 统称为临界常数，由 T_c、V_c、p_c 决定的状态称为临界状态。T_c、V_c、p_c 由各物质的特性确定。真实气体状态中的物性常数，都可以用临界常数来表达。如范德华方程式中 $a = \frac{27R^2 T_c^2}{64 p_c}$，$b = \frac{RT_c}{8 p_c}$。$p \geq p_c$，$T \leq T_c$ 为气体液化的充要条件。

（2）气体的对比状态

各种气体在临界状态下的压缩因子 $Z_c = \dfrac{p_c V_c}{RT_c}$ 接近定值，以临界状态作为基准点，则可引入一些新的状态变量。将新的状态变量压力 p、温度 T、摩尔体积 V_m 通过临界常数转化为对比压力、对比温度和对比体积。

$$对比压力\ p_r = \frac{p}{p_c}$$

$$对比温度\ T_r = \frac{T}{T_c}$$

$$对比体积\ V_r = \frac{V_m}{V_c}$$

p_r、T_r、V_r 统称为对比状态参数，由 p_r、T_r、V_r 决定的状态称为对比状态。各种气体在相同的对比压力 p_r、对比温度 T_r 下具有相同的对比体积 V_r，即各种气体处于同一对比状态。这个实验结果称为对比状态定律。

当对比压力 p_r 和对比温度 T_r 一定时，压缩因子 Z 为一定值。换言之，处于相同对比状态的各种气体具有相同的压缩因子 Z。这样就得到双参数普遍压缩因子图（图 8-1）。此图中横坐标为对比压力 p_r，纵坐标为压缩因子 Z，曲线中的数字为对比温度 T_r。

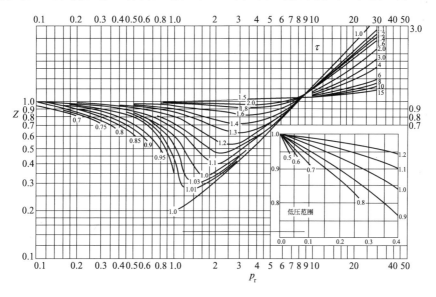

图 8-1 双参数普遍压缩因子图

应用对比压力 p_r 和对比温度 T_r 就能从双参数普遍压缩因子图中查到压缩因子 Z，代入式（8-12）就可进行实际气体的计算。

【例 8-9】 40℃和 6060kPa 下 1000mol CO_2 气体所占的体积是多少？试分别用

（1）理想气体状态方程计算；

（2）压缩因子计算；

（3）已知实际体积为 0.304m^3，求两种方法的计算误差各为多少？

解 （1）理想气体状态方程计算

$$V = \frac{nRT}{p} = \frac{1000 \times 8.314 \times (273.15 + 40)}{6060 \times 10^3} = 0.430(\text{m}^3)$$

（2）用压缩因子图计算

查附录可知 CO_2 的 $p_c = 7.30 \times 10^6 \text{Pa}$，$T_c = 304.3\text{K}$

$$p_r = \frac{p}{p_c} = \frac{6060 \times 10^3}{7.30 \times 10^6} = 0.830$$

$$T_r = \frac{T}{T_c} = \frac{273.15 + 40}{304.3} = 1.03$$

查图得 $Z = 0.66$

$$V_{真实} = ZV_{理想} = 0.66 \times 0.429 = 0.283(\text{m}^3)$$

（3）两种方法的相对误差

$$相对误差 1 = \frac{0.430 - 0.304}{0.304} \times 100\% = 41.4\%$$

$$相对误差 2 = \frac{0.283 - 0.304}{0.304} \times 100\% = -6.9\%$$

任务二
化学反应速率及测定

实例分析

消除汽车尾气的污染，可采用下列反应：

$$CO(g) + NO(g) \longrightarrow CO_2(g) + \frac{1}{2}N_2(g) \quad \Delta_r G_m^{\ominus} = -334\text{kJ} \cdot \text{mol}^{-1}$$

反应的可能性足够大，但反应速率不够快，CO 和 NO 不能在尾气管中完成，以致散到大气中，造成污染。如果使用催化剂，就能提高反应速率。

一、化学反应速率的表示与测定

一定条件下，某一化学反应中反应物或生成物浓度随时间变化的快慢程度即为该反应的化学反应速率，单位 $\text{mol} \cdot \text{L}^{-1} \cdot \text{s}^{-1}$。各种化学反应进行的速率差别很大，有些反应进行得很快，如炸药爆炸、酸碱中和反应等。而有些反应进行得很慢，如常温下 H_2 和 O_2 化合生成 H_2O 的反应几乎看不出变化。

1. 化学反应速率的表示

化学反应速率通常是以单位时间内某反应物浓度的减少或某生成物浓度的增加来表示。符号为 $\bar{v}$，单位为 $mol \cdot L^{-1} \cdot s^{-1}$、$mol \cdot L^{-1} \cdot min^{-1}$、$mol \cdot L^{-1} \cdot h^{-1}$ 等。

对于反应
$$mA + nB \Longrightarrow pC + qD$$

在等容、等温条件下，化学反应速率 $\bar{v}$ 表示为

$$\bar{v} = \frac{\Delta c_i}{\Delta t} \tag{8-14}$$

式中　Δc_i——物质 i 在时间间隔 Δt 内的浓度变化。

当用反应物浓度变化表示化学反应速率时，要在式子前加一个负号。因为反应物浓度不断减少，$\Delta c_i < 0$，而化学反应速率为正值。

如
$$\bar{v}_A = -\frac{c(A)_2 - c(A)_1}{\Delta t} = -\frac{\Delta c(A)}{\Delta t}$$

$$\bar{v}_B = -\frac{c(B)_2 - c(B)_1}{\Delta t} = -\frac{\Delta c(B)}{\Delta t}$$

【例 8-10】　在 298K 时，热分解反应 $2N_2O_5 \longrightarrow 4NO_2 + O_2$ 中，各物质的浓度与反应时间的对应关系见表 8-2。

表 8-2　298K 时 N_2O_5 分解反应中各物质的浓度与反应时间的对应关系

t/s	0	100	300	700
$c(N_2O_5)/mol \cdot L^{-1}$	2.10	1.95	1.70	1.31
$c(NO_2)/mol \cdot L^{-1}$	0	0.30	0.80	1.58
$c(O_2)/mol \cdot L^{-1}$	0	0.08	0.20	0.40

请用不同物质的浓度变化表示该化学反应在反应开始后 300s 内的反应速率。

解

$$\bar{v}(N_2O_5) = -\frac{\Delta c(N_2O_5)}{\Delta t} = -\frac{1.70 - 2.10}{300 - 0} = -1.33 \times 10^{-3}(mol \cdot L^{-1} \cdot s^{-1})$$

$$\bar{v}(NO_2) = \frac{\Delta c(NO_2)}{\Delta t} = \frac{0.80 - 0}{300 - 0} = 2.67 \times 10^{-3}(mol \cdot L^{-1} \cdot s^{-1})$$

$$\bar{v}(O_2) = \frac{\Delta c(O_2)}{\Delta t} = \frac{0.20 - 0}{300 - 0} = 6.67 \times 10^{-4}(mol \cdot L^{-1} \cdot s^{-1})$$

对同一反应来说，可以选用反应系统中任一物质的浓度变化来表示该化学反应速率。当以不同物质的浓度变化表示时，数值可能会有不同，但其比值恰好等于反应方程式中各物质化学式前的计量系数之比。

如上例中：　　　　$\bar{v}(N_2O_5) : \bar{v}(NO_2) : \bar{v}(O_2) = 2 : 4 : 1$

因此，在表示化学反应速率时必须指明具体物质。

实际上，大部分化学反应都不是等速进行的。反应过程中，系统中各组分的浓度和反应速率均随时间而变化。前面所表示的反应速率实际上是在一段时间间隔内的平均速率。在这段时间间隔内的每一时刻，反应速率是不同的。要确切地描述某一时刻的反应速率，必须使时间间隔尽量缩小，当 Δt 趋于 0 时，反应速率就趋近于瞬时速率。

$$\upsilon(N_2O_5) = \lim_{\Delta t \to 0} \frac{-\Delta c(N_2O_5)}{\Delta t} = -\frac{dc(N_2O_5)}{dt}$$

$$\upsilon(NO_2) = \lim_{\Delta t \to 0} \frac{\Delta c(NO_2)}{\Delta t} = \frac{dc(NO_2)}{dt}$$

$$\upsilon(O_2) = \lim_{\Delta t \to 0} \frac{\Delta c(O_2)}{\Delta t} = \frac{dc(O_2)}{dt}$$

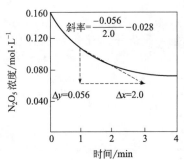

图 8-2　N_2O_5 浓度随时间的变化

只有瞬时速率才能代表化学反应在某一时刻的实际速率。

2. 化学反应速率测定

化学反应速率是通过实验测定的。

首先测定浓度随时间变化的数据，以浓度为纵坐标，时间为横坐标作曲线，如图 8-2 所示。在曲线上任一点作切线，其斜率等于该点的瞬时速率。即

$$斜率 = dc/dt$$

如在该曲线上 2.0min 时，曲线斜率为 -0.028，因此，该时刻的反应速率为

$$\bar{\upsilon}(N_2O_5) = -(-0.028) = 0.028(mol \cdot L^{-1} \cdot min^{-1})$$

二、活化能

为了阐明反应的快慢及其影响因素，历史上提出了两种化学反应速率理论，即碰撞理论和过渡状态理论。下面我们主要了解碰撞理论。

1. 有效碰撞和弹性碰撞

反应物之间要发生反应，首先它们的分子或离子要克服外层电子之间的排斥力而充分接近，互相碰撞，才能促使外层电子发生重排，即旧化学键削弱、断裂和新化学键重新形成，从而使反应物转化为产物。但反应物分子或离子之间的碰撞并非每一次都能发生反应。对一般反应而言，大部分的碰撞都不能发生反应，只有很少数的碰撞才能发生反应。据此，1918 年路易斯（W. C. M. Lewis）提出了著名的碰撞理论，他把能发生反应的碰撞叫做有效碰撞，而不能发生反应的碰撞叫做弹性碰撞。要发生有效碰撞，反应物的分子或离子必须具备两个条件：第一，需有足够的能量，如动能，这样才能克服外层电子之间的排斥力而充分接近并发生化学反应；第二，碰撞时要有正确的取向，要正好碰在能起反应的部位。一般而言，带相反电荷的简单离子相互碰撞时不存在取向问题，反应通常进行较快，而对分子之间的反应特别是对体积较大的有机化合物分子之间的反应，就必须考虑取向问题，因而它们的反应通常比较慢。

如水与一氧化碳的反应：

$$H_2O(g) + CO(g) \longrightarrow H_2(g) + CO_2(g)$$

只有当高能量的 CO（g）分子中的 C 原子与 H_2O（g）中的 O 原子迎头相碰才有可能发生反应，见图 8-3。

2. 活化分子与活化能

具有较大的动能并能够发生有效碰撞的分子称为活化分子。活化分子具有的最低能量与

反应物分子的平均能量之差，称为活化能，用符号 E_a 表示，单位为 kJ·mol^{-1}。

活化能与活化分子的概念，还可以从气体分子的能量分布规律加以说明。在一定温度下，分子具有一定的平均动能，但并非每一分子的动能都一样，由于碰撞等原因，分子间不断进行着能量的重新分配，每个分子的能量并不固定在一定值。但从统计的观点看，具有一定能量的分子数目是不随时间改变的。将分子的动能 E 为横坐标，将具有一定动能间隔（ΔE）的分子百分数（$\Delta N/N$）与能量间隔之比 $\Delta N/(N\Delta E)$ 为纵坐标作图，得到一定温度下气体分子能量分布曲线，见图 8-4。

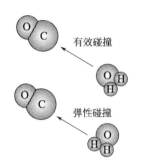

图 8-3 有效碰撞、弹性碰撞示意图

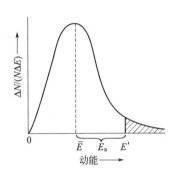

图 8-4 气体分子的能量分布曲线

图 8-4 中，$\overline{E}$ 是分子的平均能量；E' 为活化分子所具有的最低能量；活化能 $E_a = E' - \overline{E}$，E' 右边阴影部分的面积，即是活化分子在分子总数中所占的比值，即活化分子百分数。

一定温度下，活化能愈小，活化分子百分数愈大，单位时间内有效碰撞的次数愈多，反应速率愈快；反之活化能愈大，反应速率愈慢。不同的反应具有不同的活化能，因此不同的化学反应有不同的反应速率，活化能不同是化学反应速率不同的根本原因。

活化能一般为正值。许多化学反应的活化能与破坏一般化学键所需的能量相近，为40～400kJ·mol^{-1}，多数在 60～250kJ·mol^{-1} 之间，活化能小于 40kJ·mol^{-1} 的化学反应，其反应速率极快，用一般方法难以测定；活化能大于 400kJ·mol^{-1} 的反应，其反应速率极慢，因此难以察觉。表 8-3 列出了一些反应的活化能。

表 8-3 一些反应的活化能

反 应	活化能 $E_a/\text{kJ·mol}^{-1}$
$HCl + NaOH \longrightarrow NaCl + H_2O$	12.6～25.2
$H_2 + Cl_2 \longrightarrow 2HCl$（光化反应）	25
$C_2H_5Br + OH^- \longrightarrow C_2H_5OH + Br^-$	89.5
$\underset{\text{蔗糖}}{C_{12}H_{22}O_{11}} + H_2O \longrightarrow \underset{\text{葡萄糖}}{C_6H_{12}O_6} + \underset{\text{果糖}}{C_6H_{12}O_6}$	107.1
$2HI \longrightarrow H_2 + I_2$	183
$2NH_3 \longrightarrow N_2 + 3H_2$	334

三、影响化学反应速率的外界因素

化学反应速率的快慢，首先，决定于反应物的性质，例如氟和氢在低温、暗处即可发生爆炸反应，而氯和氢则需要光照或加热才能化合；其次，浓度、压力、温度、催化剂等外界条件对反应速率也有较大的影响。

1. 浓度对化学反应速率的影响

大量化学反应实验证明，在一定的温度下，当其它外界条件都相同时，增大反应物浓度，会加快反应速率；而减少反应物浓度，会降低反应速率。

对于任意化学反应，活化分子数目＝反应物浓度×活化分子百分数。温度一定时，反应物中活化分子的百分数是一定的，所以增加反应物浓度，即增加活化分子数目，单位时间内有效碰撞的次数也随之增多，因而反应速率加快；相反，若反应物浓度降低，活化分子数目减少，反应速率减慢。对气体而言，由于气体的分压与浓度成正比，因而增加反应物气体的分压，反应速率加快，反之则减慢。

（1）基元反应

化学反应中，一步就能完成的反应，称为基元反应。由两个或两个以上基元反应构成的化学反应，称为非基元反应或复杂反应。

（2）基元反应的化学反应速率方程

在等温下，对于基元反应

$$mA + nB \longrightarrow pC + qD$$

其反应速率和反应物浓度之间的关系表示为：

$$\upsilon = kc^m(A)c^n(B) \tag{8-15}$$

即在一定温度下，化学反应速率与各反应物浓度幂的乘积成正比（幂指数在数值上等于基元反应中反应物的计量系数）。这个规律称为质量作用定律。

式（8-15）是质量作用定律的数学表达式，也叫做反应速率方程。式中，υ 为该基元反应的瞬时速率；$c(A)$ 和 $c(B)$ 为反应物 A 和 B 的瞬时浓度；k 为速率常数。速率常数的大小与反应温度有关，不随反应物浓度而变化。

速率方程中，m 和 n 称为反应级数。m、n 分别为反应物 A 和 B 的级数，$m + n$ 为该反应的总级数。假如反应中 $m = 1$，$n = 2$，表示该反应的级数为 3 级。反应级数越大，反应速率越快。基元反应的级数可以为零或正整数。

非基元反应是通过若干个连续的基元反应实现的。其反应速率取决于最慢的一个基元反应的速率，因此，最慢基元反应的速率方程代表了总反应的速率方程。显然，对于一个非基元反应，不能根据反应方程式直接书写速率方程，必须通过实验确定其反应级数后，才能写出速率方程。

质量作用定律有一定的使用条件和范围，使用时应注意以下几点：

① 质量作用定律只适用于基元反应和构成非基元反应的各基元反应，不适用于非基元反应的总反应。

② 稀溶液中的反应，若有溶剂参与反应，其浓度不写入反应速率方程。例如，蔗糖在稀溶液中的水解反应：

$$C_{12}H_{22}O_{11} + H_2O \xrightarrow{H^+} C_6H_{12}O_6 + C_6H_{12}O_6$$

反应速率方程为

$$\upsilon = kc(C_{12}H_{22}O_{11})$$

③ 有固体或纯液体参加的多相反应，若它们不溶于介质，则其浓度不写入反应速率方程。如煤燃烧反应 $C(s) + O_2(g) \longrightarrow CO_2(g)$ 的速率方程为 $v = kc(O_2)$。

④ 气体的浓度可用分压来代替。上例煤燃烧反应的速率方程可写为 $v = kp(O_2)$。

【例 8-11】 某气体反应为基元反应，A、B 为反应物，测得其实验数据如下：

序号	起始浓度/mol·L^{-1}		起始速率/mol·L^{-1}·min^{-1}
	$c(A)$	$c(B)$	
1	1.0×10^{-2}	0.5×10^{-3}	0.25×10^{-6}
2	1.0×10^{-2}	1.0×10^{-3}	0.50×10^{-6}
3	2.0×10^{-2}	0.5×10^{-3}	1.00×10^{-6}
4	3.0×10^{-2}	0.5×10^{-3}	2.25×10^{-6}

求该反应的反应级数 n，并写出反应的速率方程。

解　设该反应速率方程为：

$$v = kc^m(A)c^n(B)$$

由实验 1 和实验 2 可得

$$v_1 = kc_1^m(A)c_1^n(B)$$
$$v_2 = kc_2^m(A)c_2^n(B)$$

两式相除得

$$\frac{v_1}{v_2} = \left[\frac{c_1(B)}{c_2(B)}\right]^n$$

即

$$\frac{0.25 \times 10^{-6}}{0.50 \times 10^{-6}} = \left(\frac{0.5 \times 10^{-3}}{1.0 \times 10^{-3}}\right)^n$$
$$n = 1$$

再由实验 3 和实验 4 得

$$v_3 = kc_3^m(A)c_3^n(B)$$
$$v_4 = kc_4^m(A)c_4^n(B)$$

两式相除得

$$\frac{v_3}{v_4} = \left[\frac{c_3(A)}{c_4(A)}\right]^m$$

即

$$\frac{1.00 \times 10^{-6}}{2.25 \times 10^{-6}} = \left(\frac{2.0 \times 10^{-2}}{3.0 \times 10^{-2}}\right)^m$$
$$m = 2$$

故该反应的速率方程为：

$$v = kc^2(A)c(B)$$

反应级数　　　　　　　　$m + n = 2 + 1 = 3$

通过计算或测知某一反应级数，找出对该反应速率影响大的反应物。通过改变此反应物浓度可以更有效地改变反应速率。

2. 温度对化学反应速率的影响

温度对化学反应速率的影响远大于反应物浓度对反应速率的影响。温度升高，活化分子百分数增加，活化分子数增多，反应速率加快。对于大多数反应来说，反应速率随反应温度的升高而加快。一般地，在一定的温度范围内，温度每升高 10K，反应速率大约增加 2～4 倍，此即范特霍夫（Vant Hoff）规则。这是一条经验规律，可用于粗略估计，不能用于定量运算。

1887 年瑞典物理化学家阿伦尼乌斯（Svandte Arrhenins）在大量实验的基础上，提出了反应速率常数同温度的定量关系：

$$k = Ae^{-\frac{E_a}{RT}} \tag{8-16}$$

其对数式表示为

$$\ln k = \ln A - \frac{E_a}{RT} \tag{8-17}$$

或

$$\lg k = \lg A - \frac{E_a}{2.303RT} \tag{8-18}$$

式中　　k——速率常数；

E_a——反应活化能，$kJ \cdot mol^{-1}$；

T——热力学温度，K；

R——气体常数；

A——指前因子，也称频率因子或碰撞因子。

式（8-16）～式（8-18）均称为阿伦尼乌斯方程。k 与温度有关。对于同一化学反应，温度越高，k 值越大，反应速率越快。

当化学反应的温度变化不大时，E_a 和 A 可看作是常数。若反应在温度 T_1 时的速率常数为 k_1，在温度 T_2 时的速率常数为 k_2，由式（8-18）可得

$$\lg k_1 = \lg A - \frac{E_a}{2.303RT_1}$$

$$\lg k_2 = \lg A - \frac{E_a}{2.303RT_2}$$

两式相减，得

$$\lg \frac{k_2}{k_1} = \frac{E_a}{2.303R}\left(\frac{1}{T_1} - \frac{1}{T_2}\right) = \frac{E_a}{2.303R}\left(\frac{T_2 - T_1}{T_1 T_2}\right) \tag{8-19}$$

对于某反应若已知其在温度 T_1 时的速率常数 k_1，在温度 T_2 时的速率常数 k_2，可由式（8-18）求得其反应活化能 E_a；若已知某反应的活化能 E_a，也可利用式（8-19）求得此反应在任一温度下的速率常数 k。

【例 8-12】 反应 $N_2O_5(g) \longrightarrow N_2O_4(g) + \frac{1}{2}O_2(g)$，在 298K 时速率常数 $k_1 = 3.4 \times 10^{-5} s^{-1}$，在 328K 时速率常数 $k_2 = 1.5 \times 10^{-3} s^{-1}$，求反应的活化能和碰撞因子 A。

解 由式（8-19）变形得

$$E_a = \frac{2.303RT_1 T_2}{T_2 - T_1} \lg \frac{k_2}{k_1}$$

代入数据得：

$$E_a = \frac{2.303 \times 8.314 \times 298 \times 328}{328 - 298} \lg \frac{1.5 \times 10^{-3}}{3.4 \times 10^{-5}} = 103 (\text{kJ} \cdot \text{mol}^{-1})$$

由公式 $\qquad\qquad \lg k = \lg A - E_a/(2.303RT)$

可得 $\qquad\qquad \lg A = \lg k + E_a/(2.303RT)$

将 $T = 298K$，$k = 3.4 \times 10^{-5} \text{s}^{-1}$，$E_a = 103 \text{kJ} \cdot \text{mol}^{-1}$ 代入式中

$$\lg A = \lg 3.4 \times 10^{-5} + \frac{103 \times 1000}{2.303 \times 8.314 \times 298} = 13.6$$

$$A = 3.98 \times 10^{13} (\text{s}^{-1})$$

3. 催化剂对化学反应速率的影响

（1）催化剂和催化作用

催化剂是一种能改变化学反应速率，而反应前后其化学组成和质量均不发生变化的一类物质。凡能加快反应速率的催化剂叫正催化剂，凡能减慢反应速率的催化剂叫负催化剂。一般提到催化剂，若不明确指出是负催化剂时，则是指正催化剂。催化剂对化学反应速率的影响叫催化作用。

有催化剂存在的反应称为催化反应。有些物质在反应中自身不起催化作用，但由于它的存在却能提高催化剂的作用，这样的物质称为助催化剂。

☞ 相关链接

助催化剂在催化反应里，人们往往加入催化剂以外的另一物质，以增强催化剂的催化作用，这种物质叫做助催化剂。助催化剂在化学工业上极为重要。例如，在合成氨的铁催化剂里加入少量的铝和钾的氧化物作为助催化剂，可以大大提高催化剂的催化作用。

催化剂在现代化学工业中占有极其重要的地位，现在几乎有半数以上的化工产品，在生产过程里都采用催化剂。例如，合成氨生产采用铁催化剂，硫酸生产采用钒催化剂，乙烯的聚合以及用丁二烯制橡胶等三大合成材料的生产中，都采用不同的催化剂。

（2）催化剂对化学反应速率的影响

催化剂能提高化学反应速率。催化剂改变了反应历程，降低了反应的活化能，活化分子的百分数增加，有效碰撞次数增多，从而提高了反应速率（图 8-5）。

例如，合成氨反应，没有催化剂时反应的活化能为 $326.4 \text{kJ} \cdot \text{mol}^{-1}$。加 Fe 作催化剂时，活化能降低至 $175.5 \text{kJ} \cdot \text{mol}^{-1}$。计算结果表明，在 773K 时加入催化剂后正反应的速率增加到原来的 1.57×10^{10} 倍。

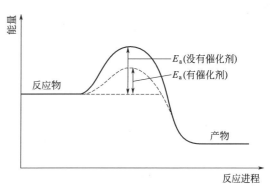

图 8-5　催化剂对活化能的影响

催化剂除了具有改变反应速率的作用外，还具有一定的选择性，即一种催化剂只对某一个反应或某类反应有催化作用，对其它反应没有催化作用，所以不同的反应要选择不同的催化剂。

4. 影响化学反应速率的其它因素

以上讨论的主要是均相反应。对于多相反应来说，影响反应速率的除以上因素外还

有接触面积大小、扩散速率和接触机会等因素。在化工生产中，常将大块固体加工成小块或磨成粉末，以增大接触面积；对于气液反应，将液态物质采用喷淋方式来扩大与气态物质的接触面积；还可以将反应物进行搅拌、振荡、鼓风等方式以强化扩散作用。

另外，超声波、紫外光、激光和高能射线等也会对某些化学反应的速率产生较大的影响。

任务三
化学反应热效应计算

 实例分析

合成氨生产中，每生产 1t 氨所产生的反应热约 70×10^4 kcal（1cal＝4.1840J）。

在氯碱生产流程中，氯化氢合成炉产生大量的反应热。过去无法充分利用这些热量，造成能源浪费，并影响工作环境。经过近年来的研究，如在氯碱生产流程中将氯化氢合成炉改造成钢制水夹套炉，能生产 95100℃ 的热水，并采用热水型溴化锂吸收式冷水机组，还可生产 10℃ 的冷水。这样一方面可以提高氯化氢合成炉的生产能力，满足扩产需要，另一方面可使氯氢合成产生的余热得以有效利用，节能降耗。

一、热力学基本概念

物质世界的各种变化总是伴随着各种形式的能量变化。定量地研究能量相互转化过程中所遵循规律的学科称为热力学。

把热力学的基本原理用来研究化学现象和与化学有关的物理现象，称为化学热力学。化学热力学的主要内容是：利用热力学第一定律来计算变化中的热效应问题，即研究化学变化过程中的能量转化规律；利用热力学第二定律研究化学变化的方向与限度，以及化学平衡的问题。化学热力学是解决实际问题的一种非常重要的有效工具。在新工艺设计、新化学试剂的研制或新材料的开发研究工艺中，都离不开化学热力学。

1. 系统和环境

在热力学中为了明确研究的对象，常常将所研究的这部分物质或空间，从周围其它的物质或空间中划分出来，而称之为系统。与系统相联系的其它部分物质与空间称为环境。例如，一杯 $CuSO_4$ 溶液，若是研究 $CuSO_4$ 溶液的性质，则研究对象 $CuSO_4$ 溶液就是系统，盛放 $CuSO_4$ 溶液的烧杯和周围的空间称为环境。

根据系统与环境之间能否交换物质和能量，将系统分为三类。

① 隔离系统。系统与环境之间既无物质交换，也无能量交换，又称孤立系统。

② 封闭系统。系统与环境之间无物质交换，但有能量交换。

③ 敞开系统。系统与环境之间既有物质交换，也有能量交换。

练一练

一杯水放在以下绝热箱中，判断下列情况属于什么系统？

（1）把水作为系统。

（2）把水与水蒸气作为系统。

（3）把绝热箱中的水、水汽、空气作为一个系统。

描述系统的宏观物理量称为系统的宏观性质。如质量、体积、压力、温度、黏度、密度、组成等，也叫做系统的热力学性质，简称系统的性质。按其特性分为两类。

① 广延性质。又叫容量性质。系统的广延性质与系统中物质的数量成正比，例如，质量、体积、热力学能等，系统的质量等于组成该系统的各部分质量之和，系统的体积等于各部分体积之和。所以系统的广延性质在一定的条件下具有加和性。

② 强度性质。系统的强度性质是由系统的本性决定的，不具有加和性。例如，温度、压力、黏度等。某些广延性质除以其质量（或物质的量）会变为强度性质。例如，体积除以物质的量，$V_m = V/n$，得到摩尔体积，变成强度性质了。

2. 系统的状态与状态函数

在热力学中任何系统的状态都可以用系统的宏观性质来描述，如描述一容器内某气体的状态时，就要实验确定该气体的体积（V）、温度（T）、压力（p）及气体物质的量（n）等。一旦系统的宏观性质确定后，系统就处于确定的状态，系统的宏观性质中只要有一种发生变化，系统的状态也就随之而变。反之，系统的状态确定之后，系统的各种宏观性质也都有各自确定的数值。因此，热力学把能够表征系统状态的各种宏观性质称为系统的状态函数。例如，能够描述系统状态的物理量 T、V、p 等都是系统的状态函数。

系统的状态函数是相互联系的，描述系统的状态时只需要实验测定系统的部分宏观物理量，另一些就可通过它们之间的联系来确定。

3. 过程与途径

（1）过程

系统状态发生的任何变化称为过程。例如，气体的压缩，冰的熔融、水升温、化学反应等，都是不同的过程。过程前的状态称为初态或始态，过程后的状态称为终态或末态。

按照系统内部物质变化的类型，通常将过程分为单纯 p、V、T 变化，相变化和化学变化三类。

根据过程进行的环境特定条件，可以依据某个状态函数或某个物理量在过程中保持不变来划分，过程可分为以下几类。

① 等温过程。系统的初态与终态温度相同，并等于环境温度的过程。

特点：$T_{始} = T_{终} = T_{环}$

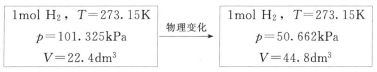

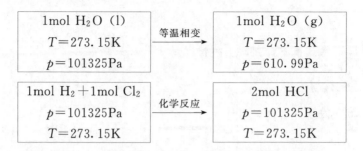

② 等压过程。系统的初态与终态压力相同，并等于环境压力的过程。

特点：$p_{始}=p_{终}=p_{环}$（$p_{环}$ 是不变的）

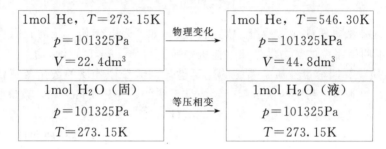

③ 等容过程。系统的体积不发生变化的过程。常见的等容过程有：

a. 在刚性容器（即封闭容器）中发生的过程；

b. 分子数不变的等温、等压反应；

c. 液相中的反应。

例如，在 22.4dm³ 容器，1mol He，温度由 273.15K，变化到 546.30K。

1mol He, $T=273.15K$ $p=101325Pa$ $V=22.4dm^3$	→	1mol He, $T=546.30K$ $p=202650Pa$ $V=22.4dm^3$

④ 绝热过程。系统与环境没有热量交换。例如：

a. 系统与环境之间有绝热壁隔开；

b. 某些反应极快的反应，环境与系统之间来不及交换热量。如爆炸反应，也认为是绝热的。

⑤ 循环过程。如果一个系统由某一状态出发，经过一系列的变化，又回到原来的状态，这样的过程叫循环过程。循环过程所有状态函数的变化量等于零。

例如，1mol He 的循环过程（图 8-6）。

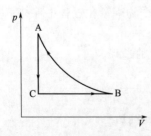

A 点（$p=101325Pa$，$T=273K$，$V=22.4dm^3$）

B 点（$p=50362Pa$，$T=273K$，$V=44.8dm^3$）

C 点（$p=50662Pa$，$T=136.58K$，$V=22.4m^3$）

上述过程是化学热力学中的主要过程。

当然，也可以有两种或两种以上过程同时存在，例如，等温等压过程、等温等容过程。

图 8-6　He 的循环过程示意图　　热力学对状态与过程的描述常用方块图法。方块表示状

态，箭头表示过程。例如，将 1mol 25℃ 液体水加热到 60℃ 的过程，可表示为图 8-7。该方法的优点不仅描述了系统的状态变化，而且表示了变化的条件。

图 8-7 水的加热过程示意图

（2）途径

完成一个过程的具体步骤，叫途径。例如，一定量的理想气体。

途径Ⅰ：反抗 p 膨胀，一次膨胀。

途径Ⅱ：先反抗 $5p$ 膨胀到中间态，再反抗 p 膨胀。

又如：C 与 O_2 反应生成 CO_2。

途径Ⅰ：$C + O_2 \longrightarrow CO_2$

途径Ⅱ：$C + \dfrac{1}{2}O_2 \longrightarrow CO + \dfrac{1}{2}O_2 \longrightarrow CO_2$

过程与途径的关系如同过河与船、桥的关系。一个人从河的一边到河的另一边，这个变化叫过程。坐船过去是一种途径，从桥上走过去是一种途径，从水中游过去又是一种途径等。

4. 热和功

热和功是系统状态发生变化时与环境交换能量的两种形式。系统状态发生变化时，与环境因温度不同而发生的能量交换形式称为热，在热力学中常用 Q 表示，单位为 J 或 kJ。热力学规定系统从环境吸热时 Q 为正值，系统放热给环境时 Q 为负值。热总是与系统状态变化的途径密切相关，热不是系统的状态函数。

功是指系统与环境除热以外的其它能量交换形式，用符号 W 来表示，单位为 J 或 kJ。热力学规定环境对系统做功 W 为正值，系统对环境做功 W 为负值。

功和热一样，也不是系统的状态函数。对于无限小的变化过程，功和热可以写成 δW 和 δQ。

热力学中的功可分为两大类，体积功（用 W 表示）和非体积功（用 W' 表示）。这里只考虑体积功。

体积功是系统反抗环境压力而使体积发生改变的功，因此对于一无限小的变化，有

$$\delta W = -p_{环} \mathrm{d}V \tag{8-20}$$

若系统由始态（p_1、V_1、T_1）经过某过程至终态（p_2、V_2、T_2），则全过程的体积功应当是系统各无限小体积变化与环境交换的功之和，即

$$W = -\sum_{V_1}^{V_2} \delta W = -\int_{V_1}^{V_2} p_{环} \mathrm{d}V \tag{8-21}$$

对于等压过程，则式（8-21）可简化为：

$$W = - p_{环} (V_2 - V_1) \tag{8-22}$$

一般来说，系统中只有气相存在、系统的体积功发生明显变化时才考虑体积功。而对于无气相存在的系统，通常不予考虑。

【例 8-13】 将 1mol 压力为 3.039×10^5 Pa 的理想气体置于气缸中，在 300K 下进行等温膨胀，且抗恒外压 1.013×10^5 Pa，一次膨胀至外压为 1.013×10^5 Pa。计算这一过程所做体积功。

解

$$W = - p_{环} (V_2 - V_1) = - p_{环} \left(\frac{RT}{p_2} - \frac{RT}{p_1} \right) = - p_{环} RT \left(\frac{1}{p_2} - \frac{1}{p_1} \right)$$

$$= - 1.013 \times 10^5 \times 8.314 \times 300 \times \left(\frac{1}{1.013 \times 10^5} - \frac{1}{3.039 \times 10^5} \right)$$

$$= - 1663 (J)$$

等温等压下化学反应系统的体积功计算公式：

$$W = - (n_2 - n_1) RT = - \Delta n_g RT$$

其中，忽略了液态、固态物质的体积。

练一练

1. 在 25℃ 和标准压力下，Zn 与稀酸反应生成 1mol H_2，放热 117.9kJ，求过程的功。（设 H_2 为理想气体，Zn 的体积与 H_2 相比可略而不计，过程不做有用功）

2. 在标准压力 p 和 373.2K 下，1mol H_2O（l）变化为 H_2O（g）的过程所做的体积功为多少？设水蒸气为理想气体，由于水的摩尔体积小得多，可以忽略不计。

二、热力学第一定律及应用

热力学能，也称内能，用符号 U 表示，单位为 J 或 kJ。它是系统中物质所有能量的总和，包括分子的动能、分子之间作用的势能、分子内各种微粒（原子、原子核、电子等）相互作用的能量。内能的绝对值目前尚无法确定。

热力学能是状态函数。对于一个封闭系统，如果用 U_1 代表系统在始态时的热力学能，当系统由环境吸收了热量 Q，同时，系统对环境做了功 W，此时系统的状态为终态，其热力学能为 U_2，有

$$U_1 + Q + W = U_2$$
$$U_2 - U_1 = Q + W$$

即

$$\Delta U = Q + W \tag{8-23}$$

若系统发生无限小的变化，则上式可写成有

$$dU = \delta Q + \delta W \tag{8-24}$$

式（8-23）和式（8-24）是封闭系统热力学第一定律的数学表达式。它表明封闭系统中

发生任何变化过程，系统内能的变化值等于系统吸收的热量和环境对系统所做功的代数和。

1850 年左右，焦耳（Joule）建立了能量守恒定律，即热力学第一定律："在任何过程中，能量是不会自生自灭的，只能从一种形式转化为另一种形式，在转换过程中能量的总和不变"。热力学第一定律就是能量守恒定律。

能量具有各种不同形式，它能从一种形式转化为另一种形式，从一个物体传递给另一个物体，但在转化和传递的过程中能量的总值不变。

等容过程中体积不变，即 $dV=0$，所以 $\delta W=p\,dV=0$，将 $\delta W=0$ 进行积分后 $W=0$。当 $W=0$ 时，由 $\Delta U=Q-W$ 可以得知，$\Delta U=Q$。即在等容过程中，所做的体积功为零，热力学能的增加等于所吸收的能量，热力学能的减少等于所放出的能量。

等压过程的条件是压力不变，即 $p=p_环=$ 常数，理想气体服从 $pV=nRT$ 的关系，

$$W=-nR(T_2-T_1) \tag{8-25}$$

根据式（8-25）得出 W 后，只要知道 ΔU 和 Q 中的任何一个量，就可以求出另外一个量。

【例 8-14】 气缸中总压力为 101.3kPa 的氢气和氧气混合物经点燃化合成液态水时，系统的体积在恒定外压 101.3kPa 下增加 2.37dm³，同时向环境放热 550J，试求系统经过此过程后内能的变化。

解 取气缸内的物质和空间为系统

$$p_外=101.3\text{kPa} \quad Q=-550\text{ J} \quad \Delta V=V_2-V_1=2.37\ (\text{dm}^3)$$

$$W=-p_环(V_2-V_1)=-101.3\times10^3\times2.37\times10^{-3}=-240\ (\text{J})$$

$$\Delta U=Q+W=-550-240=-790(\text{J})$$

【例 8-15】 在 p 和 373.2K 下，当 1mol H_2O（l）变成 H_2O（g）时需吸热 40.65J。若将 H_2O（g）作为理想气体，试求系统的 ΔU。

解

$$Q=40.65\text{J}$$

$$W=-p_环\Delta V=-p[V_m(g)-V_m(l)]=-pV_m=-RT=-8.314\times373.2=-3103(\text{J})$$

$$\Delta U=Q+W=40.65-3.1=37.55(\text{kJ})$$

从环境吸热 40.65kJ，用于两个方面，一方面增加内能 37.55kJ，另外又以功的形式传给环境 3.10kJ。

三、等容热、等压热及焓

实际过程都是在一定条件下进行的，其中封闭系统只做体积功的等容和等压过程最为普遍。

1. 摩尔热容

（1）等容摩尔热容

1mol 物质在恒容而且非体积功为零的条件下，温度升高 1K 所需要的热量，称为等容摩尔热容。用符号 $C_{V,m}$ 表示，单位为 $J\cdot K^{-1}\cdot mol^{-1}$，即

$$C_{V,m}=\frac{\delta Q_V}{n\,dT} \tag{8-26}$$

（2）等压摩尔热容

1mol 物质在等压而且非体积功为零的条件下，温度升高 1K 所需要的热量，称为等压摩尔热容。用符号 $C_{p,\mathrm{m}}$ 表示，单位为 $\mathrm{J \cdot K^{-1} \cdot mol^{-1}}$，即

$$C_{p,\mathrm{m}} = \frac{\delta Q_p}{n\,\mathrm{d}T} \tag{8-27}$$

（3）理想气体 $C_{V,\mathrm{m}}$ 与 $C_{p,\mathrm{m}}$ 的关系

对于理想气体，有

$$C_{p,\mathrm{m}} - C_{V,\mathrm{m}} = R \tag{8-28}$$

通常情况下，理想气体的 $C_{V,\mathrm{m}}$ 与 $C_{p,\mathrm{m}}$ 可视为常数。单原子理想气体 $C_{V,\mathrm{m}} = 1.5R$，$C_{p,\mathrm{m}} = 2.5R$；双原子理想气体 $C_{V,\mathrm{m}} = 2.5R$，$C_{p,\mathrm{m}} = 3.5R$。若非特殊指明，均按上式计算。

2. 等容热与等压热

（1）等容热

等容热是指封闭系统进行等容而且非体积功为零的过程时，与环境交换的热，用 Q_V 表示。因为等容，所以体积功为零，由式（8-23）和式（8-26）可得

$$Q_V = \Delta U = n\int_{T_1}^{T_2} C_{V,\mathrm{m}}\,\mathrm{d}T \tag{8-29}$$

由于 ΔU 只与系统的始末态有关，所以，只取决于系统的始末态，与过程的具体途径无关。也就是说，若要求在此条件下过程的热，只要求出系统在此过程中的 ΔU 即可。所以式（8-29）为人们计算等容热带来了极大的方便。

若 $C_{V,\mathrm{m}}$ 为常数，则由式（8-29）积分得

$$Q_V = \Delta U = nC_{V,\mathrm{m}}(T_2 - T_1) \tag{8-30}$$

（2）等压热

等压热是指封闭系统进行等压而且非体积功为零的过程时，与环境交换的热，用 Q_p 表示。在敞口容器中进行的过程就是一种等压过程。由式（8-22）和式（8-23）可得

$$Q_p = \Delta U - W = (U_2 - U_1) + (p_2 V_2 - p_1 V_1) = (U_2 + p_2 V_2) - (U_1 + p_1 V_1)$$

令 $H = U + pV$，则

$$Q_p = H_2 - H_1 = \Delta H \tag{8-31}$$

（3）焓

热力学中为了方便地解决等压过程热的计算问题，需要引出一个重要的状态函数"焓"，用符号 H 表示。

$$H = U + pV \tag{8-32}$$

$$\Delta H = U + \Delta(pV) \tag{8-33}$$

在等压而且非体积功为零的条件下，由式（8-27）和式（8-31）得

$$Q_p = \Delta H = n\int_{T_1}^{T_2} C_{p,\mathrm{m}}\,\mathrm{d}T \tag{8-34}$$

熵是状态函数，具有广度性质，并具有能量量纲，其单位是 J 或 kJ。由于内能的绝对值是无法测定的，因此熵的绝对值也是无法测定的，通常只能通过计算得到系统状态函数变化时熵的变化值 ΔH。

若 $C_{p,m}$ 为常数，则由式（8-34）积分得

$$Q_p = \Delta H = nC_{p,m}(T_2 - T_1) \tag{8-35}$$

$Q_V = \Delta U$、$Q_p = \Delta H$，仅是数值上相等，物理意义上无联系。虽然，在这两个特定条件下，Q_V、Q_p 数值也与途径无关，由始、终态确定，但是，不能改变 Q 是途径函数的本质，不能定义为 Q_V、Q_p 也是状态函数。

运用式（8-30）和式（8-35）可以计算等容、等压而且变温过程的热。

【例 8-16】　计算 1mol 理想气体由 293K 等压加热到 473K 时的 Q、ΔU、ΔH 与 W。已知 $C_{p,m} = 20.79 \text{J} \cdot \text{K}^{-1} \cdot \text{mol}^{-1}$，$C_{V,m} = 10.475 \text{J} \cdot \text{K}^{-1} \cdot \text{mol}^{-1}$。

解　等压条件下：　$Q_p = nC_{p,m}(T_2 - T_1) = 1 \times 20.79 \times (473 - 293) = 3742(\text{J})$

$Q_V = nC_{V,m}(T_2 - T_1) = 1 \times 10.475 \times (473 - 293) = 1886(\text{J})$

$\Delta H = Q_p \qquad \Delta U = Q_V$

$W = \Delta U - Q = 1886 - 3742 = -1856(\text{J})$

✎ **练一练**

在 298K 和 101.325kPa 下，将 1.00mol 的 O_2（g）分别经（1）等压过程、（2）等容过程 加热到 398K。试计算此过程所需要的热。已知，298K 时 $C_{p,m} = 29.35 \text{J} \cdot \text{K}^{-1} \cdot \text{mol}^{-1}$，并可看作常数。

四、相变热的计算

在化工过程中，系统在升温或降温过程中经常伴有相态的变化。例如，来自锅炉的水蒸气用于加热物料时，水蒸气自身降温并且可能冷凝成液体水；有些物料常温时为液态，但需要在高温下进行化学反应，所以在反应前要将物料加热成气态。这些过程都伴有相态的变化。化工技术人员应该掌握相变热的计算方法。

1. 相和相变

相是系统中物理性质和化学性质完全相同的均匀部分。

例如，在 273K、101.325kPa 下，某系统的水与冰平衡共存，虽然水和冰的化学组成相同，但物理性质（密度、$C_{p,m}$）不同，水和冰各自为性质完全相同的均匀部分，所以水是一个相，即液相；冰是另一个相，即固相。

物质从一个相转变成另一个相的过程称为相变化，简称相变。

纯物质的相变有以下四种类型：

$$\text{固相} \underset{\text{凝固(sol)}}{\overset{\text{熔化(fus)}}{\rightleftarrows}} \text{液相} \qquad \text{液相} \underset{\text{冷凝(con)}}{\overset{\text{蒸发(vap)}}{\rightleftarrows}} \text{气相}$$

$$\text{固相} \underset{\text{凝华(sgt)}}{\overset{\text{升华(sub)}}{\rightleftarrows}} \text{气相} \qquad \text{固相（Ⅰ）} \underset{\text{晶型转变(trs)}}{\overset{\text{晶型转变(trs)}}{\rightleftarrows}} \text{固相（Ⅱ）}$$

在相平衡温度、相平衡压力下进行的相变为可逆相变，否则，为不可逆相变。例如，在

273K、101.325kPa 下水和水蒸气之间的相变，在 273K、101.325kPa 下水和冰之间的相变均为可逆相变过程。而在 373K 下水向真空中蒸发、101.325kPa 下 263K 的过冷水结冰均为不可逆相变。

2. 摩尔相变焓

1mol 纯物质于恒定温度 T 及该温度的平衡压力下由 α 相转变成为 β 相时的焓变称为摩尔相变焓，以 $\Delta_\alpha^\beta H_m$ 表示，量纲为 $J \cdot mol^{-1}$ 或 $kJ \cdot mol^{-1}$。其中，下标 α 表示相的始态，上标 β 表示相的终态。如物质的蒸发、熔化、升华过程的摩尔相变焓分别用 $\Delta_l^g H_m$、$\Delta_s^l H_m$、$\Delta_s^g H_m$ 表示。

同一物质发生同一相变的相变焓的值与发生相变的条件有关。例如：

$$H_2O(l) \longrightarrow H_2O(g)$$

在 100℃，101.325kPa 时 $\Delta_l^g H_m = 40.68 kJ \cdot mol^{-1}$；在 25℃，3.648kPa 时，$\Delta_l^g H_m = 44.01 kJ \cdot mol^{-1}$。

因为焓是状态函数，所以在相同温度和压力下，同一物质的摩尔相变焓有如下关系式：

$$\Delta_l^g H_m = -\Delta_g^l H_m \qquad \Delta_s^l H_m = -\Delta_l^s H_m \qquad \Delta_s^g H_m = -\Delta_g^s H_m$$

固体的升华过程可以看作是熔化和蒸发两过程的加和，故有

$$\Delta_s^g H_m = \Delta_s^l H_m + \Delta_l^g H_m$$

1mol 纯物质由 α 相转变成为 β 相时吸收或放出的热，称为摩尔相变热。

相变通常在等压且 $W'=0$ 的条件下进行，故相变热等于相变过程的焓变，即相变焓。

$$Q_p = \Delta_\alpha^\beta H = n\Delta_\alpha^\beta H_m$$

1mol 物质在 101.325kPa 下的平衡温度（如沸点、熔点等）时的 $\Delta_\alpha^\beta H_m$ 常是已知的，系统条件下的相变是可逆相变，其数值可以通过实验测定或从手册中查到。在使用这些数据时要注意条件（温度、压力）以及单位。

3. 相变热的计算

（1）可逆相变热

可逆相变（α 相转变成为 β 相）是等温等压而且不做非体积功的可逆过程。若已知某物质的可逆相变的 $\Delta_\alpha^\beta H_{m,R}$，而且所求相变过程的温度、压力与已知的 $\Delta_\alpha^\beta H_{m,R}$ 的温度、压力对应相同，则此相变过程热的计算公式如下：

$$Q_{p,R} = \Delta_\alpha^\beta H_R = n\Delta_\alpha^\beta H_{m,R} \tag{8-36}$$

式中 $Q_{p,R} = \Delta_\alpha^\beta H_R$ ——可逆相变热（温度、压力与已知的 $\Delta_\alpha^\beta H_{m,R}$ 的温度、压力对应相同），J；

$\Delta_\alpha^\beta H_{m,R}$ ——已知的可逆摩尔相变热，$J \cdot mol^{-1}$；

n ——物质的量，mol。

【例 8-17】 在 101.3kPa 下，逐渐加热 2mol 0℃的冰，使之成为 100℃的水蒸气，冰的 $\Delta H_{凝固}$（$\Delta_l^s H_m$）$= -6008 J \cdot mol^{-1}$，$\Delta H_{升华}$（$\Delta_s^g H_m$）$= 46676 J \cdot mol^{-1}$；液态水的 $C_{p,m} = 75.3 J \cdot mol^{-1} \cdot K^{-1}$。假设过程中的相变都在可逆条件下完成，求该过程的 ΔU、ΔH、Q、W。

解 首先分析过程，列出初终态：

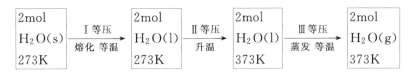

第一个过程为熔化：

$$\Delta H_I = n\Delta H_{熔化} = n(-\Delta H_{凝固}) = 2\text{mol} \times 6008\text{J} \cdot \text{mol}^{-1} = 12016\text{J}$$

因为固体和液体的密度相差不大，则体积变化甚小，所以

$$p\Delta V \approx 0 \quad 则 \quad \Delta U_I \approx \Delta H_I = 12016(\text{J})$$

第二个过程为等压升温

$$\Delta H_{II} = nC_{p,m}(T_2 - T_1) = 2 \times 75.3 \times (373 - 273) = 15060(\text{J})$$

$\Delta U_{II} = \Delta H_{II} - p\Delta V_{II}$ 因液体的热膨胀一般很小，故 ΔV_{II} 可以忽略，则

$$\Delta U_{II} = \Delta H_{II} = 15064(\text{J})$$

第三个过程为蒸发

$$\Delta H_{III} = n\Delta H_{蒸发} = n(\Delta H_{升华} - \Delta H_{熔化}) = n(\Delta H_{升华} + \Delta H_{凝固}) = 2 \times (46676 - 6008) = 81336(\text{J})$$

$$\Delta U_{III} = \Delta H_{III} - p(V_{气} - V_{液})$$

由于同量气体的体积要比液体大得多，常可忽略。则

$$\Delta U_{III} = \Delta H_{III} - pV_{气}$$

若气体服从理想气体状态方程：$pV_{气} = nRT$，则

$$\Delta U_{III} = \Delta H_{III} - nRT = 81336 - 2 \times 8.314 \times 373 = 75134(\text{J})$$

所以整个过程

$$\Delta H = \Delta H_I + \Delta H_{II} + \Delta H_{III} = 108412(\text{J})$$
$$\Delta U = \Delta U_I + \Delta U_{II} + \Delta U_{III} = 102207(\text{J})$$

由于整个过程是等压过程

$$Q = Q_p = \Delta H = 108412(\text{J})$$
$$W = \Delta U - Q = 102207 - 108412 = -6205(\text{J})$$

（2）不可逆相变热

在实际工作或化工生产中，遇到的相变通常是在偏离相平衡条件下发生的相变，是不可逆相变，多在等温、不等压或不等温、等压下进行。例如，过热液体汽化、液体等压降温等。

不可逆相变过程热可以通过可逆相变过程焓，单纯 p、V、T 变化过程焓和状态函数法结合起来求得，计算方法如下。

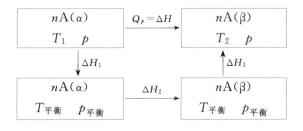

$$Q_p = \Delta H = \Delta H_1 + \Delta H_2 + \Delta H_3$$

将图框中（α）、（β）代表的气相视为理想气体，并忽略液、固相焓随压力的微小变化，可得

$$\Delta H_1 = n\int_{T_1}^{T_{平衡}} C_{p,m}(\alpha)dT$$

$$\Delta H_2 = n\Delta_\alpha^\beta H_{m,R}$$

$$\Delta H_3 = n\int_{T_{平衡}}^{T_2} C_{p,m}(\beta)dT$$

$$Q_p = \Delta H = n\int_{T_1}^{T_{平衡}} C_{p,m}(\alpha)dT + n\Delta_\alpha^\beta H_{m,R} + n\int_{T_{平衡}}^{T_2} C_{p,m}(\beta)dT \qquad (8-37)$$

若 $T_1 = T_2 = T$，则

$$Q_p = \Delta H = n\Delta_\alpha^\beta H_{m,R} + n\int_{T_{平衡}}^{T} [C_{p,m}(\beta) - C_{p,m}(\alpha)]dT \qquad (8-38)$$

当 $C_{p,m}$ 为定值时，则

$$Q_p = \Delta H = n\Delta_\alpha^\beta H_{m,R} + n[C_{p,m}(\beta) - C_{p,m}(\alpha)](T - T_{平衡}) \qquad (8-39)$$

式中　　$Q_p = \Delta H$——不可逆相变热，J；

$\Delta_\alpha^\beta H_{m,R}$——已知的可逆摩尔相变热，J·mol^{-1}；

n——物质的量，mol；

$C_{p,m}(\alpha)$——A（α）的摩尔等压热容，J·mol^{-1}·K^{-1}；

$C_{p,m}(\beta)$——A（β）的摩尔等压热容，J·mol^{-1}·K^{-1}；

T_1，T_2——系统始、终态的热力学温度，K；

$T_{平衡}$——$\Delta_\alpha^\beta H_{m,R}$ 对应的相平衡温度，K；

$p_{平衡}$——$\Delta_\alpha^\beta H_{m,R}$ 对应的相平衡压力，Pa。

【例 8-18】已知水在 273K、101325Pa 条件下的摩尔凝固热为 -6.004kJ·mol^{-1}，已知 $C_{p,m}$（水）$= 75.4$J·mol^{-1}·K^{-1}，$C_{p,m}$（冰）$= 36.8$J·mol^{-1}·K^{-1}，求 1.00kg 水在 101325Pa 条件下从 298K 冷却到 263K 凝固成冰所放出的热量。

已知 $p = p_{平衡} = 101325$Pa，$T_1 = 298$K，$T_2 = 263$K，$T_{平衡} = 273$K，$C_{p,m}$（水）$= 75.4$J·mol^{-1}·K^{-1}，$C_{p,m}$（冰）$= 36.8$J·mol^{-1}·K^{-1}，$m = 1.00$kg，$\Delta_l^s H_m = -6.004$kJ·mol^{-1}。求 $Q_p = ?$

解　$n = m/M = 1.00/0.0180 = 55.6$（mol）

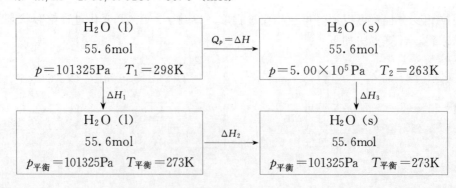

$$Q_p = \Delta H = \Delta H_1 + \Delta H_2 + \Delta H_3$$

$$\Delta H_1 = nC_{p,m}(水)(T_{平衡} - T_1) = -1.05 \times 10^2 (\text{kJ})$$

$$\Delta H_2 = n\Delta_l^s H_m = 55.6 \times (-6.004) = -3.34 \times 10^2 (\text{kJ})$$

$$\Delta H_3 = nC_{p,m}(冰)(T_2 - T_{平衡}) = -20.5 (\text{kJ})$$

$$Q_p = \Delta H = \Delta H_1 + \Delta H_2 + \Delta H_3 = -4.60 \times 10^2 (\text{kJ})$$

将 1.00kg 水在 101325Pa 条件下从 298K 冷却到 263K 凝固成冰放出热量 4.60×10^2 kJ。

五、化学反应热效应计算

在等温且不做非体积功的条件下，系统发生化学反应时与环境交换的热量称为化学反应热效应，简称反应热。绝大多数化学反应都有热效应。了解化学反应热效应，对于保证化工生产的稳定进行，经济合理地利用能源以及防止生产中意外事故的发生都具有重要的意义。

1. 化学反应进度（ξ）

化学反应热效应与系统中已发生反应的物质的量有关，为了确切地描述化学反应热效应，引入一个状态参变量——化学反应进度（ξ）。

化学反应进度，用符号 ξ 表示，SI 单位为 mol，将反应系统中任何一种反应物或生成物在反应过程中物质的量的变化 Δn_B 与该物质的计量系数 ν_B 之比定义为该反应的反应进度。

定义式为：
$$\xi = \Delta n_B / \nu_B \tag{8-40}$$

式(8-40) 中，ν_B 无量纲，对于反应物取负值，对于生成物取正值。

以合成氨反应为例，若反应前(时间 $t=0$)$n_1(N_2)=10$mol，$n_1(H_2)=30$mol，$n_1(NH_3)=0$mol；反应到 t 时刻 $n_2(N_2)=8$mol，$n_2(H_2)=24$mol，$n_2(NH_3)=4$mol。

对于反应式　$N_2 + 3H_2 \longrightarrow 2NH_3$

$$\xi = [n_2(N_2) - n_1(N_2)]/\nu_{N_2} = (8-10)/(-1) = 2(\text{mol})$$

$$\xi = [n_2(H_2) - n_1(H_2)]/\nu_{H_2} = (24-30)/(-3) = 2(\text{mol})$$

$$\xi = [n_2(NN_3) - n_1(NH_3)]/\nu_{NH_3} = (4-0)/2 = 2(\text{mol})$$

对同一化学反应方程式，采用哪一种物质表示反应进度均是相同的，所以反应进度 ξ 适用于同一化学反应的任一物质。

上述合成氨系统若反应方程式写成 $\frac{1}{2}N_2 + \frac{3}{2}H_2 \longrightarrow NH_3$，则求得 $\xi = 4$mol。

可见，化学反应进度是与化学反应方程式的写法对应的，所以在使用反应进度 ξ 时，必须注明具体化学计量方程式。

当 $\xi = 1$mol（$\Delta n = \nu_B$）时，则表示各物质按化学计量方程式进行了完全反应。

2. 化学反应热效应

根据反应条件不同，化学反应热效应可分为等压反应热和等容反应热。生产实际中应用最广泛的是前者。

（1）等压反应热

等压反应热也称为反应焓变，是指在等温等压且非体积功为零的条件下，化学反应吸收或放出的热，用 Q_p 或 $\Delta_r H$ 表示，即 $Q_p = \Delta_r H$。下标"r"表示化学反应。

（2）等容反应热

等容反应热也称为反应内能变，是指在等温等容且非体积功为零的条件下，化学反应吸收或放出的热，用 Q_V 或 $\Delta_r U$ 表示，即 $Q_V = \Delta_r U$。

（3）等压反应热与等容反应热的关系

由上述可知

$$Q_p - Q_V = \Delta_r H - \Delta_r U = \Delta n(g)RT = \Delta\xi\sum_B \nu_B(g)RT \tag{8-41}$$

若 $\xi = 1\text{mol}$，则

$$Q_{p,m} - Q_{V,m} = \Delta_r H_m - \Delta_r U_m = \sum_B \nu_B(g)RT \tag{8-42}$$

式中　$\sum_B \nu_B(g)$ ——气体物质化学计量数的代数和；

　　　$\Delta n(g)$ ——反应前后气体物质的量的变化。

【例 8-19】 已知反应 $C_6H_6(l) + \dfrac{15}{2}O_2(g) \longrightarrow 6CO_2(g) + 3H_2O(l)$ $\Delta_r U_m(298.15K) =$ $-3268\text{kJ}\cdot\text{mol}^{-1}$，求 298K 时，若上述反应在等压条件下进行，1mol 反应进度的反应热。

解　由式(8-42) 可推出 $Q_{p,m} = \Delta_r H_m = \sum_B \nu_B(g)RT + \Delta_r U_m$

其中，　　　　　　　　$\sum_B \nu_B(g) = 6 - \dfrac{15}{2} = -1.5$

故

$$\Delta_r H_m = \sum_B \nu_B(g)RT + \Delta_r U_m = -1.5 \times 8.314 \times 298.15 \times 10^{-3} + (-3268)$$
$$= -3272(\text{kJ}\cdot\text{mol}^{-1})$$

（4）标准摩尔反应焓

内能、焓的绝对值是不能测量的，为此采用了相对值的办法。同时为避免同一种物质的某些热力学状态函数在不同反应系统中数值不同，热力学规定了一个公共参数状态——标准状态。

① 气体物质的标准态定义为：在标准压力 $p^{\ominus}$ 下及温度 T 时，纯气体或混合气体中分压为标准压力的气体。

② 液态和固态物质的标准态定义为：在标准压力 $p^{\ominus}$ 下及温度 T 时的纯液体或纯固体。

根据国家标准和国际标准规定标准压力 $p^{\ominus} = 101.325\text{kPa}$，而按新的标准则规定 $p^{\ominus} = 100\text{kPa}$，标准状态下温度不作规定。符号"$\ominus$"表示标准状态。

一个化学反应中若参与反应的所有物质处于温度 T 的标准状态下，其摩尔反应焓就成为标准摩尔反应焓，用 $\Delta_r H_m^{\ominus}$ 表示。

3. 热化学反应方程式

热化学方程式是表示化学反应与热效应的关系式。例如下列反应在热化学标准状态及 298K 下的热化学方程式为：

$$2Fe(s) + \dfrac{3}{2}O_2(g) \longrightarrow Fe_2O_3(s) \qquad \Delta_r H_m^{\ominus} = -8241\text{kJ}\cdot\text{mol}^{-1}$$

该式表明 2mol 固体铁和 1.5mol 氧气在 101.3kPa 和 298K 下完全反应生成 1mol 三氧化二铁时，放热 8284kJ。

$\Delta_r H_m^{\ominus}$ 表示在指定温度下的标准摩尔反应焓变，下标"m"表示参与反应的各物质按指定方程式完全反应，反应进度 $\xi = 1$mol。所以 $\Delta_r H_m^{\ominus}$ 的单位为 kJ·mol^{-1}。

书写和使用热化学方程式时应注意以下几点：

① 写出化学方程式并且配平。同一反应以不同计量系数表示时，反应的热效应也就不同。

$$H_2(g) + \frac{1}{2}O_2(g) \longrightarrow H_2O(g) \qquad \Delta_r H_m^{\ominus} = -241.825 \text{kJ·mol}^{-1}$$

$$2H_2(g) + O_2(g) \longrightarrow 2H_2O(g) \qquad \Delta_r H_m^{\ominus} = -483.65 \text{kJ·mol}^{-1}$$

② 注明反应物和产物的聚集状态。因为聚集状态不同，热效应也不同，可在每个分子式后面加括号标明其聚集状态。通常气体以（g）、液体以（l）、固体以（s）表示。固体中若有不同晶型，还应标明晶型。例如：

$$S(斜方) + O_2(g) \longrightarrow SO_2(g) \qquad \Delta_r H_m^{\ominus} = -296.9 \text{kJ·mol}^{-1}$$

$$S(单斜) + O_2(g) \longrightarrow SO_2(g) \qquad \Delta_r H_m^{\ominus} = -297.2 \text{kJ·mol}^{-1}$$

③ 反应热效应写在方程式右边。

④ 在 $\Delta_r H_m^{\ominus}$ 后面的括号中注明反应温度，如 $\Delta_r H_m^{\ominus}$（500K），由于压力对热效应影响不大，一般不标明压力。如果反应温度为 T，则应写成 $\Delta_r H_m^{\ominus}$（TK），如果温度为 298K，可以不注明。

4. 化学反应热效应计算

化学反应的热效应是进行工艺设计的重要数据。获得化学反应热效应最直接的方法是实验测得，但是并非所有的化学反应热效应都能通过实验测定得到，某些反应伴随着副反应发生，难以直接测得其热效应。例如：

$$C(石墨) + \frac{1}{2}O_2(g) \longrightarrow CO(g)$$

这个反应常常伴随着 CO_2（g）生成的副反应，因此其热效应就不宜测定。这样就产生了间接计算热效应的问题。

（1）盖斯定律

在相同条件下（等容或等压），任一化学反应，不管是一步完成或是分几步完成，其反应热效应总是相同的。

【例 8-20】 求 298K 时，反应 $C(s) + \frac{1}{2}O_2(g) \longrightarrow CO(g)$ 的 $\Delta_r H_m^{\ominus}$。

解

$$(1) \ C(s) + O_2(g) \longrightarrow CO_2(g) \qquad \Delta_r H_{m1}^{\ominus} = -393.6 \text{kJ·mol}^{-1}$$

$$(2) \ CO(g) + \frac{1}{2}O_2(g) \longrightarrow CO_2(g) \qquad \Delta_r H_{m2}^{\ominus} = -282.9 \text{kJ·mol}^{-1}$$

（1）－（2）：

$$C(s) - CO(g) + \frac{1}{2}O_2(g) = 0$$

$$C(s) + \frac{1}{2}O_2(g) = CO(g)$$

所以 $\Delta_r H_m^{\ominus} = \Delta_r H_{m1}^{\ominus} - \Delta_r H_{m2}^{\ominus} = -393.6 - (-282.9) = -110.7(kJ \cdot mol^{-1})$

只要把热化学方程式视为代数方程式进行四则运算，求出指定的化学方程式，反应热也按同样的运算方法处理，即可求出相应的热效应。

运用盖斯定律计算反应热效应时，各方程式中的相同物质所处状态（温度、压力、聚集状态）必须相同。

✎ **练一练**

已知下列反应在 298K 的反应热为：

(1) $4NH_3(g) + 3O_2(g) \longrightarrow 2N_2(g) + 6H_2O(l)$ $\Delta_r H_{m1}^{\ominus} = -1523.0 kJ \cdot mol^{-1}$

(2) $H_2(g) + \frac{1}{2}O_2(g) \longrightarrow H_2O(l)$ $\Delta_r H_{m2}^{\ominus} = -285.84 kJ \cdot mol^{-1}$

计算下列反应的热效应：(3) $N_2(g) + 3H_2(g) \longrightarrow 2NH_3(g)$ $\Delta_r H_{m3}^{\ominus} = ?$

（2）由标准摩尔生成焓计算标准摩尔反应焓

在温度 T 的标准状态下，由稳定单质生成 1mol 某指定相态化合物 B 的反应焓，称为化合物 B 在温度 T 时的标准摩尔生成焓，记作 $\Delta_f H_m^{\ominus}(B,T)$。其单位为 $kJ \cdot mol^{-1}$，下标 "f" 表示生成反应。在 298K 时的标准摩尔生成焓简写为 $\Delta_f H_m^{\ominus}(B)$。例如，在 25℃ 及 100kPa 下：

$$C(石墨) + O_2(g) \longrightarrow CO_2(g)   \Delta_r H_m^{\ominus} = -393.5 kJ \cdot mol^{-1}$$

则 $CO_2(g)$ 在 25℃ 时的标准生成焓 $\Delta_f H_m^{\ominus}(CO_2,g,298K) = -393.5 kJ \cdot mol^{-1}$

$$\frac{1}{2}N_2(g) + \frac{3}{2}H_2(g) \longrightarrow NH_3(g)   \Delta_r H_m^{\ominus} = -46.19 kJ \cdot mol^{-1}$$

则 $NH_3(g)$ 在 298K 时的标准生成焓 $\Delta_f H_m^{\ominus}(NH_3,g,298K) = -46.19 kJ \cdot mol^{-1}$

对于标准生成焓，必须注意以下三点：

① $p = p^{\ominus}$，而温度是任意的。

② 反应物必须全部是稳定单质。即指在一定温度和 100kPa 时最稳定的单质，例如，石墨、金刚石和无定形碳三者比较，25℃ 下石墨为最稳定单质。因此

$$C(石墨) + O_2(g) \longrightarrow CO_2(g)   \Delta_r H_m^{\ominus} = -393.5 kJ \cdot mol^{-1}$$

$$C(金刚石) + O_2(g) \longrightarrow CO_2(g)   \Delta_r H_m^{\ominus} = -395.4 kJ \cdot mol^{-1}$$

前者的热效应是 $CO_2(g)$ 的标准生成焓 $\Delta_f H_m^{\ominus}(CO_2,g,298K)$，而后者不是。

各种稳定单质（在任意温度下）的标准摩尔生成焓为零。例如，C(石墨) 是最稳定的碳的单质，所以 C(石墨) 的生成焓是 $\Delta_f H_m^{\ominus}(石墨,s,298K) = 0$，$H_2(g)$ 的生成焓

$\Delta_f H_m^{\ominus}(H_2, g, 298K) = 0$。

③ 生成物必须是1mol物质。例如，由石墨生成一氧化碳的热化学方程式

$$2C(石墨) + O_2(g) \longrightarrow 2CO(g) \quad \Delta_r H_m^{\ominus} = -221.08kJ \cdot mol^{-1}$$

则 CO（g）的标准生成焓为

$$\Delta_f H_m^{\ominus}(CO, g, 298K) = \frac{1}{2}\Delta_r H_m^{\ominus} = \frac{1}{2} \times (-221.08kJ \cdot mol^{-1}) = -110.54kJ \cdot mol^{-1}$$

对于任意化学反应，在反应温度下，标准摩尔反应热与该温度下各反应组分的标准摩尔生成焓之间关系：

$$\Delta_r H_m^{\ominus} = \sum \nu_B \Delta_f H_m^{\ominus}(产物) - \sum \nu_B \Delta_f H_m^{\ominus}(反应物)$$

$$\Delta_r H_m^{\ominus} = \sum_B \nu_B \Delta_f H_m^{\ominus}(B) \tag{8-43}$$

ν_B 表示反应式中物质 B 的化学计量系数。

式(8-43)表明，在温度 T 下任一化学反应的标准摩尔反应焓等于同温度下参加反应的各物质的标准摩尔生成焓与化学计量系数乘积的代数和。

【例 8-21】 计算 298K 时反应 $CH_4(g) + 2O_2(g) \longrightarrow CO_2(g) + 2H_2O(l)$ 的标准摩尔反应焓。

解 查附录 12 得：

$$\Delta_f H_m^{\ominus}(CO_2, g, 298K) = -393.51kJ \cdot mol^{-1}$$

$$\Delta_f H_m^{\ominus}(H_2O, l, 298K) = -285.83kJ \cdot mol^{-1}$$

$$\Delta_f H_m^{\ominus}(O_2, g, 298K) = 0kJ \cdot mol^{-1}$$

$$\Delta_f H_m^{\ominus}(CH_4, g, 298K) = -74.85kJ \cdot mol^{-1}$$

$$\begin{aligned}
\Delta_r H_m^{\ominus}(298K) &= \sum_B \nu_B \Delta_f H_m^{\ominus}(B, T) \\
&= \Delta_f H_m^{\ominus}(CO_2, g, 298K) + 2\Delta_f H_m^{\ominus}(H_2O, l, 298K) - \\
&\quad \Delta_f H_m^{\ominus}(CH_4, g, 298K) - 2\Delta_f H_m^{\ominus}(O_2, g, 298K) \\
&= -393.51 + 2 \times (-285.83) - \\
&\quad (-74.85) - 2 \times 0 = -890.32(kJ \cdot mo^{-1})
\end{aligned}$$

✎ **练一练**

铝热法的反应方程式为：$8Al(s) + 3Fe_3O_4(s) \longrightarrow 4Al_2O_3(s) + 9Fe(s)$，利用 $\Delta_f H_m^{\ominus}$ 数据计算化学反应热效应。

（3）由标准摩尔燃烧焓计算标准摩尔反应焓

有机化合物难以直接由单质合成，所以有机化合物的生成焓是无法测定的。但是，绝大多数有机化合物都能在氧气中燃烧，它们的燃烧反应热可以测定。

在温度 T 的标准状态下，1mol 指定相态的物质 B 与氧气进行完全氧化反应时的焓变，称为物质 B 在温度 T 时的标准摩尔燃烧焓，以 $\Delta_c H_m^{\ominus}(B, T)$ 表示，单位为 kJ·mol^{-1}，下标"c"表示燃烧反应。在 298K 时的标准摩尔燃烧焓简写为 $\Delta_c H_m^{\ominus}(B)$。

上式定义中，"完全氧化反应"的含义是指定氧化产物，如 C 变成 $CO_2(g)$，H 变成 $H_2O(l)$，N、S、Cl 元素分别变成 $N_2(g)$、$SO_2(g)$、HCl（水溶液）。显然，这些完全氧化的产物以及氧气的标准摩尔燃烧焓等于零。

对于任意化学反应，在反应温度下，标准摩尔反应热与该温度下各反应组分的标准摩尔燃烧焓之间关系：

$$\Delta_r H_m^{\ominus} = \sum \nu_B \Delta_c H_m^{\ominus}（反应物） - \sum \nu_B \Delta_c H_m^{\ominus}（产物）$$

$$\Delta_r H_m^{\ominus}(T) = -\sum_B \nu_B \Delta_c H_m^{\ominus}(B,T) \tag{8-44}$$

ν_B 表示反应式中物质 B 的化学计量系数。

式(8-44)表明，在温度 T 下任一化学反应的标准摩尔反应焓等于同温度下参加反应的各物质的标准摩尔燃烧焓与化学计量系数乘积的代数和之负值。

【例 8-22】 由标准摩尔燃烧焓计算下列反应在 298K 时的标准摩尔反应焓。

$$3C_2H_2(g) \longrightarrow C_6H_6(l)$$

解

查附录 11 可得： $\Delta_c H_m^{\ominus}(C_2H_2,g,298K) = -1299.59 kJ \cdot mol^{-1}$

$\Delta_c H_m^{\ominus}(C_6H_6,l,298K) = -3267.54 kJ \cdot mol^{-1}$

则

$$
\begin{aligned}
\Delta_r H_m^{\ominus}(298K) &= -\sum_B \nu_B \Delta_c H_m^{\ominus}(B,T) \\
&= -[\Delta_c H_m^{\ominus}(C_6H_6,g,298K) - 3\Delta_c H_m^{\ominus}(C_2H_2,g,298K)] \\
&= -[-3267.54 - 3 \times (-1299.59)] = -631.23(kJ \cdot mol^{-1})
\end{aligned}
$$

✏️ 练一练

由标准摩尔燃烧焓计算下列反应在 298K 时的标准摩尔反应焓 $\Delta_r H_m^{\ominus}$。

$$HOOC-COOH(s) + 2CH_3OH \longrightarrow CH_3OOC-COOCH_3(s) + 2H_2O(l)$$

（4）非 298K、非标准状态下化学反应的摩尔反应焓（$\Delta_r H_m$）的计算

实际的化学反应一般是在非 298K、非标准状态下进行的，所以研究在非 298K、非标准状态下化学反应的摩尔反应焓（$\Delta_r H_m$）的计算十分重要。

① $\Delta_r H_m$ 的计算方法。假设化学反应中，反应物始态的温度为 T_1，在恒定压力 p 下进行反应，产物终态的温度为 T_2，进行 1mol 反应的摩尔反应焓为 $\Delta_r H_m$。例如，在 101.3kPa 和温度 T 一进行下列反应

$$aA(\varepsilon) + bB(\beta) \longrightarrow mM(\gamma) + rR(\delta)$$

我们假设一条途径：在 101.3kPa 将 $aA(\varepsilon)$ 和 $bB(\beta)$ 的温度从 T 变到 298K，此时的焓变为 ΔH_1；再在 298K 下进行化学反应生成产物 $mM(\gamma)$ 和 $rR(\delta)$，焓变为 $\Delta H_m^{\ominus}(298K)$，最后将 $mM(\gamma)$ 和 $rR(\delta)$ 的温度从 298K 变到 T，此时的焓变为 ΔH_2，见图 8-8。

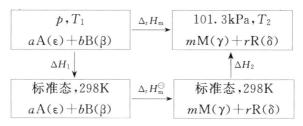

图 8-8　反应热效应与温度关系示意图

当反应压力不高时，将框图中的气相视为理想气体，并忽略液、固相随压力变化而产生的微小焓变。则可得

$$\Delta_r H_m = \Delta H_1 + \Delta_r H_m^{\ominus} + \Delta H_2$$

若在变温过程中，系统为发生相变化，且恒压热容不随温度变化而变化，则显然有：

$$\Delta H_1 = \int_{T_1}^{298} [aC_{p,m}(A,\varepsilon) + bC_{p,m}(B,\beta)] dT$$

式中　$C_{p,m}$——反应物的恒压热容；

　　　a，b——反应物的计量系数。

$$\Delta_r H_m^{\ominus}(298) = -\sum_B \nu_B \Delta_c H_{m,B}^{\ominus}(\beta,298)$$

或

$$\Delta_r H_m^{\ominus}(298) = \sum_B \nu_B \Delta_f H_{m,B}^{\ominus}(\beta,298)$$

$$\Delta H_2 = \int_{298}^{T_2} [mC_{p,m}(M,\gamma) + rC_{p,m}(R,\delta)] dT$$

$$\Delta_r H_m = \int_{T_1}^{298} [aC_{p,m}(A,\varepsilon) + bC_{p,m}(B,\beta)] dT + \Delta_r H_m^{\ominus}(298) +$$

$$\int_{298}^{T_2} [mC_{p,m}(M,\gamma) + rC_{p,m}(R,\delta)] dT$$

利用上式计算非标准状态下化学反应的摩尔反应焓。

② 温度对 $\Delta_r H_m^{\ominus}$ 的影响——基尔霍夫定律。设有反应 $0 = \sum_B \nu_B B$

因为 $\left(\dfrac{\partial H_m}{\partial T}\right)_p = C_{p,m}$ 而 $\Delta_r H_m^{\ominus}(T) = \sum_B \nu_B H_m^{\ominus}(B,T)$

所以　　　　　　　　　　$\left(\dfrac{\partial \Delta_r H_m^{\ominus}}{\partial T}\right)_p = \Delta_r C_p$

$$\Delta_r C_p = \sum_B \nu_B C_{p,m}(B)$$

对上式进行不定积分：$\Delta_r H_m^{\ominus}(T) = \int_{298K}^{T} \Delta_r C_p dT + 常数$

定积分：　　　　$\Delta_r H_m^{\ominus}(T) = \Delta_r H_m^{\ominus}(298K) + \int_{298K}^{T} \Delta_r C_p dT$ 　　　　(8-45)

式(8-45) 被称为基尔霍夫方程。

应用基尔霍夫方程时应注意：

a. 直接应用式(8-45) 计算反应的焓变时要求反应前后的温度相同；

b. 式(8-45) 只能计算在 298K～T 的温度范围内无相变的化学反应焓变，若有相变则应分段积分；

c. 若参加反应的各物质有 $C_{p,\,m}=f(T)$，则 $\int_{298K}^{T}\Delta_r C_p \mathrm{d}T$ 应对函数关系式逐项积分。

【例 8-23】 已知 $Pb(s)+H_2S(g)\longrightarrow PbS(s)+H_2(g)$ 的 $\Delta_r H_m^{\ominus}(298)=-74.06kJ\cdot mol^{-1}$，求 950℃时 $\Delta_r H_m$。Pb 的熔化温度为 600.5K，熔化热为 5.12kJ·mol^{-1}，有关物质的恒压热容为（单位均为 J·K^{-1}·mol^{-1}）：

$C_{p,m}[Pb(s)]=23.93+8.703\times10^{-3}T$，$C_{p,m}[H_2S(g)]=29.29+15.69\times10^{-3}T$，

$C_{p,m}[PbS(s)]=44.48+19.29\times10^{-3}T$，$C_{p,m}[H_2(g)]=27.82+2.887\times10^{-3}T$，

$C_{p,m}[Pb(l)]=28.45J\cdot K^{-1}\cdot mol^{-1}$

解 按题意可设计过程如下图均为恒压，基本原理是状态函数的性质。

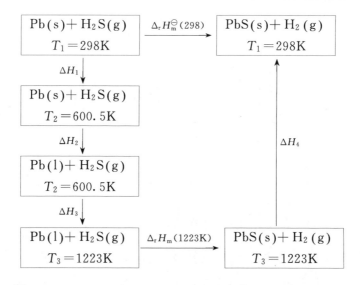

$$\Delta H_1 = \int_{T_1}^{T_2}\{C_{p,m}[Pb(s)]+C_{p,m}[H_2S(g)]\}\mathrm{d}T$$

$$= \int_{298}^{600.5}(23.93+8.703\times10^{-3}T+29.29+15.69\times10^{-3}T)\mathrm{d}T$$

$$= \int_{298}^{600.5}(53.22+24.39\times10^{-3}T)\mathrm{d}T$$

$$= 53.22\times(600.5-298)+\frac{1}{2}\times24.39\times10^{-3}\times(600.5^2-298^2)$$

$$= 19.41(kJ\cdot mol^{-1})$$

ΔH_2 为熔点时 Pb 的熔化热，即

$$\Delta H_2 = n\Delta_s^l H_m = 1\times5.12 = 5.12(kJ\cdot mol^{-1})$$

$$\Delta H_3 = \int_{T_2}^{T_3} \{C_{p,m}[Pb(l)] + C_{p,m}[H_2S(g)]\}dT$$

$$= \int_{600.5}^{1223} (28.45 + 29.29 + 15.69 \times 10^{-3}T)dT$$

$$= \int_{600.5}^{1223} (57.74 + 15.69 \times 10^{-3}T)dT$$

$$= 57.74 \times (1223 - 600.5) + \frac{1}{2} \times 15.69 \times 10^{-3} \times (1223^2 - 600.5^2)$$

$$= 44.85(kJ \cdot mol^{-1})$$

$$\Delta H_4 = \int_{T_3}^{T_1} \{C_{p,m}[PbS(s)] + C_{p,m}[H_2(g)]\}dT$$

$$= \int_{1223}^{298} (44.48 + 19.29 \times 10^{-3}T + 27.82 + 2.887 \times 10^{-3}T)dT$$

$$= \int_{1223}^{298} (72.3 + 22.177 \times 10^{-3}T)dT$$

$$= 72.3 \times (298 - 1223) + \frac{1}{2} \times 22.177 \times 10^{-3} \times (298^2 - 1223^2)$$

$$= -82.48(kJ \cdot mol^{-1})$$

因为
$$\Delta_r H_m^{\ominus}(298) = \Delta H_1 + \Delta H_2 + \Delta H_3 + \Delta_r H_{m,1223}^{\ominus} + \Delta H_4$$

则
$$\Delta_r H_{m,1223}^{\ominus} = \Delta_r H_{m,298}^{\ominus} - (\Delta H_1 + \Delta H_2 + \Delta H_3 + \Delta H_4)$$

$$= -74.06 - 19.41 - 5.12 - 44.85 + 82.48$$

$$= -60.96(kJ \cdot mol^{-1})$$

任务四
化学反应方向及变化

实例分析

在化工生产控制和化工工艺设计中，常常需要预测某一化学反应在指定条件下能否自动进行，在什么条件下，能获得更多新产品等问题。若能事先通过计算作出正确判断，就可以大大节省人力、物力。例如，高炉炼铁，化学方程式

$$Fe_3O_4 + 4CO \longrightarrow 3Fe + 4CO_2$$

发现在高炉出口处的气体中，含有大量的 CO，过去认为是 CO 与铁矿石接触时间不够导致还原不完全造成的，为此，花费大量资金修建更高的炉。然而出口处 CO 的含量并未减少。后来，根据热力学计算才知道，这个反应不能进行到底，含有很多 CO 是不可避免的。

一、热力学第二定律

1. 自发过程

自发过程是在一定条件下不需要外力推动就能自动进行的过程。例如，山坡上的水会自动流到山脚下，电流由电位高处向电位低处流动，热量总是由高温物体传递到低温物体，铁器在潮湿空气中生锈，将金属锌投入到硫酸溶液中，一定会发生置换反应放出氢气等。

自发过程具有一定的方向性。在一定条件下，自发过程只能自动地单向进行。其逆过程即非自发过程，不能自发进行。若要非自发过程进行，必须要消耗能量，要对系统做功。例如，山脚下的水流到山坡上不会自动进行，但是利用抽水机可以将水从山脚下抽到山坡上。

自发过程具有一定的限度。水位差 $\Delta h = 0$ 时水流的自发过程就会停止，温度差 $\Delta T = 0$ 时热传导过程就会停止。

那么对于化学反应来说，自发进行的推动力是什么？限度又是什么？

2. 自发过程的方向与混乱度

在一个密闭的箱子里，中间用隔板分成两部分，一半装氮气，一半装氢气，两边气体的温度、压力均相同。当将隔板去掉后，两种气体就能自动地扩散，最后形成均匀的混合气体。无论放置多久，再也恢复不了原来的状态。这两种气体的混合过程是自动进行的。这个自发过程既没有压力差，也没有温度差，那么判断这个过程自发进行的依据是什么呢？

我们来分析一下混合前后气体的状态。在混合前，两种气体分别在各自一边，运动的空间只是箱子的一半。混合后两种气体都分散在整个箱子里，运动的空间增大了，并且在箱子的各处都既有氮气分子又有氢气分子。可见，混合后气体分子处于一种更加混乱的状态。也就是说，气体自动地向着混乱度增大的方向进行。自然界中的一切变化都倾向于朝着混乱度增大的方向进行。

热力学中，用一个新的状态函数"熵"表示系统的混乱度，符号写作 S。熵与混乱度的关系式：

$$S = k \ln \Omega$$

式中，$k = 1.38 \times 10^{-23} \text{J} \cdot \text{K}^{-1}$，为玻尔兹曼（Boltzmann）常数；$\Omega$ 为微观状态数。

熵是表示系统混乱度的热力学函数。系统的混乱度越大，熵值也就越大。过程的熵变 ΔS，只取决于系统的始态和终态，而与途径无关。虽然很多状态函数的绝对值都无法测定，但熵的绝对值可以测定。

纯净物质的完美晶体，在热力学温度 0K 时，分子排列整齐，而且分子的任何热运动也停止了，这时系统完全有序。据此，在热力学上总结出了一条经验规律--热力学第三定律：在热力学温度 0K 时，任何纯净物质的完美晶体的熵值等于零。这样一来，就能测定纯净物质在温度 T 时熵的绝对值。因为

$$S_T - S_0 = \Delta S$$

S_T 表示温度为 TK 时的熵值；S_0 表示 0K 时的熵值，由于 $S_0 = 0$，所以

$$S_T = \Delta S \tag{8-46}$$

从式（8-46）可看出，只需求得物质从 0K 到 TK 的熵变值 ΔS，就可得到该物质在 TK 时熵的绝对值。在标准态下，1mol 物质的熵值称为该物质的标准摩尔熵，用符号 $S_m^{\ominus}$ 表示，单位 $\text{J} \cdot \text{mol}^{-1} \cdot \text{K}^{-1}$。

化学反应的熵变可由反应物和生成物的标准摩尔熵来进行计算

$$\Delta_r S_m^{\ominus} = \sum \nu_B S_m^{\ominus}(产物) - \sum \nu_B S_m^{\ominus}(反应物) \tag{8-47}$$

各种化合物在 298K 时的 $S_m^{\ominus}$ 数据可以在有关化学手册中查到。本书附录也列举了部分物质的 $S_m^{\ominus}$ 数据。

3. 热力学第二定律

通过对自发过程的研究，可以知道，能量的传递不仅要遵守热力学第一定律，保持能量守恒，而且在能量传递的方向性上有一定的限制。热力学第二定律说明了自发过程进行的方向和限度。

热力学第二定律有几种不同的表达形式，其中一种表达形式为：在隔离系统中，自发过程的结果是使系统的熵值增加，不可能发生熵值减小的过程。当达到平衡时，熵值达到最大。即

$$\Delta S_{隔离} \begin{cases} >0 & 自发过程 \\ =0 & 平衡状态 \\ <0 & 非自发过程 \end{cases}$$

化学反应通常是在等温等压并与环境间有能量交换的情况下进行的，不是隔离系统，所以只用系统的熵变来判断反应的自发性是不妥当的。化学反应的方向除了与熵变和焓变有关外，还与温度有关。

☞ **相关链接**

$S_m^{\ominus}$ 值变化规律：

根据熵的意义，物质的标准摩尔熵 $S_m^{\ominus}$ 值一般呈现如下的变化规律。

① 同一物质的不同聚集态，其 $S_m^{\ominus}$ 值是：

$$S_m^{\ominus}(气态) > S_m^{\ominus}(液态) > S_m^{\ominus}(固态)$$

② 对于同一种聚集态的同类型分子，复杂分子比简单分子的 $S_m^{\ominus}$ 值大，例如：

$$S_m^{\ominus}(CH_4,g) < S_m^{\ominus}(C_2H_6,g) < S_m^{\ominus}(C_3H_8,g)$$

③ 对同一种物质，温度升高，熵值加大。

④ 对气态物质，加大压力，熵值减小。对固态和液态物质，压力改变对它们的熵值影响不大。

二、吉布斯自由能与化学反应方向

决定自发过程能否发生，既有能量因素，又有混乱度因素，因此要涉及 ΔH 和 ΔS。1876 年美国物理化学家吉布斯（Gibbs）提出用自由能来判断等压条件下过程的自发性。

1. 吉布斯自由能

吉布斯把焓和熵归并在一起的热力学函数称为吉布斯自由能，用符号 G 表示。其定义为

$$G = H - TS$$

根据以上定义，等温变化过程的吉布斯自由能变化值为

$$\Delta G = \Delta H - T\Delta S \tag{8-48}$$

此式称为吉布斯-赫姆霍兹公式。

热力学研究指出，在等温等压只做体积功的条件下，ΔG 可作为反应自发性的判据。

当 $\Delta G < 0$ 时，反应能自发进行，其逆过程不能自发进行；

当 $\Delta G = 0$ 时，反应处于平衡状态；

当 $\Delta G > 0$ 时，反应不能自发进行，其逆过程可自发进行。

等温等压下，任何自发过程总是朝着吉布斯自由能减小的方向进行。由式（8-48）可知，ΔG 值的大小取决于 ΔH、ΔS 和 T，其关系见表 8-4。

表 8-4　恒温恒压下，ΔH、ΔS 和温度 T 对 ΔG 的影响

反应类型	ΔH	ΔS	ΔG 与反应方向	反应实例
1	$-$	$+$	$-$　在任何温度下，都能自发进行	$2H_2O_2(l) \longrightarrow 2H_2O(l) + O_2(g)$
2	$+$	$-$	$+$　在任何温度下，都不能自发进行	$\dfrac{3}{2}O_2(g) \longrightarrow O_3(g)$
3	$-$	$-$	高温（$T > \Delta H/\Delta S$）时为 $+$，高温下不能自发进行 低温（$T < \Delta H/\Delta S$）时为 $-$，低温下能自发进行	$N_2(g) + 3H_2(g) \longrightarrow 2NH_3(g)$
4	$+$	$+$	低温（$T < \Delta H/\Delta S$）时为 $+$，低温下不能自发进行 高温（$T > \Delta H/\Delta S$）时为 $-$，高温下能自发进行	$N_2O_4(g) \longrightarrow 2NO_2(g)$

2. 化学反应的标准摩尔吉布斯自由能变

H、S 和 T 都是状态函数，G 也是状态函数，具有状态函数的各种特征。各种物质都有各自的标准摩尔生成吉布斯自由能，即在标准状态和温度 T 条件下，由稳定单质生成 1mol 化合物时的吉布斯自由能变，符号为 $\Delta_f G_m^{\ominus}$，单位 $kJ \cdot mol^{-1}$。298K 时常见物质的 $\Delta_f G_m^{\ominus}$ 见附录 12。

对于任何反应，在 298K 时标准摩尔生成自由能变可由各物质的标准摩尔生成吉布斯自由能计算，公式如下：

$$\Delta_r G_m^{\ominus} = \sum \nu_B \Delta_f G_m^{\ominus}（产物） - \sum \nu_B \Delta_f G_m^{\ominus}（反应物） \tag{8-49}$$

根据计算结果可判断反应的自发性。

【例 8-24】 已知 298K 时下列反应中各物质的 $\Delta_f G_m^{\ominus}$，请判断该反应能否自发进行。

$$2CH_3OH(l) + 3O_2(g) \longrightarrow 2CO_2(g) + 4H_2O(g)$$

$$\Delta_f G_{m,CH_3OH(l)}^{\ominus} = -166.2 kJ \cdot mol^{-1}, \quad \Delta_f G_{m,O_2(g)}^{\ominus} = 0.00, \quad \Delta_f G_{m,CO_2(g)}^{\ominus} = -394.4 kJ \cdot mol^{-1}$$

$$\Delta_f G_{m,H_2O(g)}^{\ominus} = -228.6 \ kJ \cdot mol^{-1}$$

解　$\Delta_r G_m^{\ominus} = 2 \times \Delta_f G_{m,CO_2(g)}^{\ominus} + 4 \times \Delta_f G_{m,H_2O(g)}^{\ominus} - 2 \times \Delta_f G_{m,CH_3OH(l)}^{\ominus}$

　　　　$= 2 \times (-394.4) + 4 \times (-228.6) - 2 \times (-166.2) = -1371(kJ \cdot mol^{-1})$

$\Delta_r G_m^{\ominus} < 0$，该反应能自发进行。

✏️ **练一练**

利用下列反应中各物质的 $\Delta_f G_m^{\ominus}$，求 298K 时反应 $4NH_3(g) + 5O_2(g) \longrightarrow 4NO(g) + 6H_2O(l)$ 的 $\Delta_r G_m^{\ominus}$，并指出反应能否自发进行。

其它温度（T）下化学反应的标准摩尔自由能变 $\Delta_f G_{m,T}^{\ominus}$ 的计算：

$$\Delta_r G_{m,T}^{\ominus} = \Delta_r H_{m,T}^{\ominus} - T\Delta_r S_{m,T}^{\ominus} \approx \Delta_r H_{m,298}^{\ominus} - T\Delta_r S_{m,298}^{\ominus} \tag{8-50}$$

利用吉布斯-赫姆霍兹公式可以求化学反应转向温度（$T_{转向}$）。对于 ΔH 与 ΔS 符号相同的情况，当改变反应温度时，存在从自发到非自发（或从非自发到自发）的转变，我们把这个转变温度称为转向温度。

令 $\Delta G = 0$，则 $\Delta G = \Delta H - T\Delta S = 0$，所以 $T = \Delta H / \Delta S = T_{转向}$

在标准状态下，

$$T_{转向} = \frac{\Delta_r H_{m,T}^{\ominus}}{\Delta_r S_{m,T}^{\ominus}} \approx \frac{\Delta_r H_{m,298}^{\ominus}}{\Delta_r S_{m,298}^{\ominus}} \tag{8-51}$$

【例 8-25】 已知下列反应中各物质的 $\Delta_f H_{m,298}^{\ominus}$ 和 $\Delta_f S_{m,298}^{\ominus}$ 数据：

	$SO_3(g)$	$+$	$CaO(s)$	$\longrightarrow$	$CaSO_4(s)$
$\Delta_f H_{m,298}^{\ominus}/kJ \cdot mol^{-1}$	-395.72		-635.09		-1434.11
$\Delta_f S_{m,298}^{\ominus}/J \cdot mol^{-1} \cdot K^{-1}$	256.65		39.75		106.69

求该反应的转向温度。

解　$\Delta_r H_{m,298}^{\ominus} = \Delta_f H_{m,CaSO_4(s)}^{\ominus} - \Delta_f H_{m,CaO(s)}^{\ominus} - \Delta_f H_{m,SO_3(g)}^{\ominus}$

$\qquad = -1434.11 - (-635.09) - (-395.72) = -403.3 (kJ \cdot mol^{-1})$

$\qquad \Delta_r S_{m,298}^{\ominus} = S_{m,CaSO_4(s)}^{\ominus} - S_{m,CaO(s)}^{\ominus} - S_{m,SO_3(g)}^{\ominus} = 106.69 - 39.75 - 256.65$

$\qquad = -189.71 (J \cdot mol^{-1} \cdot K^{-1})$

$$T_{转向} = \frac{\Delta_r H_{m,T}^{\ominus}}{\Delta_r S_{m,T}^{\ominus}} \approx \frac{\Delta_r H_{m,298.15}^{\ominus}}{\Delta_r S_{m,298.15}^{\ominus}} = -403.3 / -0.1897 = 2126 (K)$$

因为　　　　　　　　　　　　$\Delta_r H_{m,T}^{\ominus} < 0, \quad \Delta_r S_{m,T}^{\ominus} < 0$

所以该反应是低温自发的，即在 2126K 以下该反应是自发的。

上例反应可用于环境保护。硫燃烧生成 SO_2，SO_2 经过进一步氧化后变成 SO_3。如果在煤中加入适当生石灰，它便与煤中的硫燃烧后所得的 SO_3 在低于 2126K 时（煤燃烧一般炉温在 1200℃ 左右），自发生成 $CaSO_4$，从而把 SO_3 固定在煤渣中，消除了 SO_3 对空气的污染。

✎ 练一练

碳酸钙煅烧制石灰的反应 $CaCO_3(s) \longrightarrow CaO(s) + CO_2(g)$，常温不反应，高温才反应。那么此反应自发进行的最低温度是多少？

三、化学反应的限度和平衡常数

1. 可逆反应与化学平衡

实践证明，一切化学反应既可以正向进行亦可以逆向进行。在特定的条件（如温度、压力或浓度）下，不同的化学反应所能进行的程度是不同的。有些反应进行之后，反应物几乎全部耗尽，而逆向反应的程度可以略去不计，这类反应通常称为"不可逆反应"，如氯化银的沉淀反应。然而，许多化学反应在进行中，逆向反应比较显著，正向反应和逆向反应均有一定的程度，这种反应通常称为"可逆反应"，例如气相中合成氨反应以及液相中乙酸和乙醇的酯化反应。

　　所有可逆反应经过一段时间后，均会到达正逆两个方向的反应速率相等的平衡状态。不同的反应系统，达到平衡状态所需的时间各不相同，宏观表现为静态，系统中的宏观性质不随时间而改变，这就是化学反应的最高限度。而实际上这种平衡是一种动态平衡，只要外界条件不变，这种状态能够一直维持下去。一旦条件改变，原来的平衡就被破坏，正逆向的反应速率就会发生转化，直到在新的条件下建立起新的平衡。所以化学平衡只是相对的和暂时的。

　　2. 平衡常数

　　处在平衡状态的化学反应中各物质的浓度称为"平衡浓度"。反应物和生成物平衡浓度之间的定量关系可用平衡常数来表达。

　　（1）实验平衡常数

　　大量实验证明，在一定温度下，任何可逆反应：

$$m\mathrm{A} + n\mathrm{B} \Longrightarrow p\mathrm{C} + q\mathrm{D}$$

温度 T 时，平衡浓度 $c(\mathrm{A})$、$c(\mathrm{B})$、$c(\mathrm{C})$、$c(\mathrm{D})$ 之间的关系为：

$$K_c = \frac{c^p(\mathrm{C}) c^q(\mathrm{D})}{c^m(\mathrm{A}) c^n(\mathrm{B})} \tag{8-52}$$

式中，K_c 是常数，叫做该反应在温度 T 时的浓度平衡常数。

　　对于气相物质发生的可逆反应，用平衡时各气体的分压代替平衡浓度得到压力平衡常数 K_p：

$$K_p = \frac{p^p(\mathrm{C}) p^q(\mathrm{D})}{p^m(\mathrm{A}) p^n(\mathrm{B})} \tag{8-53}$$

　　浓度平衡常数 K_c 和压力平衡常数 K_p 都是反应系统达到平衡后，通过实验测定系统中反应物和产物的平衡浓度或压力数据计算得到的，因此统称为实验平衡常数。若反应前后分子数不同时，K_c 和 K_p 有量纲，且随反应量纲不同而不同。

　　K_c 和 K_p 的关系为：$K_p = K_c(RT)^{\Delta n}$。其中 $\Delta n = (p+q) - (m+n)$。

　　当平衡表达式中既有浓度又有分压项时的平衡常数，称为混合平衡常数，用 K 表示。

　　（2）标准平衡常数

　　在一定温度下，任何可逆反应：

$$m\mathrm{A} + n\mathrm{B} \Longrightarrow p\mathrm{C} + q\mathrm{D}$$

如反应在溶液中进行，则

$$K^\ominus = \frac{[c(\mathrm{C})/c^\ominus]^p [c(\mathrm{D})/c^\ominus]^q}{[c(\mathrm{A})/c^\ominus]^m [c(\mathrm{B})/c^\ominus]^n} \tag{8-54}$$

如是气体反应，则

$$K^\ominus = \frac{[p(\mathrm{C})/p^\ominus]^p [p(\mathrm{D})/p^\ominus]^q}{[p(\mathrm{A})/p^\ominus]^m [p(\mathrm{B})/p^\ominus]^n} \tag{8-55}$$

　　热力学中，$K^\ominus$ 为标准平衡常数，简称为平衡常数。与实验平衡常数不同的是，标准平衡常数 $K^\ominus$ 无量纲。

（3）平衡常数的性质

平衡常数是可逆反应的特征常数，它表示在一定条件下，可逆反应进行的程度。K 值越大，表明正反应进行得越完全，亦即反应物转化为生成物的程度越大；反之，K 值越小，表明反应物转化为生成物的程度越小。平衡常数是温度的函数，而与参与平衡的物质的量无关。

（4）书写平衡常数表达式时应注意以下几点：

第一，平衡常数 $K^{\ominus}$ 表达式中，各产物相对浓度或相对分压幂的乘积在分子，各反应物相对浓度或相对分压幂的乘积在分母，各物质相对浓度或相对分压必须是平衡态时的相对浓度或相对分压；

第二，平衡常数 $K^{\ominus}$ 表达式要与相应的化学计量方程式一一对应；

第三，化学反应中以固态、纯液态和稀溶液溶剂等形式存在的组分，其浓度或分压不写入平衡常数 $K^{\ominus}$ 表达式中。

（5）化学平衡常数服从多重平衡规则

对于化学反应方程式①、②和③：

$$
\begin{array}{ll}
\text{化学方程式 ③}=①+② & K_3 = K_1 K_2 \\
\text{化学方程式 ③}=①-② & K_3 = K_1 / K_2 \\
\text{化学方程式 ③} = n \times ① & K_3 = K_1^n \\
\text{化学方程式 ③} = (1/n) \times ① & K_3 = \sqrt[n]{K_1}
\end{array}
$$

3. 平衡常数与吉布斯自由能变

如对任一化学反应：

$$m\mathrm{A} + n\mathrm{B} \rightleftharpoons p\mathrm{C} + q\mathrm{D}$$

可推出吉布斯自由能变与标准自由能变有如下关系。

$$\Delta_r G_m = \Delta_r G_m^{\ominus} + RT\ln Q \tag{8-56}$$

式（8-56）称为化学反应等温方程，也叫 van't Hoff 等温方程。式中 Q 称为反应商。

$$Q = \frac{[c(\mathrm{C})/c^{\ominus}]^p [c(\mathrm{D})/c^{\ominus}]^q}{[c(\mathrm{A})/c^{\ominus}]^m [c(\mathrm{B})/c^{\ominus}]^n}$$

式中各物质的浓度并非平衡时的浓度，是任意反应状态下的浓度。若反应系统中有气体或全部都是气体参与的反应，则 Q 中的 $c/c^{\ominus}$ 就用 $p/p^{\ominus}$ 代替。

显然，当化学反应处于平衡时 $Q = K^{\ominus}$，且 $\Delta_r G_m = 0$ 代入式（8-56）得

$$\Delta_r G_m^{\ominus} = -RT\ln K^{\ominus} \tag{8-57}$$

或

$$\lg K^{\ominus} = -\frac{\Delta_r G_m^{\ominus}}{2.303 RT} \tag{8-58}$$

从上式可以看出，平衡常数与反应的标准吉布斯自由能变化有密切关系，通过反应温度 T 时的 $\Delta_r G_m^{\ominus}$ 可求得该温度下的平衡常数。还可以看出，$\Delta_r G_m^{\ominus}$ 负值越大，$K^{\ominus}$ 值越大，表示反应进行的程度越大；反之，$\Delta_r G_m^{\ominus}$ 负值越小，$K^{\ominus}$ 值越小，表示反应进行的程度越小。

将式（8-57）代入式（8-56）可得

$$\Delta_r G_m = -RT\ln K^\ominus + RT\ln Q = RT\ln\frac{Q}{K^\ominus} = 2.303RT\lg\frac{Q}{K^\ominus} \tag{8-59}$$

由式(8-59)可看出，利用 Q 和 $K^\ominus$ 进行比较可判断反应进行的方向。

当 $K^\ominus > Q$ 时 $\Delta_r G_m < 0$，正反应自发进行；

当 $K^\ominus < Q$ 时 $\Delta_r G_m > 0$，逆反应自发进行；

当 $K^\ominus = Q$ 时 $\Delta_r G_m = 0$，系统处于平衡状态。

【例 8-26】 计算下列反应在 298K 时的 $\Delta_r G_m^\ominus$ 和 $K^\ominus$，并判断反应能否自发进行。

$$CO(g) + NO(g) \rightleftharpoons CO_2(g) + \frac{1}{2}N_2(g)$$

解 查附录 12 得 298K 时有关热力学数据如下：

$$CO(g) \quad + \quad NO(g) \rightleftharpoons CO_2(g) + \frac{1}{2}N_2(g)$$

$\Delta_f H_m^\ominus /kJ \cdot mol^{-1}$	−110.5	90.2	393.5	0
$S_m^\ominus /J \cdot mol^{-1} \cdot K^{-1}$	197.6	210.7	213.6	191.5

$$\Delta_r H_m^\ominus = [\Delta_f H_m^\ominus(CO_2,g) + 1/2\Delta_f H_m^\ominus(N_2,g)] - [\Delta_f H_m^\ominus(CO,g) + \Delta_f H_m^\ominus(NO,g)]$$
$$= -393.5 - (-110.5 + 90.2) = -373.2(kJ \cdot mol^{-1})$$

$$\Delta_r S_m^\ominus = [S_m^\ominus(CO_2,g) + (1/2)S_m^\ominus(N_2,g)] - [S_m^\ominus(CO,g) + S_m^\ominus(NO,g)]$$
$$= (213.6 + 191.5/2) - (197.6 + 210.7) = -0.099(kJ \cdot mol^{-1} \cdot K^{-1})$$

依据式 $\Delta_r G_m^\ominus(T) = \Delta_r H_m^\ominus(298K) - T\Delta_r S_m^\ominus(298K)$ 得

$$\Delta_r G_m^\ominus(298) = -373.25 - 298 \times (-0.099) = -343.75(kJ \cdot mol^{-1})$$

因为 $\Delta_r G_m^\ominus < 0$，所以正反应能自发进行。

依据 $\lg K^\ominus = -\dfrac{\Delta_r G_m^\ominus}{2.303RT}$ 可得

$$\lg K^\ominus = -\frac{-343.75}{2.303 \times 8.314 \times 298} = 60.24$$

$$K^\ominus = 1.74 \times 10^{60}$$

$K^\ominus$ 值很大，表明反应在给定条件下进行得很完全。

【例 8-27】 某一反应体系 $AgCl(s) + Br^-(aq) \rightleftharpoons AgBr(s) + Cl^-(aq)$ 在 $c(Cl^-) = 1mol \cdot L^{-1}$，$c(Br^-) = 0.01mol \cdot L^{-1}$ 时反应将向哪个方向进行？

解
$$AgCl(s) + Br^-(aq) \rightleftharpoons AgBr(s) + Cl^-(aq)$$

$\Delta_f G_m^\ominus /kJ \cdot mol^{-1}$	−110	−104	−97.0	−131.3

$$\Delta_r G_m^\ominus = \sum \nu_i \Delta_f G_m^\ominus(\text{产物}) - \sum \nu_i \Delta_f G_m^\ominus(\text{反应物}) = -14.3(kJ \cdot mol^{-1})$$

$$Q = c(Cl^-)/c(Br^-) = 100$$

$$\Delta_r G_m = \Delta_r G_m^\ominus + RT\ln Q = -14.3 + 8.314 \times 298.15 \times 10^{-3}\ln 100$$
$$= -14.3 + 11.42 = -2.9(kJ \cdot mol^{-1})$$

$\Delta_r G_m < 0$ 所以反应将自发正向进行。

【例 8-28】 在 448℃ 时，$1.00 dm^3$ 容器中 $1.00 mol$ 的 H_2 和 $2.00 mol$ 的 I_2 完全反应 $H_2(g) + I_2(g) \Longrightarrow 2HI(g)$，测得此时的 $K_c = 50.5$，试求反应平衡时 H_2、I_2 和 HI 的平衡浓度。

解 设平衡时，H_2 反应了 x mol·dm^{-3}

$$H_2(g) \quad + \quad I_2(g) \Longrightarrow 2HI(g)$$

起始浓度/mol·dm^{-3} 1   2   0

平衡浓度/mol·dm^{-3} $1-x$ $2-x$ $2x$

因为 $K_c = \dfrac{(2x)^2}{(1-x)(2-x)} = 50.5$，解得 $x = 0.935$ 或 2.323（不合理，舍去）

所以 $c(H_2) = 0.065 mol·dm^{-3}$ $c(I_2) = 1.065 mol·dm^{-3}$ $c(HI) = 1.87 mol·dm^{-3}$

练一练

已知 $SO_2(g) \quad + \quad \dfrac{1}{2}O_2(g) \Longrightarrow SO_3(g)$

$\Delta_r H^\ominus$/kJ·mol^{-1}	-296.8	0	-395.7
$S^\ominus$/J·mol^{-1}·K^{-1}	248.2	205.0	256.8

通过计算来判断：在 1000K，SO_3、SO_2、O_2 的分压依次为 100kPa、25kPa、25kPa 时，该反应能否自发进行？

---

4. 影响化学平衡移动的因素

当外界条件改变时，平衡状态向另一种状态的转化过程叫平衡移动。所有平衡移动都服从吕·查德理原理，即改变平衡体系的条件之一，温度、压力或浓度，平衡就向减弱这个改变的方向移动。如合成氨的反应：

$$N_2(g) + 3H_2(g) \Longrightarrow 2NH_3(g) \qquad \Delta_r H_m^\ominus = -92.2 kJ·mol^{-1}$$

增加 H_2（或 N_2）的浓度或分压   平衡向右移动

减少 NH_3 的浓度或分压   平衡向右移动

增加体系总压力   平衡向右移动

升高体系的温度   平衡向左移动

（1）浓度对化学平衡的影响

平衡状态下，$\Delta_r G_m = 0$、$K^\ominus = Q$，任何一种反应物或产物浓度的变化都导致 $K^\ominus \neq Q$。增加反应物浓度或减少产物浓度时 $Q < K^\ominus$，$\Delta_r G_m < 0$ 平衡将沿正反应方向移动；减少反应物浓度或增加产物浓度时 $Q > K^\ominus$，$\Delta_r G_m > 0$，平衡将沿逆反应方向移动。若增加反应物 A 浓度后，要使减小的 Q 值重新回到 $K^\ominus$，只能减小反应物 B 的浓度或增大产物浓度，这就意味着提高了反应物 B 的转化率。

某反应物的转化率是指平衡时该反应物已转化了的量占初始量的百分数，即

$$转化率 \alpha = \frac{平衡时该反应物已转化的量}{反应开始时该物质的量} \times 100\%$$

【例 8-29】 在 830℃时，$CO(g) + H_2O(g) \rightleftharpoons H_2(g) + CO_2(g)$ 的 $K_c = 1.0$。若起始浓度 $c(CO) = 2\,mol \cdot dm^{-3}$，$c(H_2O) = 3\,mol \cdot dm^{-3}$。问 CO 转化为 CO_2 的百分率为多少？若向上述平衡体系中加入 $3.2\,mol \cdot dm^{-3}$ 的 $H_2O(g)$。再次达到平衡时，CO 转化率为多少？

解 设平衡时 $c(H_2) = x\,mol \cdot dm^{-3}$

$$CO(g) \quad + \quad H_2O(g) \rightleftharpoons H_2(g) \quad + \quad CO_2(g)$$

起始浓度/mol·dm⁻³	2	3	0	0
平衡浓度/mol·dm⁻³	$2-x$	$3-x$	x	x

$$K_c = \frac{c(H_2)c(CO_2)}{c(CO)c(H_2O)} = \frac{x^2}{(2-x)(3-x)} = 1.00 \quad \text{解得 } x = 1.2\,mol \cdot dm^{-3}$$

CO 的转化率为 $(1.2/2) \times 100\% = 60\%$

设第二次平衡时，$c(H_2) = y\,mol \cdot dm^{-3}$

$$CO(g) \quad + \quad H_2O(g) \rightleftharpoons H_2(g) \quad + \quad CO_2(g)$$

起始浓度/mol·dm⁻³	2	6.2	0	0
平衡浓度/mol·dm⁻³	$2-y$	$6.2-y$	y	y

$$\frac{y^2}{(2-y)(6.2-y)} = 1.00 \quad \text{解得 } y = 1.512$$

CO 的转化率 $(1.512/2) \times 100\% = 75.6\%$

在化工生产中就是通过适当增加廉价或易得原料的投量，提高贵重或稀缺原料的转化率。

（2）压力对化学平衡的影响

增加反应物的分压或减小产物的分压，都将使 $Q < K^{\ominus}$，$\Delta_r G_m < 0$，平衡向右移动；反之，增大产物的分压或减小反应物的分压，将使 $Q > K^{\ominus}$，$\Delta_r G_m > 0$，平衡向左移动。这与浓度对化学平衡的影响完全相同。

增加体系的总压，平衡将向着气体分子数减少的方向移动。

【例 8-30】 平衡体系：$N_2O_4(g) \rightleftharpoons 2NO_2(g)$，在某温度和 1atm 时，$N_2O_4$ 的转化率为 50%，问压力增加到 2atm 时，$N_2O_4(g)$ 的转化率为多少？

解 设 $N_2O_4(g)$ 为 n mol，其转化率为 α

$$N_2O_4(g) \rightleftharpoons 2NO_2(g)$$

起始浓度/mol	n	0
平衡浓度/mol	$n(1-\alpha)$	$2n\alpha$

$$K_p = \frac{p_{NO_2}^2}{p_{N_2O_4}} = \frac{\left(\frac{2\alpha}{1+\alpha}p_总\right)^2}{\frac{1-\alpha}{1+\alpha}p_总} = \frac{4\alpha^2}{1-\alpha^2}p_总$$

当 $p_{总_1} = 1atm$，$p_{总_2} = 2atm$，$\alpha_1 = 0.5$ 时，$\dfrac{4\alpha_1^2}{1-\alpha_1^2}p_{总_1} = \dfrac{4\alpha_2^2}{1-\alpha_2^2}p_{总_2}$

$$\frac{0.25}{1-0.25} = \frac{\alpha_2^5}{1-\alpha_2^2} \times 2 \qquad 解得 \ \alpha_2 = 0.378$$

在温度不变时，增大压力，平衡朝着气体摩尔数减少的方向移动。对反应后气体分子数减少的反应而言，在增大压力、提高转化率的同时，也要考虑设备承受能力和安全防护等。压力的变化对固相或液相反应平衡的影响可以忽略。

（3）温度对化学平衡的影响

温度对化学平衡的影响则不同，它是通过改变 $K^\ominus$ 值而导致平衡发生移动。

在系统的压力恒定时，对于任意给定的化学反应，由式 $\ln K^\ominus = -\dfrac{\Delta_r G_m^\ominus(T)}{RT}$ 可知，$\ln K^\ominus$ 与 $1/T$ 成直线关系。又因 $\Delta_r G_m^\ominus(T) = \Delta_r H_m^\ominus(T) - T\Delta_r S_m^\ominus(T)$，于是有

$$\ln K^\ominus = -\frac{\Delta_r H_m^\ominus(T)}{RT} + \frac{\Delta_r S_m^\ominus(T)}{R} \tag{8-60}$$

如果温度变化不大，可以忽略 $\Delta_r H_m^\ominus$ 和 $\Delta_r S_m^\ominus$ 随温度的改变。若反应在温度 T_1 下的平衡常数为 $K_1^\ominus$，在温度 T_2 下的平衡常数为 $K_2^\ominus$，则有

$$\ln K_1^\ominus = -\frac{\Delta_r H_m^\ominus}{RT_1} + \frac{\Delta_r S_m^\ominus}{R}$$

$$\ln K_2^\ominus = -\frac{\Delta_r H_m^\ominus}{RT_2} + \frac{\Delta_r S_m^\ominus}{R}$$

两式相减得

$$\ln \frac{K_1^\ominus}{K_2^\ominus} = \frac{\Delta_r H_m^\ominus}{R}\left(\frac{1}{T_2} - \frac{1}{T_1}\right) = \frac{\Delta_r H_m^\ominus}{R}\frac{T_2 - T_1}{T_2 T_1} \tag{8-61}$$

从式(8-61)可看出温度对化学平衡的影响：

① 对于吸热反应，$\Delta_r H_m^\ominus > 0$，当温度升高，$T_2 > T_1$ 时，$K_2^\ominus > K_1^\ominus$，说明平衡常数随温度的升高而增大，即升高温度使平衡向正反应方向——吸热反应方向移动；降低温度，$T_2 < T_1$ 时，$K_2^\ominus < K_1^\ominus$，平衡常数随温度的降低而减小，即降低温度使平衡向逆反应方向——放热反应方向移动。

② 对于放热反应，$\Delta_r H_m^\ominus < 0$，当 $T_2 > T_1$ 时，$K_2^\ominus < K_1^\ominus$，表明平衡常数随温度的升高而减小，即升高温度使平衡向逆反应方向——吸热反应方向移动；降低温度，$T_2 < T_1$ 时，$K_2^\ominus > K_1^\ominus$，平衡常数随温度的降低而增大，即降低温度，使平衡向正反应方向——放热反应方向移动。

总之，不论是吸热反应还是放热反应，当升高温度时，化学平衡总是向吸热反应方向移动；当降低温度时，化学平衡总是向放热反应方向移动。

【例 8-31】 在 298K 时，反应 $NO(g) + \dfrac{1}{2}O_2(g) \Longleftrightarrow NO_2(g)$ 的 $\Delta_r G_m^\ominus = -34.85 \text{kJ} \cdot \text{mol}^{-1}$，$\Delta_r H_m^\ominus = -56.48 \text{kJ} \cdot \text{mol}^{-1}$。试分别计算 $K_{298K}^\ominus$ 和 $K_{598K}^\ominus$ 的值（假定在 298～598K 范围内 $\Delta_r H_m^\ominus$ 不变）。

解 $\Delta_r G_m^\ominus = -RT\ln K_{298K}^\ominus$

则
$$\ln K_{298K}^\ominus = \frac{34.85 \times 10^3}{8.314 \times 298}$$

解得 $K_{298K}^{\ominus}=1.28\times10^6$

再由 $\ln\dfrac{K_{298K}^{\ominus}}{K_{598K}^{\ominus}}=\dfrac{\Delta_r H_m^{\ominus}}{R}\left(\dfrac{1}{598}-\dfrac{1}{298}\right)$

解得 $K_{598K}^{\ominus}=13.8\times10^5$

☞ **知识链接**

照相术中的化学反应

一张摄影照片的形成，要经过胶片的制备、感光、显影以及定影等过程。

胶片的制备就是把感光材料涂在普通胶片上的过程。感光材料分为卤化银和非卤化银两大类，重铬酸盐属于非卤化银类感光材料，通常采用卤化银类。不同用途的胶片所用的卤化银不同，颗粒大小也不同，通常用 $AgBr$，而 AgI 多用于快速感光。由碱金属溴化物与硝酸银在明胶溶液中制成的胶状溴化银，$1cm^3$ 约含有直径小于 $1\mu m$ 的溴化银颗粒 10^{12} 个，将这种乳胶薄薄地涂在胶片上，就制成了照相胶片。在胶状溴化银中加入有机染料，能增强胶片感光的灵敏性。

感光就是感光材料与光的化学反应过程，结果产生"隐像"。强弱不同的光线照在照片上，引起胶片上的溴化银不同程度的分解：

$$Br^- + h\nu \longrightarrow Br + e$$

$$Ag^+ + e \longrightarrow Ag$$

$$2Br \longrightarrow Br_2$$

Br_2 被明胶吸收，形成明胶溴化产物。胶片上感光越强的部分，$AgBr$ 分解得越多，形成的银原子的分解核心"银核"就越多，那部分就越黑。

显影就是使"隐像"显现变成"显像"的过程。此过程在暗室中进行，是弱还原剂（显影剂）与 $AgBr$ 发生氧化还原反应的过程。将感光后的胶片用显影剂（如对苯二酚）处理，含有银核（已感光部分）的 $AgBr$ 被还原为银，同时，对苯二酚被氧化为醌。据分析由于银核有吸附还原剂和结晶核心的作用，所以各处被还原的速率不同，故随着银核多少的不同而呈现深浅不同的黑色。

定影是将胶片浸入定影剂溶液中，使未曝光的溴化银溶解掉的过程。定影剂通常是与 Ag^+ 发生配合作用的配位剂，如硫代硫酸钠（$Na_2S_2O_3$）。

$$AgBr + 2S_2O_3^{2-} \longrightarrow [Ag(S_2O_3)_2]^{3-} + Br^-$$

再用清水漂去可溶性物质，就得到相片底片，底片上的影像在明暗度上与实物恰好相反。

最后将底片放在相纸上，重复上述感光、显影和定影过程，就得到了与实物明暗完全一致的照片。

必须说明的是，经过感光、显影和定影后，胶片上 80% 以上的银进入定影液。因此，必须对废定影液中的银进行回收处理。

【项目 38】　化学反应速率测定和化学平衡移动

一、目的要求

1. 会测定化学反应速率。
2. 能通过改变浓度、压力、温度对化学平衡产生影响。

二、基本原理

化学反应速率是以单位时间内作用物浓度或生成物浓度的变化来计算的。化学反应速率与各反应物浓度幂的乘积成正比。在可逆反应中，当正、逆反应速率相等时，即达到了化学平衡。外界条件如浓度、压力、温度等改变时，化学平衡发生移动。温度对化学反应速率有显著的影响。催化剂可以剧烈地改变反应速率。

三、试剂与仪器

1. 试剂

(1) $0.05 mol \cdot L^{-1} KIO_3$	100mL	(2) $0.05 mol \cdot L^{-1} NaHSO_3$	80mL
(3) $5g \cdot L^{-1}$ 淀粉溶液	2mL	(4) $0.01 mol \cdot L^{-1} FeCl_3$	2mL
(5) $0.03 mol \cdot L^{-1} KSCN$	2mL	(6) $3\% H_2O_2$	3mL
(7) 固体 MnO_2	2g		

$0.05 mol \cdot L^{-1} KIO_3$：称取 10.7g 分析纯晶体 KIO_3 溶于 1000mL 水中。

$0.05 mol \cdot L^{-1} NaHSO_3$：称取 5.2g 分析纯 $NaHSO_3$ 晶体溶于 1000mL 水中。

$5g \cdot L^{-1}$ 淀粉溶液：先用少量水将 5g 可溶性淀粉调成浆状，然后倒入 100~200mL 沸水中，冷却后加水稀释到 1000mL。

2. 仪器

(1) 秒表	1只	(2) 温度计	100℃×2
(3) 试管	16支	(4) 玻璃棒	1支
(5) NO_2 平衡仪	1只	(6) 烧杯	500mL×3　100mL×1
(7) 量筒	50mL×1　10mL×1		

四、操作步骤

1. 浓度对化学反应速率的影响

KIO_3 可氧化 $NaHSO_3$ 而本身被还原，其反应如下：

$$2KIO_3 + 5NaHSO_3 \longrightarrow Na_2SO_4 + 3NaHSO_4 + I_2 + H_2O + K_2SO_4$$

反应生成的 I_2 使淀粉变蓝。如果在溶液中先加入淀粉作指示剂，则淀粉变蓝所需时间 t 的长短，即可用来表示反应速率。时间 t 和反应速率成反比，而 $1/t$ 则和化学反应速率成正比。如果固定 $NaHSO_3$ 的浓度，改变 KIO_3 的浓度，则可以得到 $1/t$ 和 KIO_3 浓度变化之间的直线关系。

操作如下：

(1) 取一支 10mL 量筒，量取 10mL $0.05 mol \cdot L^{-1} NaHSO_3$ 到烧杯中，用 50mL 量筒量取 35mL 蒸馏水也倒入小烧杯中。搅拌均匀。

(2) 加入 4 滴淀粉溶液。搅拌均匀。

(3) 用 10mL 量筒量取 5mL $0.05 mol \cdot L^{-1} KIO_3$ 溶液，迅速加入盛有 $NaHSO_3$ 的烧杯，并立即按动秒表，并搅拌溶液。当溶液变蓝时，马上停止秒表，记录溶液变蓝时间，填入表 8-5 中。

用同样的方法，改变 KIO_3 的浓度，记下每次溶液变蓝所需要的时间。

(4) 根据表 8-5 数据，以 KIO_3 浓度（$mol \cdot L^{-1}$）×1000 为横坐标，（$1/t$）×100 为纵

坐标，绘制曲线，横坐标以 2cm 为单位，纵坐标以 1cm 为单位。

表 8-5　不同浓度的反应速率

编号	体积/mL			淀粉变蓝需用时间/s
	KIO_3	H_2O	$NaHSO_3$	
1	5	35	10	
2	10	30	10	
3	15	25	10	
4	20	20	10	
5	25	15	10	

2. 温度对化学反应速率的影响

（1）在一只 100mL 烧杯中加入 10mL 0.05mol·L^{-1} $NaHSO_3$ 和 35mL 水，摇匀。

（2）加入 4 滴淀粉溶液。搅拌均匀。

（3）用量筒取 10mL 0.05mol·L^{-1} KIO_3 溶液加入另一试管中。室温下倒入 $NaHSO_3$ 中，立即计时，记录溶液变蓝的时间，填入表 8-6 中。

（4）同样的方法，把盛有 10mL 0.05mol·L^{-1} $NaHSO_3$、30mL 水的烧杯和盛有 10mL 0.05mol·L^{-1} KIO_3 的试管放入水浴加热到比室温高 10℃时，取出 KIO_3 倒入 $NaHSO_3$ 中，立即计时，记录变蓝需用的时间。

（5）用同样方法改变温度比室温高 20℃，记录每次溶液变蓝的时间。

表 8-6　不同温度下的反应速率

编号	体积/mL			实验时温度/℃	淀粉变蓝需用时间/s
	KIO_3	H_2O	$NaHSO_3$		
1	10	30	10		
2	10	30	10		
3	10	30	10		

（6）根据实验结果，作出温度对化学反应速率的影响曲线。

3. 催化剂对化学反应速率的影响

（1）在一支试管中加入 3mL 3% H_2O_2 溶液，观察是否有气泡发生。

（2）加入少量 MnO_2，观察气泡发生情况，试证明放出的气体是氧气。

4. 浓度对化学平衡的影响

（1）取稀 $FeCl_3$（0.01 mol·L^{-1}）溶液和稀 KSCN（0.03 mol·L^{-1}）溶液各 5 滴放在小烧杯中混合。由于生成 $[Fe(SCN)_n]^{3-n}$ 而使溶液呈深红色：

$$Fe^{3+} + nSCN^- \longrightarrow [Fe(SCN)_n]^{3-n}$$

（2）将所得溶液用 30mL 蒸馏水稀释。

（3）取三支试管编号为 A、B、C，分别加入稀释后的溶液 2mL。

（4）在 A 号试管中加入少量饱和 $FeCl_3$ 溶液，充分振荡混合，注意颜色变化。并与 C 号试管中溶液比较。

（5）在 B 号试管中加入少量饱和 KSCN 溶液，充分振荡混合，注意颜色变化。并与 C

号试管中溶液比较。

根据化学平衡定律，解释各试管中颜色变化。

5. 温度对化学平衡的影响

取一支带有两个玻璃球的平衡仪，其中 N_2O_4 处于平衡状态，其反应如下：

$$2NO_2 \rightleftharpoons N_2O_4 + 54.431kJ$$

NO_2 为深棕色气体，N_2O_4 为无色气体。这两种气体混合物，随二者含量不同而呈现出由淡棕色至深棕色的颜色变化。将一支玻璃球浸入热水中，另一支玻璃球浸入冰水中，观察两支玻璃球中气体颜色变化。从观察到的现象，指出玻璃球中气体平衡移动方向，并解释。

五、注意事项

1. 时间的记录：两支试管分装两个反应物，当第二支试管中溶液快速倒入近一半时开始记时，混合后的试管边振荡边观察蓝色出现，出现蓝色后立即停止计时。为便于计时，两人合作。

2. 水浴加热：烧杯下应放石棉网，杯内同时放入分装两反应物的试管，并且其一支放温度计，待温度升至原温度高 $10℃$、$20℃$ 时混合两试管，观察现象，并记录时间。

六、思考题

1. 如何试验浓度、温度、催化剂对化学反应速率的影响？
2. 如何判断化学平衡移动方向？如何试验浓度、温度对化学平衡的影响？

思考与习题

任　务　一

1. 凡是符合理想气体状态方程的气体就是理想气体吗？为什么实际气体在高温低压下可以近似看作理想气体？

2. 应用分压定律和分体积定律的条件是什么？

3. 在一个容积为 $1.00dm^3$ 的密闭容器中放入 $5.00g$ C_2H_6（g），该容器能耐压 $1.013MPa$。试问 C_2H_6（g）在此容器中允许加热的最高温度是多少？

4. 有一气柜容积为 $2000m^3$，内装氢气使气柜中压力保持在 $104.0kPa$。设夏季最高温度为 $42℃$，冬季最低温度为 $-38℃$。问气柜在冬季最低温度时比夏季最高温度时多装多少摩尔氢气？

5. 设有一混合气体，压力为 $101.3kPa$，其中含 CO_2、O_2、C_2H_4、H_2 四种气体。用气体分析仪进行分析，气体取样 $100×10^{-3}L$，首先用氢氧化钠溶液吸收 CO_2，吸收后剩余气体为 $97.1×10^{-3}L$，接着用焦性没食子酸溶液吸收 O_2 后，还剩 $96.0×10^{-3}L$，再用浓硫酸吸收 C_2H_4，最后尚余 $63.2×10^{-3}L$。试求各种气体的摩尔分数及分压。

6. $20℃$ 时把乙烷和丁烷的混合气体充入一个抽成真空的 $20.0dm^3$ 的容器中，充入气体质量为 $38.97g$ 时，压力达到 $101.325kPa$。试计算混合气体中乙烷和丁烷的摩尔分数与分压。

7. 一容器中有 $4.4g$ 的 CO_2、$14g$ 的 N_2 和 $12.8g$ O_2，总压为 $2.026×10^5Pa$，求各组分的分压。

8. 在 $27℃$ 时，测得某一煤气罐压力为 $500kPa$，体积为 $30L$，经取样分析其各组分气体，CO 的体积分数为 60%，H_2 的体积分数为 10%，其它气体的体积分数为 30%。试求 CO，H_2 的分压以及 CO 和 H_2 的物质的量。

任 务 二

1. 295K 时，反应 $2NO+Cl_2 \longrightarrow 2\,NOCl$，其反应物浓度与反应速率关系的数据如下：

$c(NO)/mol \cdot dm^{-3}$	$c(Cl_2)/mol \cdot dm^{-3}$	$v(Cl_2)/mol \cdot dm^{-3} \cdot s^{-1}$
0.100	0.100	8.0×10^{-3}
0.500	0.100	2.0×10^{-1}
0.100	0.500	4.0×10^{-2}

问：(1) 对不同反应物反应级数各为多少？

(2) 写出反应的速率方程。

(3) 反应的速率常数为多少？

2. 反应 $2NO(g)+2H_2(g) \longrightarrow N_2(g)+2H_2O(g)$ 的反应速率表达式为

$v=c(NO_2)^2 c(H_2)$，试讨论下列各种条件变化时对初速率有何影响。

(1) NO 的浓度增加一倍；

(2) 有催化剂参加；

(3) 将反应器的容积增大；

(4) 将反应器的容积增大一倍；

(5) 向反应体系中加入一定量的 N_2。

3. $CO(CH_2COOH)_2$ 在水溶液中分解为丙酮和二氧化碳，分解反应的速率常数在 283K 时为 $1.08 \times 10^{-4}\,mol \cdot dm^{-3} \cdot s^{-1}$，333K 时为 $5.48 \times 10^{-2}\,mol \cdot dm^{-3} \cdot s^{-1}$，试计算在 303K 时，分解反应的速率常数。

4. 反应 $C_2H_5Br(g) \longrightarrow C_2H_4(g)+HBr(g)$，在 650K 时的速率常数是 $2.0 \times 10^{-5}\,s^{-1}$，活化能为 $226kJ \cdot mol^{-1}$，求反应速率常数为 $6.00 \times 10^{-5}\,s^{-1}$ 时的温度。

5. 对于反应 $C_2H_5Cl(g) \longrightarrow C_2H_4(g)+HCl(g)$，其指前因子 $A=1.6 \times 10^{14}\,s^{-1}$，$E_a=246.9kJ \cdot mol^{-1}$，求其 700K 时的速率常数 k。

任 务 三

一、判断题

(　　) 1. 石墨的标准摩尔燃烧焓与金刚石的标准摩尔燃烧焓相等，其值都等于气体二氧化碳的标准摩尔生成焓。

(　　) 2. $H_2(g)$ 的 $\Delta_f H_m^{\ominus}$ 就是 $H_2O(g)$ 的 $\Delta_f H_m^{\ominus}$。

(　　) 3. 因为 $\Delta_r H_m^{\ominus}=Q_p$，所以只有等压过程才有 $\Delta_r H_m^{\ominus}$。

二、选择题

1. 下列说法中，正确的是（　　）。

A. 化学反应的热效应等于 $\Delta_r H$

B. 等温等压、非体积功等于零的条件下，化学反应的热效应 $Q_p=\Delta_r H$

C. 只有在等压条件下的化学反应才有焓变 $\Delta_r H$

D. 焓的绝对值是可以测量的

E. $\Delta_r H$ 与过程有关

2. 已知 $NO(g)$ 的 $\Delta_f H_m^{\ominus}=91.3kJ \cdot mol^{-1}$，$NO_2(g)$ 的 $\Delta_f H_m^{\ominus}=33.2\,kJ \cdot mol^{-1}$，反应 $NO_2(g) \longrightarrow NO(g)+\frac{1}{2}O_2(g)$ 的 $\Delta_f H_m^{\ominus}$ 为（　　）。

A. $33.2kJ \cdot mol^{-1}$ 　　　　B. $58.1kJ \cdot mol^{-1}$ 　　　　C. $-58.1kJ \cdot mol^{-1}$

D. $91.3\,kJ \cdot mol^{-1}$ 　　　　E. $-33.2kJ \cdot mol^{-1}$

3. 在标准状态下的反应 $H_2(g)+Cl_2(g)\longrightarrow 2HCl(g)$，其 $\Delta_r H_m^\ominus = -184.61\ kJ\cdot mol^{-1}$，由此可知 HCl (g) 的标准摩尔生成焓应为（　　）。

　　A. $-184.61\ kJ\cdot mol^{-1}$　　　　B. $-92.30\ kJ\cdot mol^{-1}$　　　　C. $-369.23\ kJ\cdot mol^{-1}$

　　D. $-46.15\ kJ\cdot mol^{-1}$　　　　E. $+184.61\ kJ\cdot mol^{-1}$

4. 热力学第一定律的数学表达式为（　　）。

　　A. $H=U+pV$　　　　B. $\Delta S=Q/T$　　　　C. $G=H-TS$

　　D. $\Delta U=Q+W$　　　　E. $\Delta G=-RT\ln K$

5. 已知反应 $B\longrightarrow A$ 和 $B\longrightarrow C$ 所对应的等压反应热分别为 $\Delta_r H_{m2}$ 和 $\Delta_r H_{m3}$，则反应 $A\to C$ 的 $\Delta_r H_{m1}$ 是（　　）。

　　A. $\Delta_r H_{m1}=\Delta_r H_{m2}+\Delta_r H_{m3}$　　B. $\Delta_r H_{m1}=\Delta_r H_{m2}-\Delta_r H_{m3}$　　C. $\Delta_r H_{m1}=\Delta_r H_{m3}-\Delta_r H_{m2}$

　　D. $\Delta_r H_{m1}=2\Delta_r H_{m2}-\Delta_r H_{m3}$　　E. $\Delta_r H_{m1}=\Delta_r H_{m2}-2\Delta_r H_{m3}$

三、计算题

1. 10g 水在 373K 和 100kPa 下汽化，所做的功多大？（设水蒸气为理想气体）

2. 计算下列系统热力学能的变化（ΔU）。

（1）系统吸收了 60kJ 的热，并对环境做了 40kJ 的功。

（2）系统放出了 50kJ 的热，环境对系统做了 70kJ 的功。

3. 已知在 1000K 时反应 $2C(s)+O_2(g)\longrightarrow 2CO(g)$ 的恒容热效应 $Q_V=-231.27\ kJ\cdot mol^{-1}$，试求该反应的恒压热效应 Q_p。

4. 在 101.3kPa 条件下，373K 时，反应 $2H_2(g)+O_2(g)\longrightarrow 2H_2O(g)$ 的等压反应热是 $-483.7\ kJ\cdot mol^{-1}$，求生成 1mol $H_2O(g)$ 反应时的等压反应热 Q_p 及等容反应热 Q_V。

5. 已知下列反应在 298K 的反应热效应

（1）$C(石墨)+\dfrac{1}{2}O_2(g)\longrightarrow CO(g)$　　　　　$\Delta_r H_{m1}^\ominus = -110.54\ kJ\cdot mol^{-1}$

（2）$3Fe(s)+2O_2(g)\longrightarrow Fe_3O_4(s)$　　　　　$\Delta_r H_{m2}^\ominus = -1117.13\ kJ\cdot mol^{-1}$

计算反应（3）$Fe_3O_4(s)+4C(石墨)\longrightarrow 4CO(g)+3Fe(s)$ 在 298K 下的恒压热效应 $\Delta_r H_{m3}^\ominus$。

6. 已知下列反应在 298K 的反应热效应：

（1）$Ca(s)+\dfrac{1}{2}O_2(g)\longrightarrow CaO(s)$　　　　　$\Delta_r H_{m1}^\ominus = -635.6\ kJ\cdot mol^{-1}$

（2）$C(石墨)+O_2(g)\longrightarrow CO_2(g)$　　　　　　　$\Delta_r H_{m2}^\ominus = -393.5\ kJ\cdot mol^{-1}$

（3）$Ca(s)+\dfrac{3}{2}O_2(g)+C(石墨)\longrightarrow CaCO_3(s)$　　$\Delta_r H_{m3}^\ominus = -1206.875\ kJ\cdot mol^{-1}$

求反应（4）$CaO(s)+CO_2(g)\longrightarrow CaCO_3(s)$　　　$\Delta_r H_{m4}^\ominus = ?$

7. 问反应 $3Fe_2O_3(s)+H_2(g)\longrightarrow 2Fe_3O_4(s)+H_2O(l)$ 是放热还是吸热？

8. 已知：

（1）$Cu_2O(s)+\dfrac{1}{2}O_2(g)\longrightarrow 2CuO(s)$　　　　$\Delta_r H_{m1}^\ominus = -143.7\ kJ\cdot mol^{-1}$

（2）$CuO(s)+Cu(s)\longrightarrow Cu_2O(s)$　　　　　　　$\Delta_r H_{m2}^\ominus = -11.5\ kJ\cdot mol^{-1}$

计算 CuO(s) 的标准生成焓（$\Delta_f H_m^\ominus$）。

9. 求下列反应的标准反应热：

$$Fe_3O_4(s)+4C(石墨)\longrightarrow 3Fe(s)+4CO(g)$$

10. 诺贝尔发明的炸药爆炸可使产生的气体因热膨胀体积增大 1200 倍，其化学原理是硝酸甘油发生如下分解反应：

$$4C_3H_5(NO_3)_3(l)\longrightarrow 6N_2(g)+10H_2O(g)+12CO_2(g)+O_2(g)$$

已知 $C_3H_5(NO_3)_3(l)$ 的标准摩尔生成焓为 $-355kJ \cdot mol^{-1}$，计算爆炸反应的标准摩尔反应焓。

11. 生命体的热源通常以摄入的供热物质折合成葡萄糖燃烧释放的热量，已知葡萄糖 $[C_6H_{12}O_6(s)]$ 的标准摩尔生成焓为 $-2840kJ/mol$，利用本书附录数据计算它的燃烧焓。

12. 已知 $C_6H_6(l)$ 的标准摩尔燃烧焓为 $\Delta_c H_m^\ominus[C_6H_6(l)] = -3267.7kJ \cdot mol^{-1}$，试求 $C_6H_6(l)$ 的标准生成焓。

任 务 四

一、判断题

（　　）1. 反应 $CaCO_3(s) \Longrightarrow CaO(s) + CO_2(g)$ 的 $\Delta_r H_m^\ominus = 178.5kJ \cdot mol^{-1}$，$\Delta_r H_m^\ominus > 0$，又 $\Delta_r S_m^\ominus > 0$，故较高温度时，逆反应为自发，而降低温度有利于反应自发进行。

（　　）2. 因为 $\Delta_r G_m^\ominus = -RT\ln K^\ominus$ 中 $K^\ominus$ 是标准化学平衡常数，故 $\Delta_r G_m^\ominus$ 是平衡状态时的标准自由能。

（　　）3. 稳定单质的 $\Delta_f H_m^\ominus$、$\Delta_c H_m^\ominus$、$\Delta_f G_m^\ominus$、$S_m^\ominus$ 均为零。

（　　）4. $\Delta_r G_m^\ominus$ 像 $\Delta_r H_m^\ominus$ 和 $\Delta_r S_m^\ominus$ 一样，受温度的影响较小。

（　　）5. 任何系统总是向着削弱外界条件改变带来影响的方向移动。

二、选择题

1. 在等温等压下，某一反应的 $\Delta_r H_m^\ominus < 0$，$\Delta_r S_m^\ominus > 0$，则此反应（　　）。

A. 低温下才能自发进行　　　　　B. 正向自发进行　　　　　C. 逆向自发进行

D. 处于平衡态　　　　　E. 无法判断

2. 若反应 $H_2(g) + S(s) \Longrightarrow H_2S(g)$ 平衡常数为 $K_1^\ominus$，$S(s) + O_2(g) \Longrightarrow SO_2(g)$ 的平衡常数为 $K_2^\ominus$，则反应 $H_2(g) + SO_2(g) \Longrightarrow O_2(g) + H_2S(g)$ 的平衡常数 $K^\ominus$ 等于（　　）。

A. $K_1^\ominus - K_2^\ominus$　　　　　B. $\dfrac{K_1^\ominus}{K_2^\ominus}$　　　　　C. $K_1^\ominus K_2^\ominus$

D. $K_1^\ominus + K_2^\ominus$　　　　　E. $\dfrac{K_2^\ominus}{K_1^\ominus}$

3. 用 $\Delta_r G_m$ 判断反应进行的方向和限度的条件是（　　）。

A. 等温　　　　　B. 等温等压　　　　　C. 等温恒等压且不做非体积功

D. 等温等压且不做膨胀功　　　　　E. 等压

4. 反应 $aA(g) + bB(g) \Longrightarrow dD(g) + eE(g)$ 达平衡后，在温度不变的情况下，增大压力，平衡向正方向移动，由此可知下列各式中正确的是（　　）。

A. $a + b = d + e$　　　　　B. $(a+b) > (d+e)$　　　　　C. $(a+b) < (d+e)$

D. $a > d, b < e$　　　　　E. $a > d, b = e$

5. 下列计算标准摩尔自由能的方法和公式中，错误的是（　　）。

A. $\Delta_r G_m^\ominus = -RT\ln K^\ominus$　　B. $\Delta_r G_m^\ominus = \Delta_r G_m - RT\ln Q$　　C. $\Delta_r G_m^\ominus = \Sigma \Delta_r G_{mi}^\ominus$

D. $\Delta_r G_m^\ominus = \Delta_r H_m^\ominus + T\Delta_r S_m^\ominus$　　E. $\Delta_r G_m^\ominus = \Sigma \Delta_f G_m^\ominus(生成物) - \Sigma \Delta_f G_m^\ominus(反应物)$

6. 已知 $NO(g) + CO(g) \Longrightarrow \dfrac{1}{2} N_2(g) + CO_2(g)$，$\Delta_r H_m^\ominus = -373.4kJ \cdot mol^{-1}$，要使有害气体 NO 和 CO 转化率最大，其最适宜的条件是（　　）。

A. 高温高压　　　　　B. 低温高压　　　　　C. 高温低压

D. 低温低压　　　　　E. 以上情况均不合适

7. 可逆反应的标准平衡常数 $K^\ominus$ 与标准摩尔自由能变 $\Delta_r G_m^\ominus$ 之间的关系是（　　）。

A. $K^\ominus = -\Delta_r G_m^\ominus$　　　　B. $\Delta_r G_m^\ominus = RT\ln K^\ominus$　　　　C. $\Delta_r G_m^\ominus = -RT\ln K^\ominus$

D. $K^\ominus = 10^{-\frac{\Delta_r G_m^\ominus}{RT}}$　　　　E. $K^\ominus = 10^{\frac{\Delta_r G_m^\ominus}{RT}}$

8. 对于一个化学反应来说，下列叙述中正确的是（　　）。

A. $\Delta_r H_m$ 愈负反应速率愈快　　B. $\Delta_r G_m$ 愈负反应速率愈快　　C. $\Delta_r H_m$ 愈负反应物的转化率愈大

D. $\Delta_r G_m$ 愈正反应物的转化率愈大　　E. $\Delta_r G_m = 0$ 反应处于平衡状态

三、填空题

1. 用自由能判断反应的方向和限度时，必须在＿＿＿＿＿＿条件下，该条件下，当 $\Delta_r G_m > 0$ 时，反应将＿＿＿＿＿＿进行。

2. $\Delta_r H_m^{\ominus}$ 与温度 T 的关系是＿＿＿＿＿＿，$\Delta_r G_m^{\ominus}$ 与温度 T 的关系是＿＿＿＿＿＿。

四、计算题

1. 甲醇的分解反应为：$CH_3OH(l) \Longleftrightarrow CH_4(g) + \frac{1}{2}O_2(g)$，利用有关热力学数据求算在 298K、标准状态下的 $\Delta_r G_m^{\ominus}$，并判断反应能否自发进行。如不能自发进行，温度至少要升高到多少（K）反应才能自发进行？

2. 已知反应

	$H_2O(g)$	$+$	$C(石墨)$	$\Longleftrightarrow$	$CO(g)$	$+$	$H_2(g)$
$\Delta_f H_m^{\ominus}/kJ \cdot mol^{-1}$	-241.8		0		-110.5		0
$S_m^{\ominus}/J \cdot K^{-1} \cdot mol^{-1}$	188.8		5.7		197.7		130.7

试求（1）该反应在 298K 时的 $\Delta_r H_m^{\ominus}$、$\Delta_r S_m^{\ominus}$ 和 $\Delta_r G_m^{\ominus}$，并指出在标准条件下反应能否自发进行；（2）该反应在 298K 时的标准平衡常数 $K^{\ominus}$；（3）若此反应不能自发进行，可否改变温度使其成为自发？温度至少达到多少度才能使反应自发？

3. 已知反应 $CO(g) + H_2O(g) \Longleftrightarrow CO_2(g) + H_2(g)$，在 700℃时 $K^{\ominus} = 0.71$

（1）若反应系统中各组分都是 $1.5 \times 100kPa$；

（2）若 $p(CO) = 10 \times 100kPa$，$p(H_2O) = 5 \times 100kPa$；$p(H_2) = p(CO_2) = 1.5 \times 100kPa$；试计算两种条件下正向反应的 $\Delta_r G_m$，并由此判断哪一条件下反应可正向进行。

4. 对下列反应来说，$HI(g) \Longleftrightarrow H_2(g) + I_2(g)$

（1）在 298K 的标准状态时，反应方向如何？

（2）当 $T = 298K$，$p(HI) = 100kPa$，$p(H_2) = 10.0kPa$，$p(I_2) = 1.0kPa$ 时，上述反应的方向如何？

（3）在 $T = 298K$，上述反应的平衡常数是多少？

（4）在标准状态时，上述反应达到平衡时的温度是多少？

（5）当 $p(HI) = 100kPa$，$p(H_2) = 10.0kPa$ 及 $p(I_2) = 1.00kPa$ 时，反应达到平衡，求其平衡温度及平衡常数。

5. 25℃时，五氯化磷按下式分解：$PCl_5(g) \Longleftrightarrow PCl_3(g) + Cl_2(g)$

将 $0.700mol$ $PCl_5(g)$ 置于 $2.00L$ 的密闭容器内，达到平衡时有 $0.200mol$ 分解。试计算该温度下的 $K^{\ominus}$ 和 PCl_5 的平衡转化率 α。

6. 合成氨的原料中，氮气和氢气的摩尔比为 $1:3$。在 400℃和 1013kPa 下达到平衡时，可产生 3.85% 的 NH_3（体积分数）。

试求（1）反应 $N_2 + 3H_2 \Longleftrightarrow 2NH_3$ 的 K_p；

（2）如果要得到 5% 的 NH_3，总压需要多大？

（3）如果将混合物的总压增加到 $5065kPa$，平衡时 NH_3 的体积分数为多少？

附录

附录9　一些气体的范德华常数

气体	$a/\text{atm} \cdot \text{L} \cdot \text{mol}^{-2}$	$b/\text{L} \cdot \text{mol}^{-1}$
C_2H_2	4.39	0.0514
NH_3	4.17	0.0371
Ar	1.35	0.0322
CO_2	3.59	0.0427
CS_2	11.62	0.0769
CO	1.49	0.0399
CCl_4	20.39	0.1383
Cl_2	6.49	0.0562
$CHCl_3$	15.17	0.1022
C_2H_6	5.49	0.0638

注：1atm＝101325Pa。

附录10　一些气体的临界参数

气体	p_c/atm	$V_{mc}/\text{L} \cdot \text{mol}^{-1}$	T_c/K
H_2	12.8	0.0650	33.3
He	2.26	0.0576	5.3
CH_4	45.6	0.0988	190.2
NH_3	111.5	0.0724	405.6
H_2O	217.7	0.0450	647.2
CO	35.0	0.0900	134.0
N_2	33.5	0.0900	126.1
O_2	49.7	0.0744	153.4
CH_3OH	78.5	0.1177	513.1
Ar	48.0	0.0771	150.7
CO_2	73.0	0.0957	304.3
$n\text{-}C_5H_{12}$	33.0	0.3102	470.3
C_6H_6	47.9	0.2564	561.6

附录11　一些有机化合物的标准摩尔燃烧焓（298K）

化合物	$\Delta_c H_m^{\ominus}/\text{kJ} \cdot \text{mol}^{-1}$
CH_4(g)甲烷	−890.31
C_2H_2(g)乙炔	−1299.59
C_2H_4(g)乙烯	−1410.97
C_2H_6(g)乙烷	−1559.84
C_3H_8(g)丙烷	−2219.07
C_4H_{10}(g)正丁烷	−2878.34
C_6H_6(l)苯	−3267.54
C_6H_{12}(l)环己烷	−3919.86
C_7H_8(l)甲苯	−3925.4

化合物	$\Delta_c H_m^{\ominus}/kJ \cdot mol^{-1}$
$C_{10}H_8(s)$ 萘	-5153.9
$CH_3OH(l)$ 甲醇	-726.64
$C_2H_5OH(l)$ 乙醇	-1366.91
$C_6H_5OH(s)$ 苯酚	-3053.48
$HCHO(g)$ 甲醛	-570.78
$CH_3COCH_3(l)$ 丙酮	-1790.42
$C_2H_5OC_2H_5(l)$ 乙醚	-2730.9
$HCOOH(l)$ 甲酸	-254.64
$CH_3COOH(l)$ 乙酸	-874.54
$C_8H_5COOH(晶)$ 苯甲酸	-3226.7
$C_7H_6O_3(s)$ 水杨酸	-3022.5
$CHCl_3(l)$ 氯仿	-373.2
$CH_3Cl(g)$ 一氯甲烷	-689.1
$CS_2(l)$ 二硫化碳	-1076
$CO(NH_2)_2(s)$ 尿素	-634.3
$C_6H_5NO_2(l)$ 硝基苯	-3091.2
$C_6H_5NH_2(l)$ 苯胺	-3396.2

注：化合物中各元素氧化的产物为 $C \rightarrow CO_2(g)$，$H \rightarrow H_2O(l)$，$N \rightarrow N_2(g)$，$S \rightarrow SO_2$(稀的水溶液)。

附录 12　标准热力学数据 （298K）

化学式(状态)	$\Delta_f H_m^{\ominus}/kJ \cdot mol^{-1}$	$\Delta_f G_m^{\ominus}/kJ \cdot mol^{-1}$	$S_m^{\ominus}/J \cdot mol^{-1} \cdot K^{-1}$
氢			
$H_2(g)$	0	0	130.57
$H^+(aq)$	0	0	0
锂			
$Li(s)$	0	0	29.12
$Li^+(aq)$	-278.49	-293.30	13.39
$Li_2O(s)$	-597.94	-561.20	37.57
$LiCl(s)$	-408.61	-384.38	59.33
钠			
$Na(s)$	0	0	51.21
$Na^+(aq)$	-240.12	261.89	58.99
$Na_2O(s)$	-414.22	-375.47	75.06
$NaOH(s)$	-425.61	-379.53	64.45
$NaCl(s)$	-411.65	-384.15	72.13
钾			
$K(s)$	0	0	64.18
$K^+(aq)$	-252.38	-283.26	102.51
$KOH(s)$	-424.76	-379.11	78.87
$KCl(s)$	-436.75	-409.15	82.59
铍			
$Be(s)$	0	0	9.50
$BeO(s)$	-609.61	-580.32	14.14
镁			
$Mg(s)$	0	0	32.68
$Mg^{2+}(aq)$	-466.85	-454.80	-138.07
$MgO(s)$	-601.70	-569.44	27.91
$Mg(OH)_2(s)$	-924.54	-833.58	63.18
$MgCl_2(s)$	-641.32	-591.83	89.62
$MgCO_3(s)$	-1095.79	-1012.11	65.69

续表

化学式(状态)	$\Delta_f H_m^\ominus$/kJ·mol^{-1}	$\Delta_f G_m^\ominus$/kJ·mol^{-1}	$S_m^\ominus$/J·mol^{-1}·K^{-1}
钙			
Ca(s)	0	0	41.42
Ca^{2+}(aq)	−542.83	−553.54	−53.14
CaO(s)	−635.09	−604.04	39.75
Ca(OH)$_2$(s)	−986.09	−898.56	83.39
CaSO$_4$(s)	−1434.11	−1326.88	106.69
CaCO$_3$(方解石,s)	−1206.92	−1128.84	92.88
锶			
Sr(s)	0	0	52.30
Sr^{2+}(aq)	−545.80	−599.44	−32.64
SrCO$_3$(s)	−1220.05	−1140.14	97.07
钡			
Ba(s)	0	0	62.76
Ba^{2+}(aq)	−537.64	−560.74	9.62
BaCl$_2$(s)	−858.56	−810.44	123.68
BaSO$_4$(s)	−1469.42	−1362.31	132.21
硼			
B(s)	0	0	5.86
H$_3$BO$_3$(s)	−1094.33	−969.01	88.83
BF$_3$(g)	−1137.00	−1120.35	254.01
BN(s)	−254.39	−228.45	14.81
铝			
Al(s)	0	0	28.33
Al(OH)$_3$(无定形)	−1276.12	—	—
Al$_2$O$_3$(s,刚玉)	−1675.69	−1582.39	50.92
碳			
C(石墨)	0	0	5.74
C(金刚石)	1.897	2.900	2.377
CO(g)	−110.525	−137.15	197.56
CO$_2$(g)	−393.51	−394.36	213.64
硅			
Si(s)	0	0	18.83
SiO$_2$(石英,s)	−910.94	−856.67	41.84
SiCl$_4$(g)	−657.01	−617.01	330.62
SiC(s,β)	−65.27	−62.76	16.61
Si$_3$N$_4$(s,α)	−743.50	−642.66	101.25
锡			
Sn(s,白)	0	0	51.55
Sn(s,灰)	−2.09	0.126	44.14
SnO$_2$(s)	−580.74	−519.65	52.3
铅			
Pb(s)	0	0	64.81
PbO(s,红)	−218.99	−188.95	66.73
PbO(s,黄)	−215.33	−187.90	68.70
PbS(s)	−100.42	−98.74	91.21

化学式(状态)	$\Delta_f H_m^{\ominus}/kJ \cdot mol^{-1}$	$\Delta_f G_m^{\ominus}/kJ \cdot mol^{-1}$	$S_m^{\ominus}/J \cdot mol^{-1} \cdot K^{-1}$
氮			
$N_2(g)$	0	0	191.50
$NO(g)$	90.25	86.57	210.65
$NO_2(g)$	33.18	51.30	39.65
$NO_3^-(aq)$	−207.36	−111.34	146.44
$NH_4^+(aq)$	−132.51	−79.37	113.39
$NH_3(aq)$	−80.29	−26.57	111.29
$NH_3(g)$	−46.11	−16.48	192.34
磷			
$P(s,白)$	0	0	41.09
$P(s,红)$	−17.5	−12.13	22.80
$P_4O_{10}(s)$	−2984.03	−2697.84	228.86
$PH_3(g)$	5.44	13.39	210.12
$PCl_3(g)$	−287.02	−267.78	311.67
氧			
$O_2(g)$	0	0	205.03
$O_3(g)$	142.67	163.18	238.82
$H_2O(l)$	−285.83	−237.18	69.91
$H_2O(g)$	−241.82	−228.59	188.72
$OH^-(aq)$	−229.99	−157.29	−10.75
$H_2O_2(l)$	−187.78	−120.42	—
硫			
$S(s,斜方)$	0	0	31.80
$S(s,单斜)$	0.33	—	—
$SO_2(g)$	−297.04	−300.19	248.11
$SO_3(g)$	−395.72	−371.08	256.65
$H_2S(g)$	−20.63	−33.56	205.69
氟			
$F_2(g)$	0	0	202.67
$HF(g)$	−271.12	−273.22	−173.67
$F^-(aq)$	−332.63	−278.82	−13.81
氯			
$Cl_2(g)$	0	0	222.96
$HCl(g)$	−92.31	−95.30	186.80
$Cl^-(aq)$	−167.16	−131.26	56.48
$ClO^-(aq)$	−107.11	−36.82	41.84
溴			
$Br_2(l)$	0	0	152.23
$Br_2(g)$	30.91	3.14	245.35
$HBr(g)$	−36.40	−53.43	198.59
$Br^-(aq)$	−121.55	−103.97	82.42
碘			
$I_2(s)$	0	0	116.14
$I_2(g)$	62.44	19.36	260.58
$HI(g)$	26.48	1.72	206.48
$I^-(aq)$	−55.19	−51.59	111.29
钪			
$Sc(s)$	0	0	34.64

续表

化学式(状态)	$\Delta_f H_m^{\ominus}/kJ \cdot mol^{-1}$	$\Delta_f G_m^{\ominus}/kJ \cdot mol^{-1}$	$S_m^{\ominus}/J \cdot mol^{-1} \cdot K^{-1}$
钛			
$Ti(s)$	0	0	30.54
$TiO_2(s,金红石)$	−939.73	−884.50	49.92
钒			
$V(s)$	0	0	28.91
$V_2O_5(s)$	−1550.59	−1419.63	130.96
铬			
$Cr(s)$	0	0	23.77
$Cr_2O_3(s)$	−1139.72	−1058.13	81.17
$CrO_4^{2-}(aq)$	−881.19	−727.85	50.21
$Cr_2O_7^{2-}(aq)$	−1490.34	−1301.22	261.92
锰			
$Mn(s,\alpha)$	0	0	32.01
$Mn^{2+}(aq)$	−220.75	−228.03	−73.64
$MnO_2(s)$	−520.03	−465.18	53.05
铁			
$Fe(s)$	0	0	27.28
$Fe^{2+}(aq)$	−89.12	−78.87	−137.65
$Fe^{3+}(aq)$	−48.53	−4.60	−315.89
$Fe(OH)_2(s)$	−569.02	−486.60	87.86
$Fe(OH)_3(s)$	−822.99	−696.64	−106.69
$FeS(s,\alpha)$	−95.06	−97.57	67.4
$Fe_2O_3(s)$	−824.25	−742.24	87.40
$Fe_3O_4(s)$	−1118.38	−1015.46	146.44
钴			
$Co(s,\alpha)$	0	0	30.04
$Co^{2+}(aq)$	−58.16	−54.39	−112.97
镍			
$Ni(s)$	0	0	29.87
$Ni^{2+}(aq)$	−53.97	−45.61	−128.87
铜			
$Cu(s)$	0	0	33.15
$Cu^{2+}(aq)$	64.77	65.52	−99.58
$Cu(OH)_2(s)$	−449.78	—	—
$CuO(s)$	−157.32	−129.70	48.63
$CuSO_4(s)$	−771.36	−661.91	108.78
$CuSO_4 \cdot 5H_2O(s)$	−2279.65	−1880.06	300.41
银			
$Ag(s)$	0	0	42.55
$Ag^+(aq)$	105.58	77.12	72.68
$Ag_2O(s)$	−31.05	−11.21	121.34
$Ag_2S(s,\alpha)$	−32.59	−40.67	144.01
$AgCl(s)$	−127.07	−109.80	96.23
$AgBr(s)$	100.37	−96.90	107.11
$AgI(s)$	−61.84	−66.19	115.48
$[Ag(NH_3)_2]^+(aq)$	−111.89	−17.24	245.18
金			
$Au(s)$	0	0	47.40
$[Au(CN)_2]^-(aq)$	242.25	285.77	171.54
$[AuCl_4]^-(aq)$	−322.17	−235.22	266.94

化学式(状态)	$\Delta_f H_m^{\ominus}/kJ \cdot mol^{-1}$	$\Delta_f G_m^{\ominus}/kJ \cdot mol^{-1}$	$S_m^{\ominus}/J \cdot mol^{-1} \cdot K^{-1}$
锌			
$Zn(s)$	0	0	41.63
$Zn^{2+}(aq)$	−153.89	−147.03	−112.13
$ZnO(s)$	−348.28	−318.32	43.64
镉			
$Cd(s,\gamma)$	0	0	51.76
$Cd^{2+}(aq)$	−75.90	−77.58	−73.22
$CdS(s)$	−161.92	−156.48	64.85
汞			
$Hg(l)$	0	0	76.02
$Hg(g)$	61.32	31.85	174.85
$Hg_2Cl_2(s)$	−265.22	−210.78	192.46
$CH_4(g)$	−74.85	−50.6	186.27
$C_2H_6(g)$	−83.68	−31.80	229.12
$C_2H_6(l)$	48.99	124.35	173.26
$C_2H_4(g)$	52.30	68.24	219.20
$C_2H_2(g)$	226.73	209.20	200.83
$CH_3OH(l)$	−239.03	−166.82	127.24
$C_2H_5OH(l)$	−277.98	−174.18	161.04
$C_6H_5COOH(s)$	−385.05	−245.27	167.57
$C_{12}H_{22}O_{11}(s)$	−2225.5	−1544.6	360.2

参 考 文 献

[1] 李淑丽主编. 基础应用化学. 北京：中国石化出版社，2009.

[2] 旷英姿主编. 化学基础. 第 2 版. 北京：化学工业出版社，2010.

[3] 赵玉娥主编. 基础化学. 第 2 版. 北京：化学工业出版社，2009.

[4] 朱权主编. 化学基础. 北京：化学工业出版社，2008.

[5] 陈电容主编. 生物化学与生化药品. 郑州：郑州大学出版社，2004.

[6] 武冬梅等编著. 基础化学在医药中的应用. 哈尔滨：哈尔滨地图出版社，2004.

[7] 陈荣三主编. 无机及分析化学. 北京：高等教育出版社，1978.

[8] 杨一平，吴晓明，王振琪主编. 物理化学. 第 2 版. 北京：化学工业出版社，2009.

[9] 黄富生主编. 生物化学. 北京：北京大学医学出版社，2004.

[10] 林俊杰，王静主编. 无机化学. 第 3 版. 北京：化学工业出版社，2013.

[11] 金凤燮主编. 生物化学. 北京：中国轻工业出版社，2006.

[12] 古国榜，李朴编. 无机化学. 第 3 版. 北京：化学工业出版社，2011.

[13] 杨宏秀，傅希贤，宋宽秀编著. 大学化学. 天津：天津大学出版社，2001.

[14] 北京师范大学，华中师范大学，南京师范大学编. 无机化学. 北京：高等教育出版社，1992.

[15] 刘风云主编. 物理化学. 北京：化学工业出版社，2008.

[16] 樊金串，马青兰主编. 大学基础化学. 北京：化学工业出版社，2004.

[17] 郭航鸣主编，分析化学. 郑州：郑州大学出版社，2004.

[18] 于德水，郑荐伊主编. 化学基础. 北京：石油工业出版社，2003.

[19] 龙良启，孙中武，宋慧，甘莉主编. 生物化学. 北京：科学出版社，2005.

[20] 王建梅，旷英姿主编. 无机化学. 第 2 版. 北京：化学工业出版社，2009.

[21] 池秀梅主编. 有机化学. 北京：石油工业出版社，2008.